de Gruyter Lehrbuch

Münster · Quantentheorie

Gernot Münster

# Quantentheorie

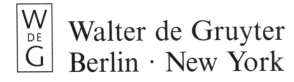

Walter de Gruyter
Berlin · New York

Gernot Münster
Institut für Theoretische Physik
Westfälische Wilhelms-Universität
Wilhelm-Klemm-Straße 9
48149 Münster

♾ Gedruckt auf säurefreiem Papier, das die US-ANSI-Norm über Haltbarkeit erfüllt.

ISBN-13: 978-3-11-018928-5
ISBN-10: 3-11-018928-3

*Bibliografische Information Der Deutschen Bibliothek*

Die Deutsche Bibliothek verzeichnet diese Publikation in der Deutschen Nationalbibliografie; detaillierte bibliografische Daten sind im Internet über http://dnb.ddb.de abrufbar.

Printed in Germany.
Umschlaggestaltung: +malsy, kommunikation und gestaltung, Willich.
Druck und Bindung: Druckhaus »Thomas Müntzer«, Bad Langensalza.

# Vorwort

Dieses Buch enthält den Stoff einer zweisemestrigen Vorlesung. Es ist für Studierende der Physik zum Lernen und Nachschlagen gedacht. Als ich zum ersten Mal die Vorlesung „Quantentheorie" vorbereitete, besorgte ich mir mehr als 20 Lehrbücher aus der Bibliothek, um Anregungen zu sammeln. Es gibt eine Reihe sehr ausführlicher Werke, die eine gewisse Vollständigkeit anstreben und zum Nachschlagen und Vertiefen spezieller Themen sehr gut geeignet sind, als Lehrbuch für Anfänger aber zu umfangreich sind. Andere Bücher konzentrieren sich auf die wesentlichen Sachverhalte und sparen an Beispielen und Erläuterungen. Nachdem alle Bücher mehr oder weniger gründlich durchgesehen waren, musste ich feststellen, dass keines darunter war, dessen Inhalt dem entsprach, was ich mir für die Vorlesung vorgenommen hatte. So entstand die Idee zu diesem Lehrbuch.

Bei der inhaltlichen Konzeption spielten folgende Gesichtspunkte eine Rolle. Das Buch soll in etwa den Stoff enthalten, mit dem der Physikstudent im Studium konfrontiert wird. Es soll also dazu geeignet sein, die Vorlesung zu begleiten und als Grundlage für Prüfungsvorbereitungen zu dienen. Es soll nicht zu trocken sein: außer den theoretischen Sachverhalten sollen Beispiele, Anwendungen und illustrierende Gedankengänge präsentiert werden. Die begrifflichen Grundlagen der Quantentheorie, auch hinsichtlich des Messprozesses, sollen nicht zu kurz kommen. Dazu zählt auch eine Diskussion der bellschen Ungleichungen. Weiterhin soll es eine Einführung in die feynmanschen Pfadintegrale enthalten.

Ein Thema, das bei Lehrbüchern der Quantentheorie immer kontrovers ist, betrifft das Ausmaß der mathematischen Strenge. Die meisten für Physiker bestimmten Büchern nehmen es nicht so genau mit der mathematischen Korrektheit. Gerne werden dann die Verhältnisse der Matrizenrechnung bedenkenlos auf Operatoren im Hilbertraum übertragen, so dass sich Mathematiker die Haare raufen. Andererseits wird in den mathematisch anspruchsvollen Büchern der Theorie der linearen Operatoren im Hilbertraum großer Umfang eingeräumt, so dass Studierende der Physik abgeschreckt werden. Ich habe hier versucht, einen Kompromiss zu finden, der den Ansprüchen der Physikstudenten genügt, aber den mathematisch orientierten unter ihnen nicht die Zornesröte ins Gesicht treibt.

Für die große Hilfe bei der Umsetzung des Buches in LaTeX danke ich Herrn Daniel Ebbeler herzlich.

Münster, im Januar 2006                                                   Gernot Münster

# Inhaltsverzeichnis

Dirac
↓

• Federschwinger schwingt mit 100 Hz    $W = h \cdot \nu = 6{,}6 \cdot 10^{-34} \, J \cdot s \cdot 100 \, \frac{1}{s}$
$= 6{,}6 \cdot 10^{-32} \, J.$

• Atome schwingen: $10^{13}$ Hz    $W = h \cdot \nu =$
$= 6{,}6 \cdot 10^{-34} \cdot 10^{13} = 6{,}6 \cdot 10^{-21} \, J = 0{,}04 \, eV$

(Hänsel: S. 27)

# 1 Materiewellen

• Kuring S. 602; ü 6.5-1

Das Geburtsjahr der Quantentheorie ist das Jahr 1900, in dem Max Planck die nach ihm benannte Strahlungsformel aufstellte. Er konnte sie theoretisch begründen, indem er postulierte, dass Lichtstrahlung nur in diskreten Portionen „quantisiert" emittiert und absorbiert wird. Deren Energie $E$ ist mit der Frequenz $\nu$ der Strahlung durch die plancksche Beziehung

$$E = h\nu \quad \text{\textcircled{F}}$$

verknüpft, in welcher das plancksche Wirkungsquantum $h$ auftaucht.

Einstein ging im Jahre 1905 noch einen Schritt weiter. Er behauptete, dass das Licht selbst aus Teilchen, den „Lichtquanten" besteht, welche Energie und Impuls tragen. Auf diese Weise konnte er den lichtelektrischen Effekt erklären. Weitere Experimente, z.B. der Comptoneffekt, unterstützten die Lichtquantenhypothese.

Nachdem die Welleneigenschaften des Lichtes experimentell wohlbekannt waren und die maxwellsche Theorie das Licht erfolgreich als Wellen des elektromagnetischen Feldes beschreiben konnte, stand man nun vor einer merkwürdigen Situation. Das Licht besitzt offenbar eine Doppelnatur. In bestimmten Situationen zeigt es Welleneigenschaften, in anderen Situationen zeigt es Teilcheneigenschaften. Dieser **Dualismus** von Welle und Teilchen zeigte sich als Eigenschaft der Natur, war aber weit davon entfernt, verstanden zu sein.

## 1.1 Welleneigenschaften der Materie

Prinz Louis de Broglie (15.8.1892 – 19.3.1987) studierte zunächst Geschichte, bevor er sich der Physik zuwandte. Er veröffentlichte 1923 einen Artikel, in welchem er eine überraschende Hypothese vertrat: Materieteilchen, wie z.B. Elektronen, sollten auch Welleneigenschaften besitzen. Der Artikel wurde Teil seiner Dissertation, die er 1924 an der Sorbonne in Paris einreichte.

Während der Dualismus beim Licht noch keineswegs verstanden war, kehrte de Broglie also den Spieß um und behauptete, dass auch bei Materie der Welle-Teilchen-Dualismus vorliege. Seine These wurde außerordentlich skeptisch aufgenommen und seine Dissertation drohte zu scheitern. Sein Doktorvater P. Langevin wandte sich an Einstein, der eine Stellungnahme verfasste. Darin schrieb er: „Wenn es auch verrückt aussieht, so ist es doch durchaus gediegen." Am 25.11.1924 konnte de Broglie seine Dissertation verteidigen. Die Fakultät hatte sich eine große Blamage erspart, denn 1929 wurde de Broglie für seine Arbeit der Nobelpreis verliehen.

Um die Welleneigenschaften zu besprechen, kehren wir zu den Lichtquanten, den „Photonen", zurück. Für sie gilt

$$E = h\nu = \hbar\omega \qquad \omega = 2\pi\nu = 2\pi \cdot \frac{1}{T}$$

mit

$$\hbar = \frac{h}{2\pi}.$$

Ihr Impuls ist

$$p = \frac{E}{c} = h\frac{\nu}{c} = \frac{h}{\lambda} = \hbar k,$$

wobei $\lambda$ die Wellenlänge und $k = 2\pi/\lambda$ die Wellenzahl ist.

Nach de Broglie ist Teilchen mit scharfem Impuls $\vec{p}$ und Energie $E$ eine ebene Wellen mit Wellenzahlvektor $\vec{k}$ und Kreisfrequenz $\omega$ zugeordnet, für welche die

### de Broglie-Beziehungen

$$\vec{p} = \hbar\vec{k}, \qquad E = \hbar\omega$$

gelten. Die de Broglie-Wellenlänge beträgt also

$$\lambda = \frac{h}{p}. \qquad k_\mu: \; 13$$

Beispiele:

1. Elektronen, die durch eine Spannung $U$ beschleunigt worden sind.

$$\frac{p^2}{2m_e} = eU \qquad \rightarrow \qquad \lambda = \frac{h}{\sqrt{2eUm_e}} = \frac{1{,}226\,\text{nm}}{\sqrt{U/1\text{V}}}$$

$$U = 1000V \quad \rightarrow \quad \lambda = 3{,}9 \cdot 10^{-11}\text{m}$$

$$U = 100V \quad \rightarrow \quad \lambda = 1{,}2 \cdot 10^{-10}\text{m} \cong \text{weiche Röntgenstrahlung}$$

2. Staubkorn, $m = 10^{-6}\,\mathrm{g}$, $v = 10\,\mathrm{m\,s^{-1}}$.

$$\rightarrow \qquad \lambda = 6{,}6 \cdot 10^{-26}\,\mathrm{m}\,, \qquad \text{nicht messbar}$$

**Experimente zur Wellennatur von Teilchen:**

1. Elektronenbeugung an Kristallen

   C.J. Davisson, L.H. Germer, 1927

   Im Davisson-Germer-Experiment wurden Elektronen senkrecht auf die Oberfläche eines Nickelkristalls geschossen und die Intensität der reflektierten Elektronen als Funktion des Streuwinkels gemessen. Es handelt sich um Beugung an der Oberflächenschicht und nicht um Braggreflexion.

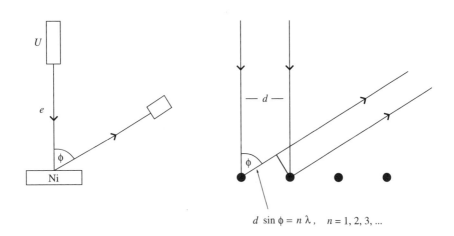

$$d \sin \phi = n\,\lambda\,, \quad n = 1, 2, 3, \dots$$

   Die Gitterkonstante der Ni 1-1-1 Oberfläche, $d = 2{,}15 \cdot 10^{-10}\,\mathrm{m}$, wurde durch Röntgenbeugung bestimmt. Aus dem Auftreten eines Beugungsmaximums unter dem Winkel $\phi$ kann die Wellenlänge $\lambda$ der Elektronen ermittelt werden. Man fand

   $$\phi = 50° \qquad \rightarrow \qquad \lambda = 1{,}65 \cdot 10^{-10}\,\mathrm{m}$$

   Mit der Spannung $U = 54\,\mathrm{V}$ lautet die Vorhersage $\lambda = 1{,}67 \cdot 10^{-10}\,\mathrm{m}$, was eine gute Übereinstimmung darstellt.

2. Elektronenbeugung an polykristallinen Metallfolien

   G.P. Thomson, 1927

Analog zur Röntgenstreuung an Kristallpulver (Debye-Scherrer-Verfahren) treten bei der Beugung von Elektronen an polykristallinen Metallfolien Beugungsringe auf, welche die Wellennatur bestätigen.

3. Beugung am Spalt bzw. Doppelspalt

   Hierbei treten Interferenzstreifen wie bei der Beugung von Licht auf.

4. Neutronenbeugung

   Bei Neutronen mit thermischen Geschwindigkeiten können Beugungserscheinungen nachgewiesen werden. Diese finden Anwendung bei der Oberflächenanalyse von Festkörpern.

5. Atom- und Molekülbeugung

   O. Stern, 1929

   Auch für ganze Atome und Moleküle, wie z.B. $H_2$ und He, konnten schon wenige Jahre nach de Broglies Arbeit Beugungserscheinungen nachgewiesen werden.

## 1.2 Freie Teilchen

Wir betrachten Teilchen, die sich ohne äußere Kräfte bewegen, z.B. einen Elektronenstrahl im Vakuum. Einerseits gelten die de Broglie-Beziehungen,

$$E = \hbar\omega \,, \qquad \vec{p} = \hbar\vec{k} \,,$$

andererseits sind Energie und Impuls durch

$$E = \frac{\vec{p}^2}{2m}$$

verknüpft. Hieraus folgt die Dispersionsbeziehung

$$\boxed{\omega = \frac{\hbar}{2m} k^2 \,.}$$

Diese ist quadratisch im Gegensatz zu derjenigen für Licht, wo $\omega = c \cdot k$ gilt.

Zur mathematischen Beschreibung der Materiewellen wollen wir eine Wellenfunktion $\psi(\vec{r}, t)$ einführen. Ebene Wellen sind von der Form

$$\psi(\vec{r}, t) = A \, e^{i(\vec{k}\cdot\vec{r} - \omega t)} \,. \qquad \textit{W. (4.1)}$$

Die Wellenfronten $\vec{k} \cdot \vec{r} - \omega t = \text{const.}$ sind Ebenen, die senkrecht auf dem Wellenvektor $\vec{k}$ stehen und sich in dessen Richtung fortbewegen. Die Phasengeschwindigkeit beträgt

$$v_p = \frac{\omega}{k} = \frac{E}{p}.$$

Nichtrelativistisch gilt $E = \frac{m}{2}v^2$, $p = mv$ und daher $v_p = \frac{1}{2}v$. Relativistisch gerechnet ist hingegen

$$E = \frac{m_0 c^2}{\sqrt{1 - \frac{v^2}{c^2}}}, \quad p = \frac{m_0 v}{\sqrt{1 - \frac{v^2}{c^2}}}$$

und es folgt

$$v_p = \frac{c^2}{v} > c.$$

Bedeutet dies einen Konflikt mit der Relativitätstheorie? Welche der beiden Formeln gilt?

Die Antwort hierauf lautet

- $v_p$ ist nicht messbar (siehe auch spätere Kapitel). Beide Definitionen sind möglich, ihr Unterschied entspricht im Wesentlichen der Berücksichtigung der Ruheenergie.

- Physikalisch relevant und messbar ist die Gruppengeschwindigkeit

$$v_G = \frac{d\omega}{dk}.$$

Für Materiewellen ist

$$v_G = \frac{dE}{dp}.$$

Nichtrelativistisch finden wir

$$E = \frac{p^2}{2m} \quad \Rightarrow \quad v_G = \frac{p}{m} = v,$$

wobei $v$ die klassische Teilchengeschwindigkeit ist.

Relativistisch ist

$$E = \sqrt{p^2 c^2 + m_0^2 c^4} \quad \Rightarrow \quad v_G = \frac{p c^2}{E} = v.$$

In jedem Fall ist also

$$v_G = v\,.$$

Dies bedeutet, dass sich ein Wellenpaket mit der Geschwindigkeit $v$ des klassischen Teilchens bewegt.

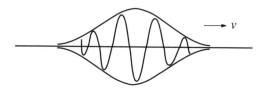

## 1.2.1 Wellenpakete

Ein allgemeines Wellenpaket ist eine Überlagerung ebener Wellen gemäß

$$\psi(\vec{r}, t) = \int \frac{d^3k}{(2\pi)^3}\; \varphi(\vec{k})\; e^{i(\vec{k}\cdot\vec{r} - \omega t)}$$

mit

$$\omega = \frac{\hbar}{2m}\vec{k}^2\,.$$

Betrachte eine enge Impulsverteilung:

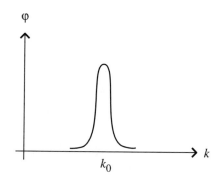

Für kleine $|\vec{k} - \vec{k}_0|$ entwickeln wir

$$\omega(\vec{k}) = \omega_0 + \vec{v}_G \cdot (\vec{k} - \vec{k}_0) + \ldots$$

mit

$$\omega_0 = \omega(\vec{k}_0) = \frac{\hbar}{2m}\vec{k}_0^{\,2}\,, \quad \vec{v}_G = \nabla\omega(k_0) = \frac{\hbar\vec{k}_0}{m}\,,$$

und erhalten

$$\psi(\vec{r},t) \approx e^{i(\vec{k}_0\cdot\vec{v}_G-\omega_0\cdot t)}\int\frac{d^3k}{(2\pi)^3}\,\varphi(\vec{k})\,e^{i\vec{k}\cdot(\vec{r}-\vec{v}_Gt)} = e^{i\omega_0 t}\,\psi(\vec{r}-\vec{v}_Gt,0)\,.$$

In dieser Näherung bewegt sich das Wellenpaket ohne Formänderung mit der Geschwindigkeit $\vec{v}_G$:

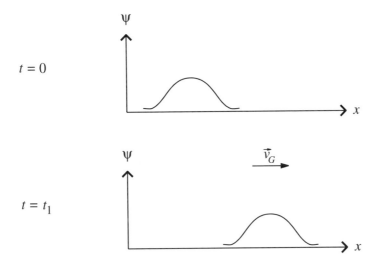

Die Gruppengeschwindigkeit

$$\vec{v}_G = \frac{\vec{p}_0}{m} = \vec{v}_0$$

entspricht der zu $k_0$ gehörigen Teilchengeschwindigkeit.

### 1.2.2 Zerfließen der Wellenpakete

Bei genauerer Betrachtung bleibt die Form der Wellenpakete nicht ungeändert. Wir wollen dies jetzt am Beispiel eines eindimensionalen gaußschen Wellenpaketes studieren:

$$\psi(x,t) = \int\frac{dk}{2\pi}\,\varphi(k)\,e^{i(kx-\frac{\hbar}{2m}k^2t)}$$

mit

$$\varphi(k) = A \, e^{-(k-k_0)^2 d^2}.$$

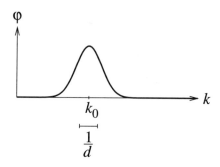

Die Wellenfunktion $\psi(x,t)$ können wir exakt ausrechnen. Dazu benutzen wir

$$\int_{-\infty}^{\infty} dk \, e^{-\alpha k^2} = \sqrt{\frac{\pi}{\alpha}}$$

und erhalten

$$\psi(x,t) = \frac{A}{2\pi} \sqrt{\frac{\pi}{d^2 + i\frac{\hbar t}{2m}}} \, \exp\left\{ \frac{-\frac{x^2}{4} + id^2 k_0 \left(x - \frac{k_0 \hbar}{2m}t\right)}{d^2 + i\frac{\hbar t}{2m}} \right\}.$$

Betrachten wir das Betragsquadrat dieser Funktion:

$$|\psi(x,t)|^2 = \frac{A^2}{4\pi \sqrt{d^4 + \frac{\hbar^2 t^2}{4m^2}}} \, \exp\left\{ -\frac{\left(x - \frac{\hbar k_0}{m}t\right)^2}{2d^2 + \frac{\hbar^2 t^2}{2m^2 d^2}} \right\}.$$

Dies ist ein gaußsches Paket von der Form

$$\exp\left\{ -\frac{(x - \overline{x})^2}{2(\Delta x)^2} \right\}$$

mit dem Schwerpunkt bei

$$\overline{x} = v_0 t = \frac{\hbar k_0}{m}t$$

und der Breite $\Delta x$, die durch

$$(\Delta x)^2 = d^2 + \frac{\hbar^2 t^2}{4m^2 d^2}$$

gegeben ist. Wir erkennen, dass die Breite mit der Zeit zunimmt und das Wellenpaket zerfließt.

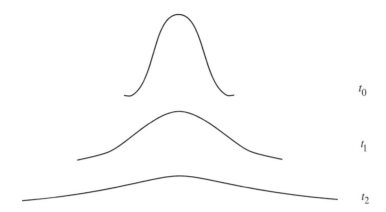

Die Zeitdauer für das Zerfließen soll an zwei Beispielen illustriert werden:

1. Ein makroskopisches Teilchen mit $m = 0{,}1\,\mathrm{g}$, $d = 2\,\mathrm{mm}$.

   Hier ist

   $$(\Delta x)^2 = d^2 \left(1 + \left(\frac{t}{10^{25}\ \sec}\right)^2\right)$$

   und das Zerfließen braucht $3 \cdot 10^{17}$ Jahre.

2. Ein $\alpha$-Teilchen mit $d = 10^{-11}$ cm.

   Für $t = 10^{-18}$ sec ist die Breite bereits deutlich größer geworden:

   $$(\Delta x)^2 = 2d^2 \,.$$

### 1.2.3 Wellengleichung

Für eine ebene Welle

$$\psi(x,t) = C\, \mathrm{e}^{\mathrm{i}\left(kx - \frac{\hbar}{2m}k^2 t\right)}$$

gilt

$$\frac{\partial}{\partial t}\psi(x,t) \;=\; -\mathrm{i}\frac{\hbar}{2m}k^2\psi(x,t)$$

$$\frac{\partial}{\partial x}\psi(x,t) \;=\; \mathrm{i}k\psi(x,t)\,, \qquad \frac{\partial^2}{\partial x^2}\psi(x,t) = -k^2\psi(x,t)\,.$$

$$\mathrm{i}\hbar\frac{\partial}{\partial t}\psi(x,t) = -\frac{\hbar^2}{2m}\frac{\partial^2}{\partial x^2}\psi(x,t)$$

Daher genügt sie der Differenzialgleichung

$$\mathrm{i}\hbar\frac{\partial}{\partial t}\psi(x,t) = -\frac{\hbar^2}{2m}\frac{\partial^2}{\partial x^2}\psi(x,t).$$

$$= -\frac{\hbar}{2m}\cdot(-k^2)\,\psi$$

$$= \frac{p^2}{2m}\,\psi$$

Diese entspricht der Beziehung

$$E\psi(x,t) = \frac{p^2}{2m}\psi(x,t).$$

Ein allgemeines Wellenpaket

$$\psi(x,t) = \int\frac{dk}{2\pi}\,\varphi(k)\,\mathrm{e}^{\mathrm{i}\left(kx-\frac{\hbar}{2m}k^2t\right)}$$

ist eine lineare Überlagerung ebener Wellen und genügt daher ebenfalls der Wellengleichung

*1-dim.*

$$\boxed{\mathrm{i}\hbar\frac{\partial}{\partial t}\psi(x,t) = -\frac{\hbar^2}{2m}\frac{\partial^2}{\partial x^2}\psi(x,t).}$$

Diese Differenzialgleichung ist von erster Ordnung in der Zeit. Durch Vorgabe der Anfangsbedingungen $\psi(x,0)$ ist die Lösung für alle Zeiten festgelegt.

Es handelt sich um eine lineare partielle homogene Differenzialgleichung. Ihre allgemeine Lösung ist das obige Wellenpaket.

In drei räumlichen Dimensionen gilt entsprechend

*3-dim.*

$$\boxed{\mathrm{i}\hbar\frac{\partial}{\partial t}\psi(\vec{r},t) = -\frac{\hbar^2}{2m}\Delta\psi(\vec{r},t).}$$

Dies ist die Schrödingergleichung für freie Teilchen.

## 1.2.4 Kontinuitätsgleichung

Die zeitliche Änderung des Betragsquadrates der Wellenfunktion ist

$$\frac{\partial}{\partial t}|\psi|^2 = \frac{\partial}{\partial t}(\psi^*\psi) = \dot\psi^*\psi + \psi^*\dot\psi.$$

Durch Einsetzen der Wellengleichung

$$\dot\psi = \mathrm{i}\frac{\hbar}{2m}\psi'', \qquad \dot\psi^* = -\mathrm{i}\frac{\hbar}{2m}\psi^{*\prime\prime}$$

finden wir

$$\frac{\partial}{\partial t}(\psi^*\psi) = -i\frac{\hbar}{2m}(\psi^{*''}\psi - \psi^*\psi'')$$

$$= -i\frac{\hbar}{2m}\frac{\partial}{\partial x}(\psi^{*'}\psi - \psi^*\psi').$$

Entsprechend in drei Dimensionen

$$\frac{\partial}{\partial t}(\psi^*\psi) + \frac{\hbar}{2mi}\nabla\cdot(\psi^*\nabla\psi - \psi\nabla\psi^*) = 0.$$

Dies ist eine <u>Kontinuitätsgleichung</u> von der Form

$$\frac{\partial}{\partial t}\rho(\vec{r},t) + \nabla\cdot\vec{j}(\vec{r},t) = 0$$

mit

$$\rho = \psi^*\psi\,, \quad \vec{j} = \frac{\hbar}{2m\,i}(\psi^*\nabla\psi - \psi\nabla\psi^*) = \frac{\hbar}{m}\mathrm{Im}(\psi^*\nabla\psi)\,.$$

Wie aus der Elektrodynamik bekannt, impliziert die Kontinuitätsgleichung, dass

$$\frac{d}{dt}\int d^3r\,\rho(\vec{r},t) = \int d^3r\,\frac{\partial}{\partial t}\rho(\vec{r},t)$$

$$= -\int d^3r\,\nabla\cdot\vec{j}(\vec{r},t) = -\lim_{R\to\infty}\oint_R d\vec{f}\cdot\vec{j}(\vec{r},t) = 0\,,$$

falls $\vec{j} \to 0$ hinreichend stark für $|\vec{r}| \to \infty$, so dass das Integral

$$\int d^3r\,\psi^*\psi = \text{const.}$$

sich zeitlich nicht ändert.

## 1.3 Deutung der Materiewellen

Elektronen zeigen Teilcheneigenschaften, z.B. wenn ein Kathodenstrahl auf einen Schirm auftrifft und dort punktförmige Spuren hinterlässt. Elektronen zeigen aber auch Welleneigenschaften, die sich durch Beugung und Interferenz bemerkbar machen.

Wie passt das zusammen? Was ist ein Elektron wirklich?

Weitere Fragen stehen im Raum: Was ist die Bedeutung der Wellenfunktion? Verteilt sich das Elektron in einem Beugungsexperiment auf dem Schirm? Wie sollen wir das Zerfließen des Wellenpaketes deuten? Zerfließt das Elektron?

Um uns mehr Klarheit zu verschaffen, wollen wir das Doppelspalt-Experiment betrachten. Die Versuchsanordnung sieht schematisch so aus:

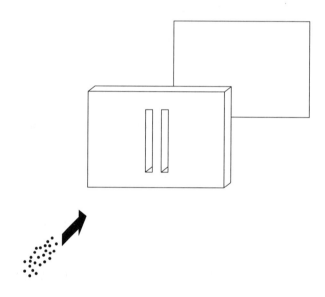

Ein Strahl fast monochromatischer Elektronen tritt durch eine Blende mit einem Doppelspalt und wird auf einem dahinter befindlichen Schirm aufgefangen. Die de Broglie-Wellenlänge sei vergleichbar mit dem Spaltabstand, so dass Interferenz beobachtet werden kann. Nun betrachten wir verschiedene Situationen.

a) Ein Spalt ist geöffnet.

Die Häufigkeitsverteilung der Elektronen auf dem Schirm ist am größten hinter dem offenen Spalt und hat schematisch folgende Gestalt:

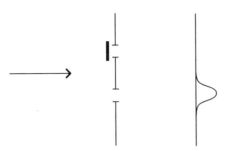

Die Verteilung ist aus vielen Punkten zusammengesetzt. Die Sachlage ist ähnlich wie bei Schrotkugeln, die durch einen Zaun geschossen werden. Die Elektronen verhalten sich wie Teilchen.

b) Beide Spalte sind geöffnet.

Im Teilchenbild würden wir erwarten, dass auf dem Schirm im Wesentlichen zwei Streifen zu sehen sind. Die Intensität sollte die Summe derjenigen Intensitäten sein, bei denen jeweils nur der linke oder nur der rechte Spalt offen ist.

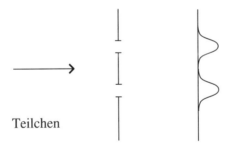

Wenn es sich aber um Wellen handelt, würden wir ein Interferenzmuster erwarten, dass schematisch diese Form hat:

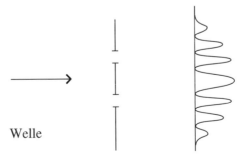

Was sagt das Experiment? Es ist tatsächlich ein Interferenzmuster zu beobachten, was die Welleneigenschaften der Elektronen bestätigt.

Wie entsteht dieses Muster? Wenn die Intensität des Elektronenstrahls so
weit verringert wird, dass immer nur einzelne Elektronen die Anordnung
durchlaufen, kann man beobachten, dass das Interferenzmuster im Laufe
der Zeit aus einzelnen Punkten aufgebaut wird. Jeder Punkt stammt von
einem Elektron.

Wir stellen fest:

- Einzelne Elektronen geben Anlass zu Interferenz.
  Interferenz beruht nicht auf der Wechselwirkung zwischen mehreren
  Elektronen.

- Auf dem Schirm erscheinen sie nicht wellenartig ausgeschmiert, sondern „punktförmig" lokalisiert. „Die Ladung eines Elektrons verteilt
  sich nicht im Raum".

Wie geht das? Kann sich ein Elektron manchmal als Welle und manchmal
als Teilchen zeigen?

Die Beantwortung dieser Frage führt zur Wahrscheinlichkeitsinterpretation.

### 1.3.1 Wahrscheinlichkeitsinterpretation

An den Stellen auf dem Schirm, wo die Intensität der Welle größer ist,
befinden sich mehr Schwärzungspunkte. Jeder Punkt stammt von einem
einzelnen Elektron. Das bedeutet, dass die Wahrscheinlichkeit für das Auf-
treffen eines Elektrons durch die Welle bestimmt ist. Sie muss durch die
Wellenfunktion $\psi(\vec{r}, t)$ gegeben sein.

Die Wellenfunktion $\psi(\vec{r}, t)$ besitzt also eine Wahrscheinlichkeitsinterpretation bzw. statistische Deutung. Ihre genaue Formulierung fassen wir in zwei
Aussagen zusammen:

> 1. $|\psi(\vec{r}, t)|^2$ ist die Wahrscheinlichkeitsdichte dafür, das
>    Teilchen bei einer Ortsbestimmung am Punkt $\vec{r}$ zu finden,

d.h. die Wahrscheinlichkeit, das Teilchen in einem Gebiet $G$ zu finden, ist gegeben durch

$$p(G) = \int_G |\psi(\vec{r}, t)|^2 d^3 r .$$

Mit der gewohnten Saloppheit des Physikers können wir auch sagen, die Größe $|\psi(\vec{r}, t)|^2 d^3 r$ ist die Wahrscheinlichkeit dafür, das Teilchen im Volumenelement $d^3 r$ am Orte $\vec{r}$ zu finden.

> 2.  Wellenfunktionen werden linear superponiert:
> $$\psi(\vec{r}, t) = \psi_1(\vec{r}, t) + \psi_2(\vec{r}, t) .$$

Die gesamte Wahrscheinlichkeitsdichte für eine Superposition,

$$|\psi(\vec{r}, t)|^2 = |\psi_1(\vec{r}, t)|^2 + |\psi_2(\vec{r}, t)|^2 + \psi_1^*(\vec{r}, t)\psi_2(\vec{r}, t) + \psi_1(\vec{r}, t)\psi_2^*(\vec{r}, t) ,$$

setzt sich zusammen aus der Summe der Einzelwahrscheinlichkeiten, wie für klassische Teilchen, und dem Interferenzterm.

Die Wahrscheinlichkeitsinterpretation der Materiewellen wurde 1926 von Max Born (11.12.1882 – 5.1.1970) formuliert. Er postulierte die Wahrscheinlichkeitsinterpretation aufgrund von Überlegungen zur Streuung von Materiewellen.

Die Wellenfunktion $\psi(\vec{r}, t)$ beschreibt also eine Wahrscheinlichkeitswelle. Das heißt

- $\psi(\vec{r}, t)$ beschreibt eine Welle, die Interferenz und Beugung zeigt.

- $\psi(\vec{r}, t)$ wird nicht als „reale" Welle (wie z.B. Schallwellen) interpretiert, sondern $|\psi|^2$ gibt Wahrscheinlichkeiten an.

Die Wahrscheinlichkeitsinterpretation hat eine Konsequenz für die Normierung der Wellenfunktion. Wir wissen bereits, dass

$$\int d^3 r \, |\psi(\vec{r}, t)|^2 = \int d^3 r \, \rho(\vec{r}, t) = \text{const.}$$

ist. Dieses Integral ist aber auch die Gesamtwahrscheinlichkeit für den Aufenthalt des Teilchens an irgendeinem Ort und daher müssen wir

$$\int d^3 r \, |\psi(\vec{r}, t)|^2 = 1$$

setzen.

### 1.3.2 Welle-Teilchen-Dualismus

Wir haben gesehen, dass die Wellenfunktion die räumlichen Wahrscheinlichkeiten für das Auffinden eines Elektrons liefert. Was ist denn nun ein
Elektron eigentlich, Welle oder Teilchen? Wie sind die Wahrscheinlichkeiten aufzufassen? Handelt es sich hier um Unkenntnis des Beobachters, die
ihn nötigt, sich mit Wahrscheinlichkeiten zufrieden zu geben? So verhält es
sich ja bei klassischen Wahrscheinlichkeiten, z.B. beim Roulette.

Wir wollen dieser Frage wiederum konkret am Beispiel des **Doppelspalt-
versuches** nachgehen:

Gibt es einen wirklichen Weg, den das Elektron durchläuft, und den wir
nur nicht kennen? Können wir es überlisten und den Weg doch ermitteln?

Betrachten wir die Situation, bei der beide Spalte offen sind. Durch welchen Spalt geht das Elektron also? Wir können versuchen, den Spalt zu
bestimmen, durch den das Elektron geht, indem wir es z.B. knapp hinter
dem Doppelspalt mit Licht ($\gamma$-Strahlen) bestrahlen. Wenn das Licht hinreichend kurzwellig ist, kann man aus dem gestreuten Licht den Ort genügend
genau ermitteln und somit auch den Spalt, durch den es gegangen ist.

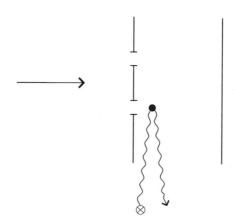

**Resultat**: Jetzt erwartet uns jedoch eine böse Überraschung. Zwar wissen
wir nun jedesmal, welcher der beiden Spalte passiert wurde, aber auf dem
Schirm zeigt sich, dass das Interferenzmuster verschwindet. Das Experiment
wurde tatsächlich 1995 von Chapman et al. durchgeführt.

Das Elektron kann sich nicht gleichzeitig wie Welle und Teilchen verhalten.

Physikalisch kann man es so erklären: durch die Bestrahlung wird dem Elektron Impuls übertragen. Dies verändert die Welle; insbesondere wird die Phase so beeinflusst, dass es zu einer Auslöschung der Interferenzen kommt.

Folgerung: Die experimentelle Situation ist wichtig für die beobachteten Eigenschaften.

> „Kein Ergebnis eines solchen Experiments kann dahin gedeutet werden, dass es Aufschluss über unabhängige Eigenschaften der Objekte gibt; es ist vielmehr unlöslich mit einer bestimmten Situation verbunden, in deren Beschreibung auch die mit den Objekten in Wechselwirkung stehenden Messgeräte als wesentliches Glied eingehen.“

> Niels Bohr

---

**Zusammenfassung: Dualismus Welle-Teilchen**

Ein Elektron ist weder Welle noch Teilchen. Es ein physikalisches Objekt, welches Welleneigenschaften als auch Teilcheneigenschaften zeigen kann. In welcher Weise es sich zeigt, hängt von der experimentellen Situation ab. Sein Ort ist nicht definiert, wenn keine Ortsmessung durchgeführt wird.

---

Klassische Welle und klassisches Teilchen sind Modellvorstellungen, die nur in bestimmten Situationen Aspekte der Realität angemessen wiedergeben.

Die hier dargestellte Auffassung ist Bestandteil der **Kopenhagener Deutung** der Quantenmechanik. Nach ihr gibt es keinen „geheimen“ Weg, den das Elektron am Doppelspalt in Wirklichkeit durchläuft.

Bemerkung: die Bezeichnung „Teilchen“ wird in der Quantenphysik in einem allgemeineren Sinn verwendet. Man spricht bei Elektronen, Protonen etc. von Teilchen, ohne dass damit klassische Teilcheneigenschaften impliziert sind.

Gemäß der Wahrscheinlichkeitsinterpretation können wir Erwartungswerte mit Hilfe der Wahrscheinlichkeitsdichte bilden. Der Erwartungswert für den Aufenthaltsort ist

$$\langle \vec{r} \rangle \doteq \int d^3 r \, \rho(\vec{r}, t) \, \vec{r} = \int d^3 r \, |\psi(\vec{r}, t)|^2 \, \vec{r}.$$

Er ist zeitabhängig. Entsprechend bildet man

$$\langle r^2 \rangle \doteq \langle \vec{r} \cdot \vec{r} \rangle = \int d^3 r \, |\psi(\vec{r}, t)|^2 \, \vec{r}^2$$

und allgemein

$$\langle f(\vec{r}) \rangle = \int d^3 r \, |\psi(\vec{r}, t)|^2 \, f(\vec{r}) \,.$$

Die Bedeutung dieser Erwartungswerte ist diejenige von Mittelwerten über ein Ensemble im entsprechenden Zustand, d.h. bei wiederholter Messung erhält man gestreute Messwerte, deren Mittelwert nach unendlich vielen Messungen gegen den Erwartungswert konvergiert.

## 1.4 Impulsraum

Ein Wellenpaket in einer Dimension schreiben wir als

$$\psi(x, t) = \int_{-\infty}^{\infty} \frac{dk}{2\pi} \, \varphi(k) \, e^{i(kx - \omega t)} \,. \qquad p = \hbar \cdot k$$

Was ist die physikalische Bedeutung der Amplitudenfunktion $\varphi(k)$? Die Antwort hierauf lautet:

$|\varphi(k)|^2/2\pi$ ist die Wahrscheinlichkeitsdichte für Wellenzahlen $k$ bzw. Impulse $p = \hbar k$.

Das soll nun begründet werden. Wir betrachten ein zerfließendes Wellenpaket. Wie wäre eine Wahrscheinlichkeitsdichte $w(p)$ für Impulse zu bestimmen? Wir wollen annehmen, dass das Teilchen anfangs gut lokalisiert ist, d.h. dass das Wellenpaket schmal ist. Eine gängige Methode zur Impulsmessung ist die Laufzeitmethode. Nach hinreichend großer Zeit $t$ wird eine Ortsmessung mit dem Ergebnis $x$ durchgeführt.

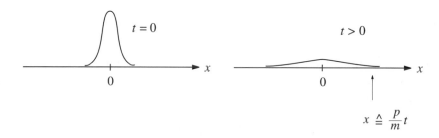

Dann würde man dem Teilchen den Impuls $p = m\frac{x}{t}$ zuordnen. Da die Wahrscheinlichkeitsdichte für $x$ durch $|\psi(x,t)|^2$ gegeben ist, ergibt sich

$$w(p)dp = \lim_{t\to\infty} \left|\psi\left(\frac{p}{m}t, t\right)\right|^2 d\left(\frac{p}{m}t\right) .$$

Dies berechnen wir nun.

$$\psi\left(\frac{p}{m}t, t\right) = \int \frac{dk'}{2\pi}\, \varphi(k') \exp\left(ik'\frac{pt}{m} - i\frac{k'^2\hbar t}{2m}\right)$$

$$= \int \frac{dk'}{2\pi}\, \varphi(k') \exp\left\{-\frac{it\hbar}{2m}(k'^2 - 2kk')\right\} .$$

$$x = \frac{p \cdot t}{m}$$
$$\omega = \frac{\hbar}{2m} k^2 \qquad S.4$$

Mit

$$\kappa \doteq \sqrt{\frac{\hbar t}{2m}}(k - k')$$

schreiben wir

$$\psi\left(\frac{p}{m}t, t\right) = \sqrt{\frac{2m}{\hbar t}}\, e^{i\frac{p^2}{2m\hbar}t} \int \frac{d\kappa}{2\pi}\, \varphi\left(k - \sqrt{\frac{2m}{\hbar t}}\kappa\right) e^{-i\kappa^2} .$$

Das Integral werten wir folgendermaßen aus. Betrachte

$$\int \frac{d\kappa}{2\pi}\, \varphi\left(k - \sqrt{\frac{2m}{\hbar t}}\kappa\right) e^{-z\kappa^2} , \qquad z \in \mathbf{C}.$$

$\varphi$ falle rasch ab im Unendlichen. Dann konvergiert das Integral für $\mathrm{Re}\,z \geq 0$. Wir führen eine Sattelpunktentwicklung für sehr große $t$ durch. Dazu entwickeln wir $\varphi$ in eine Taylorreihe

$$\varphi\left(k - \sqrt{\frac{2m}{\hbar t}}\kappa\right) = \varphi(k) - \sqrt{\frac{2m}{\hbar t}}\,\kappa\varphi'(k) + \frac{m}{\hbar t}\kappa^2\varphi''(k) - \dots$$

und benutzen die Gauß-Integrale

$$\int \frac{d\kappa}{2\pi}\, e^{-z\kappa^2} = \frac{1}{2\sqrt{\pi z}}, \quad \int \frac{d\kappa}{2\pi}\, \kappa\, e^{-z\kappa^2} = 0, \quad \int \frac{d\kappa}{2\pi}\, \kappa^2 e^{-z\kappa^2} = \frac{1}{4\sqrt{\pi z^3}} .$$

Dies gibt

$$\int \frac{d\kappa}{2\pi}\, \varphi\left(k - \sqrt{\frac{2m}{\hbar t}}\kappa\right) e^{-i\kappa^2} = \frac{1}{2\sqrt{\pi i}}\left\{\varphi(k) + \frac{m}{2i\hbar t}\varphi''(k) + \mathcal{O}\left(\frac{1}{t^2}\right)\right\},$$

und somit

$$\psi\left(\frac{p}{m}t, t\right) \underset{t\to\infty}{\sim} \sqrt{\frac{m}{2\pi i\hbar t}}\; e^{i\frac{p^2}{2m\hbar}t}\,\varphi\left(\frac{p}{\hbar}\right)\,.$$

Hieraus erhalten wir endlich die Impuls-Wahrscheinlichkeitsdichte

$$(*)\qquad w(p)dp = \left|\varphi\left(\frac{p}{\hbar}\right)\right|^2 \frac{dp}{2\pi\hbar} = |\varphi(k)|^2\frac{dk}{2\pi}\,.$$

In drei Dimensionen liefert die analoge Rechnung

$$(*)\qquad w(\vec{p})d^3p = |\varphi(\vec{k})|^2\frac{d^3k}{(2\pi)^3}\,,$$

was zu zeigen war.

Die Wahrscheinlichkeitsamplitude für Impulse bzw. Wellenzahlen steht in engem Zusammenhang mit der Fouriertransformation. Die Formeln hierfür sind ja bekanntlich

*Ortsraum*
$$\psi(\vec{r}, t) = \int\frac{d^3k}{(2\pi)^3}\,\widetilde{\psi}(\vec{k}, t)\,e^{i\vec{k}\cdot\vec{r}} \qquad x-\text{Raum}$$

*Impulsraum*
$$\widetilde{\psi}(\vec{k}, t) = \int d^3r\,\psi(\vec{r}, t)\,e^{-i\vec{k}\cdot\vec{r}}\,. \qquad k-\text{Raum}$$

*Schübt 52 (1.145)*

Für freie Teilchen ist also

$$\widetilde{\psi}(\vec{k}, t) = \varphi(\vec{k})\,e^{-i\omega(\vec{k})\cdot t}\,,$$

d.h. $\varphi(\vec{k})$ ist Fouriertransformierte von $\psi(\vec{r}, 0)$.

Wir kennen nun zwei Arten von Wellenfunktionen:

$$\begin{aligned}
&\text{im Ortsraum} = x\text{-Raum:} && \psi(\vec{r}, t)\\
&\text{im Impulsraum} = k\text{-Raum:} && \widetilde{\psi}(\vec{k}, t)\,.
\end{aligned}$$

Als Anwendung der Fouriertransformation können wir die allgemeine Lösung der freien Schrödingergleichung mit ihrer Hilfe gewinnen. Setzen wir in

$$i\hbar\frac{\partial}{\partial t}\psi(\vec{r}, t) = -\frac{\hbar^2}{2m}\Delta\psi(\vec{r}, t) \qquad S.\,10$$

die Fouriertransformation ein und benutzen

$$\Delta e^{i\vec{k}\cdot\vec{r}} = -\vec{k}^2 e^{i\vec{k}\cdot\vec{r}}\,,$$

so erhalten wir

$$i\hbar\frac{\partial}{\partial t}\widetilde{\psi}(\vec{k},t) = \hbar\omega(\vec{k})\widetilde{\psi}(\vec{k},t) \quad \text{für alle } \vec{k},$$

mit

$$\omega(\vec{k}) = \frac{\hbar\vec{k}^2}{2m}.$$

Die Lösung hiervon ist

$$\widetilde{\psi}(\vec{k},t) = \varphi(\vec{k})e^{-i\omega(\vec{k})\cdot t}$$

und folglich

$$\psi(\vec{r},t) = \int \frac{d^3k}{(2\pi)^3} \, \varphi(\vec{k}) \, e^{i(\vec{k}\cdot\vec{r} - \omega(\vec{k})\cdot t)},$$

was ja früher behauptet wurde.

## 1.5 Impulsoperator, Ortsoperator

*20 (*)*

Ausgerüstet mit der Kenntnis der Wahrscheinlichkeitsdichte für Impulse können wir den Erwartungswert des Impulses aufschreiben. Zu einer festen Zeit $t$ ist

$$\langle\vec{p}\rangle = \int \frac{d^3k}{(2\pi)^3} \, |\widetilde{\psi}(\vec{k})|^2 \, \hbar\vec{k} = \int \frac{d^3k}{(2\pi)^3} \, \widetilde{\psi}^*(\vec{k})\hbar\vec{k}\,\widetilde{\psi}(\vec{k}).$$

Um dies durch die Wellenfunktion im Ortsraum auszudrücken, wenden wir die parsevalsche Gleichung

$$\int \frac{d^3k}{(2\pi)^3} \, \widetilde{f}^*(\vec{k})\,\widetilde{g}(\vec{k}) = \int d^3r \, f^*(\vec{r})\,g(\vec{r})$$

an. Dazu wählen wir

$$\widetilde{f}(\vec{k}) = \widetilde{\psi}(\vec{k}) \quad \text{und somit} \quad f(\vec{r}) = \psi(\vec{r})$$

und

$$\widetilde{g}(\vec{k}) = \hbar\vec{k}\,\widetilde{\psi}(\vec{k}).$$

Dann ist

$$g(\vec{r}) = \int \frac{d^3k}{(2\pi)^3} \, \hbar\vec{k}\,\widetilde{\psi}(\vec{k})e^{i\vec{k}\cdot\vec{r}} = \frac{\hbar}{i}\nabla\int \frac{d^3k}{(2\pi)^3} \, \widetilde{\psi}(\vec{k})\,e^{i\vec{k}\cdot\vec{r}} = \frac{\hbar}{i}\nabla\psi(\vec{r}).$$

Das Ergebnis im Ortsraum ist also

$$\langle \vec{p} \rangle = \int d^3r \ \psi^*(\vec{r},t) \frac{\hbar}{i} \nabla \psi(\vec{r},t) \,.$$

Dies legt die Definition des **Impulsoperators** im Ortsraum

$$\vec{P} \doteq \frac{\hbar}{i} \nabla \qquad = \frac{\hbar}{i} \left( \frac{\partial}{\partial x_1}, \frac{\partial}{\partial x_2}, \frac{\partial}{\partial x_3} \right)$$

mit den drei Komponenten

$$P_j = \frac{\hbar}{i} \frac{\partial}{\partial x_j}$$

nahe. Der Impulsoperator hat verschiedene Gewänder, je nachdem, in welchem Raum er arbeitet:

Ortsraum                                    Impulsraum

$$\vec{P}\,\psi(\vec{r},t) = \frac{\hbar}{i}\nabla\psi(\vec{r},t) \qquad\qquad \vec{P}\,\widetilde{\psi}(\vec{k},t) = \hbar\vec{k}\,\widetilde{\psi}(\vec{k},t) \,.$$

Die Funktionen im Definitionsbereich von $\vec{P}$ im Ortsraum müssen natürlich differenzierbar sein.

Erwartungswerte des Impulsoperators oder von Funktionen des Impulsoperators werden wie üblich gebildet:

$$\langle \vec{P} \rangle = \int d^3r \ \psi^*(\vec{r},t)\vec{P}\,\psi(\vec{r},t) \,,$$

$$\langle \vec{P}^2 \rangle = \int d^3r \ \psi^*(\vec{r},t)\vec{P}^2\psi(\vec{r},t) \,,$$

wobei

$$\vec{P}^2 = P_1^2 + P_2^2 + P_3^2 = -\hbar^2\left( \frac{\partial^2}{\partial x^2} + \frac{\partial^2}{\partial y^2} + \frac{\partial^2}{\partial z^2} \right) = -\hbar^2\nabla^2 = -\hbar^2\Delta \,.$$

Analog zum Impulsoperator lässt sich der **Ortsoperator** einführen. Es ist ja

$$\langle \vec{r} \rangle = \int d^3r \ \psi^*(\vec{r},t)\,\vec{r}\,\psi(\vec{r},t) \,.$$

Wir können dies als Erwartungswert des Ortsoperators $\vec{Q}$ schreiben, der durch

$$\vec{Q}\,\psi(\vec{r},t) = \vec{r}\,\psi(\vec{r},t)$$

definiert wird. Er wirkt also im Ortsraum als Multiplikations-Operator. Seine drei Komponenten werden wahlweise auch folgendermaßen bezeichnet:

$$\vec{Q} = (Q_1, Q_2, Q_3) = (X, Y, Z) = (Q_x, Q_y, Q_z)\,.$$

Wir schreiben nun für die Erwartungswerte

$$\langle\vec{r}\rangle = \int d^3r\,\psi^*(\vec{r},t)\,\vec{Q}\,\psi(\vec{r},)\,, \quad \langle\vec{r}^2\rangle = \int d^3r\,\psi^*(\vec{r},t)\,\vec{Q}^2\psi(\vec{r},t)$$

etc. Analog zum Impulsoperator im Ortsraum findet man für den Ortsoperator im Impulsraum

$$\vec{Q}\,\widetilde{\psi}(\vec{k},t) \doteq (\widetilde{\vec{Q}\psi})(\vec{k},t) = \text{Fouriertransformierte von } \vec{Q}\psi$$
$$= -\frac{\hbar}{i}\nabla_k\widetilde{\psi}(\vec{k},t)\,.$$

Fassen wir zusammen:

Ortsraum $\qquad\qquad\qquad\qquad$ Impulsraum

$$\vec{P}\,\psi(\vec{r},t) = \frac{\hbar}{i}\nabla\psi(\vec{r},t) \qquad\qquad \vec{P}\,\widetilde{\psi}(\vec{k},t) = \hbar\vec{k}\,\widetilde{\psi}(\vec{k},t)$$

$$\vec{Q}\,\psi(\vec{r},t) = \vec{r}\,\psi(\vec{r},t) \qquad\qquad \vec{Q}\,\widetilde{\psi}(\vec{k},t) = -\frac{\hbar}{i}\nabla_k\widetilde{\psi}(\vec{k},t)$$

## 1.6 Heisenbergsche Unschärferelation

Wir betrachten ein Wellenpaket der Form

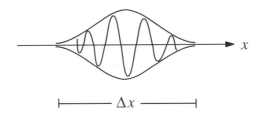

mit einer Breite $\Delta x$. Die zugehörige Impulsverteilung

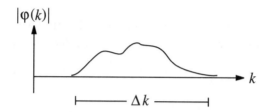

besitzt eine Breite $\Delta k$. Eine genauere, mathematisch präzise Definition der Breiten nimmt Bezug auf die Varianzen:

$$(\Delta x)^2 = \text{Varianz von } x = \langle (x - \langle x \rangle)^2 \rangle = \langle x^2 \rangle - \langle x \rangle^2 \,,$$
$$(\Delta p)^2 = \langle p^2 \rangle - \langle p \rangle^2 \,.$$

Nehmen wir als Beispiel ein gaußsches Wellenpaket. Dort ist

$$|\psi(x,0)|^2 \sim e^{-\frac{x^2}{2d^2}} \,, \qquad\qquad \Delta x = d \,,$$

$$|\widetilde{\psi}(k,0)|^2 \sim e^{-2d^2(k-k_0)^2} \,, \qquad \Delta k = \frac{1}{2d} \,, \quad \Delta p = \frac{\hbar}{2d} \,.$$

Wenn das Paket im Ortsraum eng lokalisiert ist, so ist es breit im Impulsraum und umgekehrt:

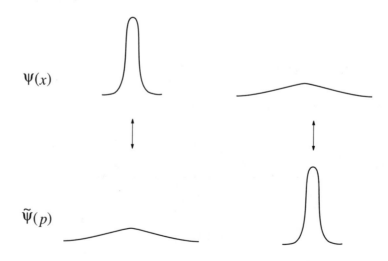

In diesem Falle gilt

$$\Delta p \cdot \Delta x = \frac{\hbar}{2} \,.$$

Für beliebige Wellenfunktionen gilt die

## Heisenbergsche Unschärferelation

$$\Delta p \cdot \Delta x \geq \frac{\hbar}{2} \,.$$

Sie wurde von Werner Heisenberg (5.12.1901 – 1.2.1976) im Jahre 1927 gefunden. Ihren Beweis werden wir später nachtragen. Etwas Vergleichbares ist schon aus der Optik bekannt. Man erinnere sich an $\Delta k \cdot \Delta x \approx 1$.

*S. 88*

Sehen wir uns noch einmal das gaußsche Wellenpaket als Beispiel an. Bei der Diskussion des Zerfließens fanden wir

$$(\Delta x)^2 = d^2 + \frac{\hbar^2 t^2}{4m^2 d^2} \,, \qquad (\Delta p)^2 = \frac{\hbar^2}{4d^2}$$

und somit

$$\Delta p \cdot \Delta x = \frac{\hbar}{2} \sqrt{1 + \frac{\hbar^2 t^2}{4m^2 d^4}} \,.$$

In drei räumlichen Dimensionen gibt es drei Unschärferelationen:

$$\Delta p_x \cdot \Delta x \geq \frac{\hbar}{2} \,, \qquad \Delta p_y \cdot \Delta y \geq \frac{\hbar}{2} \,, \qquad \Delta p_z \cdot \Delta z \geq \frac{\hbar}{2} \,.$$

Was ist die Bedeutung der Unschärferelation?

a) Zunächst zum Begriff „Unschärfe". Die Unschärfen, von denen die Rede ist, sind Breiten von Wahrscheinlichkeitsverteilungen. Das Teilchen ist also nicht selbst „unscharf" oder gar ausgeschmiert, sondern die Kenntnis über seinen möglichen Ort bzw. Impuls ist unscharf. Heisenberg hat es daher vorgezogen, von der „Unbestimmtheitsrelation" zu sprechen. Eine genaue Kenntnis des Ortes ist mit ungenauer Kenntnis des Impulses verbunden und umgekehrt. In der Quantenmechanik gibt es eine prinzipielle Grenze für die Bestimmung von Ort und Impuls.

Wolfgang Pauli (25.4.1900 – 15.12.1958) hat es in seiner charakteristischen Weise in einem Brief an Heisenberg so ausgedrückt: „Man kann die Welt mit dem p-Auge und man kann sie mit dem q-Auge ansehen, aber wenn man beide Augen zugleich aufmachen will, dann wird man irre."

b) Eine unmittelbare Konsequenz der Unschärferelation ist, dass der Begriff der Bahn des Teilchens seinen Sinn verliert.

Es ist instruktiv, sich einmal die Größenordnungen von Unschärfen für atomare und für makroskopische Objekte zu überlegen.

i) Für ein Elektron im Atom ist $\Delta x \approx 10^{-10}$m, $\Delta p \approx 10^{-24}$kg m s$^{-1}$, so dass $\Delta x \cdot \Delta p \approx \hbar$. Die Unschärfe der Geschwindigkeit $\Delta v \approx 10^{6}$m s$^{-1}$ ist schon erheblich.

ii) Andererseits, für ein Staubteilchen mit $m = 10^{-6}$kg, $\Delta v = 10^{-4}$m s$^{-1}$ verlangt die Unschärferelation $\Delta x \geq 10^{-24}$m, was für praktische Belange völlig irrelevant ist.

**Illustration:**

Zur Illustration wollen wir nun in zwei physikalischen Situationen diskutieren, wie die durch die Unschärferelation auferlegten Grenzen zustande kommen.

1) Ortsmessung mit einem Mikroskop

Im Mikroskop wird Licht der Wellenlänge $\lambda$ am Teilchen gestreut und tritt innerhalb eines Öffnungswinkels $\varphi$ in das Okular.

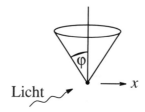

Der Ort des Teilchens kann nur innerhalb einer Genauigkeit bestimmt werden, die durch das Auflösungsvermögen des Mikroskops begrenzt ist. Hierfür gilt bekanntlich

$$\Delta x \approx \frac{\lambda}{\sin \varphi}.$$

Andererseits wird dem Teilchen durch das gestreute Photon ein Impulsübertrag $p' \approx \frac{h\nu}{c} = \frac{h}{\lambda}$ verliehen. $p'$ ist nicht genau bekannt, da die Richtung des Lichtquants innerhalb des Öffnungswinkels $\varphi$ unbekannt ist. Es ist $\Delta p_x = p' \sin \varphi$ und folglich $\Delta x \cdot \Delta p_x \approx h$.

Dieses Beispiel stammt von Heisenberg selbst. Mir gefällt es nicht so gut, denn es wird darin mit klassischen Begriffen operiert. Es wird vom Ort des Teilchens und vom Impuls des Photons so geredet, als gäbe es sie eigentlich, nur könnten wir sie prinzipiell nicht genauer bestimmen, als durch die Unschärferelation erlaubt ist. Dies klingt ein bisschen nach „verborgenen Werten", was Heisenberg aber sicher nicht so gemeint hat.

2) Beugung am Spalt

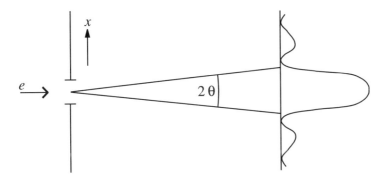

In der Spaltebene ist die Ortsunschärfe durch die Spaltbreite gegeben: $\Delta x = d$. Das zentrale Bündel im Beugungsmuster hat einen Öffnungswinkel $\theta$, der $\sin \theta \sim \lambda/d$ erfüllt. Hierin ist $\lambda = h/p$. Dies zieht eine Unschärfe der Impulskomponente $\Delta p_x \approx p \cdot \sin \theta$ nach sich.

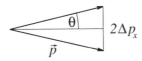

Daraus ergibt sich $\Delta x \cdot \Delta p_x \approx h$.

**Diskussion:**

Wir wollen diesen Abschnitt mit einer Diskussion der Unschärferelation abschließen.

a) Die Ungleichung $\Delta x \cdot \Delta p \geq \frac{\hbar}{2}$ gilt für die Breiten in <u>einem</u> Zustand.

Wenn eine Ortsmessung zu einer Zeit $t_1$ und eine nachfolgende Impulsmessung zu einer Zeit $t_2 > t_1$ durchgeführt wird, so ist es durchaus möglich, dass

$$\Delta x|_{t=t_1} \cdot \Delta p|_{t=t_2} < \frac{\hbar}{2}.$$

Dies ist aber kein Widerspruch zur Unschärferelation, denn nach der Ortsmessung bei $t_1$ und der Impulsmessung bei $t_2$ liegen verschiedene Zustände vor.

b) Kausalität und Determinismus

Das klassische Kausalitätsprinzip sagt aus, dass bei bekannten Werten von $\vec{r}$ und $\vec{p}$ zum Zeitpunkt $t_0$ das Verhalten für alle Zeiten $t > t_0$ bekannt ist. Aus der Unschärferelation folgt, dass das klassische Kausalitätsprinzip nicht anwendbar ist, da die Voraussetzung nicht erfüllbar ist.

Etwas anders verhält es sich mit dem Determinismus. Dieser behauptet, dass die künftige Entwicklung physikalischer Systeme vorherbestimmt sei. Während das Kausalitätsprinzip zwar nicht anwendbar, aber dennoch nicht notwendig falsch ist, gilt der Determinismus in der Quantenmechanik nicht.

# 2 Schrödingergleichung

## 2.1 Zeitabhängige Schrödingergleichung

Erinnern wir uns an die Begründung der Wellengleichung für freie Teilchen.
Aus der Energie-Impuls-Beziehung folgt die Beziehung zwischen Kreisfrequenz und Wellenzahl und hieraus wiederum die Wellengleichung:

$$E = \frac{\vec{p}^2}{2m} \quad \Longrightarrow \quad \hbar\omega = \frac{\hbar^2\vec{k}^2}{2m} \quad \Longrightarrow \quad i\hbar\frac{\partial}{\partial t}\psi(\vec{r},t) = -\frac{\hbar^2}{2m}\nabla^2\psi(\vec{r},t).$$

*(4.4)*
*Schlicht* /p

Mit dem Impulsoperator können wir sie in der Form

$$i\hbar\frac{\partial}{\partial t}\psi(\vec{r},t) = \frac{\vec{P}^2}{2m}\psi(\vec{r},t)$$

$$\vec{P} = \frac{\hbar}{i}\nabla \quad S.22$$
$$= \frac{\hbar}{i}\left(\frac{\partial}{\partial x_1}, \frac{\partial}{\partial x_2}, \frac{\partial}{\partial x_3}\right)$$

schreiben.

Für ein Teilchen, das sich in einem Potenzial $V(\vec{r})$ bewegt, ist die Energie

$$E = \frac{\vec{p}^2}{2m} + V(\vec{r}).$$

Der Ausdruck auf der rechten Seite, also die Energie als Funktion von Impuls und Ort, heißt in der Mechanik *Hamiltonfunktion*:

$$H(\vec{p},\vec{r}) = \frac{\vec{p}^2}{2m} + V(\vec{r}).$$

In Verallgemeinerung der obigen Überlegungen zur Wellengleichung stellte Erwin Schrödinger (12.8.1887 – 4.1.1961) im Jahre 1926 eine Wellengleichung für Teilchen in einem äußeren Potenzial auf, die

### Schrödingergleichung

$$i\hbar\frac{\partial}{\partial t}\psi(\vec{r},t) = \left(\frac{\vec{P}^2}{2m} + V(\vec{r})\right)\psi(\vec{r},t)$$

*Cohen – Tan. 12*

bzw.

$$i\hbar\frac{\partial}{\partial t}\psi(\vec{r},t) = \left(-\frac{\hbar^2}{2m}\Delta + V(\vec{r})\right)\psi(\vec{r},t).$$

$$\Delta\varphi = \text{div grad } \varphi = \frac{\partial^2}{\partial x_1^2}\varphi + \frac{\partial^2\varphi}{\partial x_2^2} + \frac{\partial^2\varphi}{\partial x_3^2}$$

Die rechte Seite der Schrödingergleichung enthält den **Hamiltonoperator**

$$H = \frac{\vec{P}^2}{2m} + V(\vec{Q})\,,$$

mit dem wir sie in der Form

$$i\hbar\frac{\partial}{\partial t}\psi(\vec{r},t) = H\psi(\vec{r},t) \quad mit$$

schreiben können.

Die Schrödingergleichung beschreibt die Zeitentwicklung der Wellenfunktion. Sie ist eine partielle Differenzialgleichung von erster Ordnung in $t$, so
dass bei gegebenen Anfangswerten $\psi(\vec{r},t_0)$ die Lösung $\psi(\vec{r},t)$ für $t > t_0$
festgelegt ist.

Es gilt wiederum die Kontinuitätsgleichung

$$\frac{\partial\rho}{\partial t} + \nabla\cdot\vec{j} = 0$$

mit

$$\rho = |\psi|^2\,, \qquad \vec{j} = \frac{\hbar}{2m i}(\psi^*\nabla\psi - \psi\nabla\psi^*)\,,$$

deren Beweis genauso wie im Falle des freien Teilchens geführt wird. Aus
ihr folgt

$$\int d^3r\,|\psi(\vec{r},t)|^2 = \text{const.}$$

## 2.2 Zeitunabhängige Schrödingergleichung

Der Hamiltonoperator $H$ hänge nicht von $t$ ab. Gibt es Lösungen der Schrö-
dingergleichung, für welche die Wahrscheinlichkeitsdichte $|\psi(\vec{r},t)|^2$ zeitun-
abhängig ist? Betrachte den Ansatz

$$\psi(\vec{r},t) = f(t)\psi(\vec{r})\,.$$

Einsetzen in die Schrödingergleichung liefert

$$i\hbar\frac{\partial f}{\partial t}\cdot\psi(\vec{r}) = f(t)\,H\psi(\vec{r})\,,$$

woraus

$$i\hbar\frac{\partial f}{\partial t} = E\,f(t)\,, \qquad H\psi(\vec{r}) = E\,\psi(\vec{r}) \qquad \text{mit} \quad E = \text{const.}$$

folgt. Die Lösung für $f(t)$ lautet

$$f(t) = e^{-i\frac{Et}{\hbar}}.$$

Behauptung: $E$ ist reell. Dies zeigt man wie folgt. Sei $E = E_r + i\,E_i \in \mathbf{C}$ mit reellen $E_r$, $E_i$. Dann ist

$$|\psi(\vec{r},t)|^2 = |\psi(\vec{r})|^2\, e^{\frac{2E_i t}{\hbar}}$$

und folglich

$$\int |\psi(\vec{r},t)|^2 d^3r = \int |\psi(\vec{r})|^2 d^3r\, e^{\frac{2E_i t}{\hbar}}.$$

Wir wissen aber, dass dies konstant sein muss, woraus $E_i = 0$, also $E \in \mathbf{R}$ folgt.

Wir haben also gefunden:

*Phasenfaktor*

$$\psi(\vec{r},t) = e^{-i\frac{Et}{\hbar}}\psi(\vec{r}) \quad : \quad \text{stationärer Zustand}$$

$$H\psi(\vec{r}) = E\,\psi(\vec{r}) \quad : \quad \text{zeitunabhängige Schrödingergleichung}$$

Zustände, für welche die Zeitabhängigkeit der Wellenfunktion durch obigen Phasenfaktor gegeben sind, heißen stationär. Sie genügen der **zeitunabhängigen Schrödingergleichung**. In stationären Zuständen sind $\rho$ und $\vec{j}$ zeitunabhängig.

Die zeitunabhängige Schrödingergleichung $H\psi(\vec{r}) = E\,\psi(\vec{r})$ sagt aus, dass $\psi(\vec{r})$ Eigenfunktion zum Hamiltonoperator mit Eigenwert $E$ ist.

$E$ ist die „Energie" des Zustandes. Sie ist gleich dem Erwartungswert des Hamiltonoperators:

$$\langle H \rangle = \int d^3r\, \psi^*(\vec{r},t)\, H\, \psi(\vec{r},t) = \int d^3r\, \psi^*(\vec{r})\, H\, \psi(\vec{r})$$

$$= E \int d^3r\, \psi^*(\vec{r})\psi(\vec{r}) = E.$$

Die Breite bzw. Varianz $\Delta E$, gegeben durch $(\Delta E)^2 = \langle (H-E)^2 \rangle = \langle H^2 \rangle - E^2$, verschwindet in einem stationären Zustand: $\Delta E = 0$, d.h. die Energie ist scharf.

Um die möglichen Energiewerte zu finden, ist also folgende Gleichung zu lösen:

$$\left\{ -\frac{\hbar^2}{2m}\Delta + V(\vec{r}) \right\} \psi(\vec{r}) = E\,\psi(\vec{r})\,,$$

$$\text{wobei} \quad \int d^3r\; \psi^*(\vec{r})\psi(\vec{r}) = 1\,.$$

# 3 Wellenmechanik in einer Dimension

In diesem Kapitel werden wir wellenmechanische Probleme in einer Raumdimension untersuchen. Diese sind einfacher zu handhaben als dreidimensionale Probleme und daher gut zur Einführung geeignet. Die eindimensionale Wellenmechanik ist aber keineswegs eine rein akademische Spielwiese, denn es gibt viele eindimensionale Probleme, die physikalisch relevant sind.

Die zeitunabhängige Schrödingergleichung in einer Dimension lautet

$$-\frac{\hbar^2}{2m}\frac{\partial^2}{\partial x^2}\psi(x) + V(x)\psi(x) = E\,\psi(x)$$

und wir verlangen

$$\int dx\, |\psi(x)|^2 = 1\,.$$

Wir wollen Potenziale $V(x)$ zulassen, bei denen auch Stufen und Knicks, d.h. Unstetigkeiten der Ableitungen erlaubt sind, es soll aber überall gelten $|V(x)| < \infty$, falls nichts anderes gesagt wird.

· Wie verhält sich $\psi(x)$ an Unstetigkeiten von $V(x)$?

· Falls $\psi(x)$ selbst unstetig an einer Stelle $x_0$ ist, z.B. $\psi(x) = a\,\theta(x - x_0) + \varphi(x)$, gilt

$$\psi'(x) = a\,\delta(x - x_0) + \varphi'(x)$$
$$\psi''(x) = a\,\delta'(x - x_0) + \varphi''(x)\,.$$

Dies ist nicht im Einklang mit der obigen Schrödingergleichung und wir können notieren

$$\text{a)}\quad \psi(x) \text{ ist stetig.}$$

Falls $\psi'(x)$ unstetig bei $x_0$ ist, gilt

$$\psi''(x) = a\,\delta(x - x_0) + \dots\,,$$

was sich wiederum nicht mit der Schrödingergleichung verträgt, so dass wir schließen:

$$\text{b)}\quad \psi'(x) \text{ ist stetig.}$$

Es sei daran erinnert, dass wir $|V(x)| < \infty$ überall voraussetzen.

## 3.1 Teilchen im Kasten: unendlich hoher Potenzialtopf

Das Potenzial                              *Pade 51*

$$V(x) = \begin{cases} 0 & , \quad 0 < x < L \\ \infty & , \quad \text{sonst} \end{cases}$$

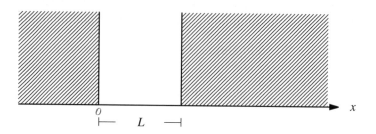

stellt einen unendlich hohen Potenzialtopf dar und beschreibt einen Kasten mit undurchdringlichen Wänden.

Im Inneren gilt
$$S. 32$$
$$-\frac{\hbar^2}{2m}\psi_i''(x) = E\,\psi_i(x), \qquad E > 0.$$

Außerhalb des Kastens ist $V(x) = \infty$, woraus $\psi_a(x) = 0$ folgt. Man kann dies durch vorübergehende Betrachtung des endlichen Potenzialtopfes

$$V(x) = \begin{cases} 0 & , \quad 0 < x < L \\ V_0 & , \quad \text{sonst}, \end{cases} \qquad \text{mit } V_0 > E$$

begründen. Dann gilt

$$\psi_a'' = \frac{2m}{\hbar^2}(V_0 - E)\psi_a(x) \equiv \kappa^2\psi_a(x).$$

Die Lösung für $x > L$ ist

$$\psi_a = A\mathrm{e}^{-\kappa x} + B\mathrm{e}^{\kappa x}.$$

Die Wellenfunktion kann nur normierbar sein, wenn $B = 0$ ist und lautet also

$$\psi_a(x) = A\mathrm{e}^{-\kappa x}.$$

Jetzt gehen wir zum Limes $V_0 \to \infty$ über, bei dem $\kappa \to \infty$ geht und deshalb $\psi_a = 0$, was zu zeigen war.

An den Wänden gelten die Übergangsbedingungen

$$\psi(x) \text{ ist stetig bei } x = 0, L,$$

die man auch durch Betrachtung des Limes $V_0 \to \infty$ herleiten kann.

Zu lösen ist also im Inneren des Kastens die Gleichung

$$\psi''(x) = -\frac{2mE}{\hbar^2} \psi(x)$$

mit den Randbedingungen

$$\psi(0) = \psi(L) = 0.$$

Man kann dieses Problem numerisch angehen. Dazu integriert man die Differenzialgleichung beginnend bei $x = 0$ mit $\psi(0) = 0$ und nichtverschwindender Steigung $\psi'(0)$ nach rechts bis zu $x = L$. Das wiederholt man und variiert den Parameter $E$ dabei so lange, bis $\psi(L) = 0$ erfüllt ist.

Für dieses einfache System gibt es aber auch eine analytische Lösung. Mit

$$k^2 \doteq \frac{2mE}{\hbar^2} > 0$$

haben wir

$$\psi''(x) = -k^2 \psi(x) \quad \text{für } 0 \leq x \leq L,$$

$$\psi(0) = \psi(L) = 0.$$

Die Lösung ist klar:

$$\psi(x) = A \sin kx + B \cos kx.$$

Aus $\psi(0) = 0$ folgt $B = 0$ und somit $\psi(x) = A \sin kx$. Die zweite Randbedingung $\psi(L) = 0$ erfordert $\sin kL = 0$. Dies ist erfüllt, falls $kL = n\pi$, $n \in$ **Z**. Die negativen $n$ entfallen, da die zugehörigen Lösungen proportional zu denen mit positivem $n$ sind. Es verbleiben somit die Lösungen

$$\psi_n(x) = A \sin\left(\frac{n\pi}{L} x\right), \quad n = 1, 2, 3, \ldots$$

Die möglichen Energiewerte sind

$$E_n = \frac{\hbar^2}{2m}\left(\frac{n\pi}{L}\right)^2 = \frac{\hbar^2 \pi^2}{2mL^2} \cdot n^2.$$

*Pade 54*

Nicht alle positiven Energien sind erlaubt, wie im klassischen Falle, sondern es gibt ein **diskretes Energiespektrum**.

Wir begegnen hier dem Phänomen der „Quantisierung" der Energie.

Weiterhin können wir das Auftreten einer **Nullpunktsenergie** $E_1 > 0$ feststellen.

Zuletzt wollen wir die Lösungen noch normieren, wie es sich gehört:

$$\int_0^L |\psi_n(x)|^2 dx = A^2 \frac{1}{2} L \quad \Rightarrow \quad A = \sqrt{\frac{2}{L}}.$$

Eines bleibt noch nachzutragen. Oben haben wir stillschweigend angenommen, dass $E \geq 0$ ist. Können negative Energien $E < 0$ möglich sein? Angenommen, $E$ wäre negativ. Dann hätten wir im Innenraum

$$\psi''(x) = -\frac{2mE}{\hbar^2}\psi(x) \equiv \kappa^2 \psi(x), \quad \kappa > 0$$

zu lösen. Die Lösung wäre

$$\psi(x) = A \sinh \kappa x + B \cosh \kappa x,$$

und aus der linken Randbedingung folgt $B = 0$ und $\psi(x) = A \sinh \kappa x$. Die rechte Randbedingung $\sinh \kappa L = 0$ besitzt aber keine Lösung, so dass es zu negativer Energie keine Eigenfunktion gibt.

Die gefundenen Lösungen der zeitunabhängigen Schrödingergleichung haben zwei wichtige Eigenschaften, die uns auch bei anderen Systemen begegnen werden und sehr nützlich sind:

**Orthogonalität:**

Betrachte das Integral

$$\int_0^L \psi_n^*(x)\psi_m(x)dx = \frac{2}{L}\int_0^L \sin\left(\frac{n\pi x}{L}\right)\cdot \sin\left(\frac{m\pi x}{L}\right) dx.$$

Eine elementare Rechnung liefert

$$\int_0^L \psi_n^*(x)\psi_m(x)dx = \delta_{n,m}.$$

Diese Eigenschaft der Funktionen $\psi_n$ heißt „Orthogonalität".

**Vollständigkeit:**

Sei eine Funktion $f(x)$ gegeben mit $f(x) = 0$ für $x \leq 0$ und $x \geq L$. Wir erweitern sie auf das doppelte Intervall durch

$$F(x) \doteq \begin{cases} f(x) \,, & 0 \leq x \leq L \\ -f(-x) \,, & -L \leq x \leq 0 \end{cases}$$

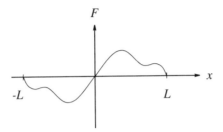

$F$ ist periodisch auf dem Intervall $[-L, L]$, d.h. $F(L) = F(-L)$, und $F$ ist „antisymmetrisch": $F(x) = -F(-x)$. Die Fourierreihe für $F(x)$ lautet

$$F(x) = \frac{a_0}{2} + \sum_{n=1}^{\infty} \left( a_n \cos \frac{\pi n x}{L} + b_n \sin \frac{\pi n x}{L} \right) \,.$$

Aus der Antisymmetrie folgt $a_0 = 0$, $a_n = 0$, so dass

$$F(x) = \sum_{n=1}^{\infty} b_n \sin \frac{\pi n x}{L} = \sum_{n=1}^{\infty} \sqrt{\frac{L}{2}} \, b_n \psi_n(x) \,.$$

Insbesondere gilt

$$f(x) = \sum_{n=1}^{\infty} \sqrt{\frac{L}{2}} \, b_n \psi_n(x) \quad \text{für} \quad 0 \leq x \leq L \,.$$

„Jedes" $f(x)$ mit den obigen Randbedingungen lässt sich also nach den $\psi_n(x)$ entwickeln, d.h. die $\psi_n(x)$ bilden ein vollständiges Funktionensystem.

### 3.1.1 Dreidimensionaler Kasten

Unsere Ergebnisse für den eindimensionalen Kasten lassen sich leicht auf den Fall dreier Raumdimensionen verallgemeinern. Das Kastenpotenzial ist

$$V(\vec{r}) = \begin{cases} 0 \,, & 0 \leq x \leq L_1, \, 0 \leq y \leq L_2, \, 0 \leq z \leq L_3 \\ \infty \,, & \text{sonst} \,. \end{cases}$$

Dies stellt einen Quader dar. Wiederum gilt im Außenraum $\psi_a(\vec{r}) = 0$ und im Inneren ist

$$\frac{\partial^2 \psi}{\partial x^2} + \frac{\partial^2 \psi}{\partial y^2} + \frac{\partial^2 \psi}{\partial z^2} = -\frac{2mE}{\hbar^2}\psi \equiv -k^2\psi \,.$$

Die Gleichung lässt sich durch

$$\psi(\vec{r}) = \psi_1(x) \cdot \psi_2(y) \cdot \psi_3(z)$$

separieren:

$$\frac{\partial^2 \psi_i}{\partial x_i^2} = -k_i^2 \psi_i \,, \quad i = 1, 2, 3\,, \quad k_1^2 + k_2^2 + k_3^2 = k^2 \,.$$

Die Lösungen der drei separierten Gleichungen kennen wir:

$$\psi_i(x_i) = A_i \sin\left(\frac{n_i \pi}{L_i} x_i\right)\,, \quad n_i \in \mathbf{N}\,.$$

Mit der Notation $\vec{n} \doteq (n_1, n_2, n_3)$ schreiben wir

$$\psi_{\vec{n}}(\vec{r}) = A \sin\left(\frac{n_1 \pi}{L_1} x\right) \sin\left(\frac{n_2 \pi}{L_2} y\right) \sin\left(\frac{n_3 \pi}{L_3} z\right)$$

mit

$$A = \sqrt{\frac{8}{L_1 L_2 L_3}}\,,$$

und die zugehörigen Energien sind

$$E_{\vec{n}} = \frac{\hbar^2 \pi^2}{2m}\left(\frac{n_1^2}{L_1^2} + \frac{n_2^2}{L_2^2} + \frac{n_3^2}{L_3^2}\right)\,.$$

Im Spezialfall des Würfels ist $L_1 = L_2 = L_3 = L$. Mit

$$\varepsilon \doteq \frac{\hbar^2 \pi^2}{2mL^2}$$

sind die Energien gegeben durch

$$E_{\vec{n}} = \varepsilon\, \vec{n}^2 \,.$$

| $E/\varepsilon$ | $\vec{n}$ | # |
|:---:|:---:|:---:|
| 3 | $(1, 1, 1)$ | 1 |
| 6 | $(2, 1, 1)$, $(1, 2, 1)$, $(1, 1, 2)$ | 3 |
| 9 | $(2, 2, 1)$, $(2, 1, 2)$, $(1, 2, 2)$ | 3 |
| 11 | $(3, 1, 1)$, $(1, 3, 1)$, $(1, 1, 3)$ | 3 |
| 12 | $(2, 2, 2)$ | 1 |
| 14 | $(3, 2, 1)$, $\ldots$ | 6 |

Für den symmetrischen Fall des Würfels tritt das Phänomen der Entartung auf: es gibt i.A. mehrere Eigenzustände zum gleichen Eigenwert. Wenn die Kantenlängen nicht exakt, aber näherungsweise gleich sind,

$$L_1 \approx L_2 \approx L_3 \,,$$

liegt näherungsweise Entartung vor und die Energien bilden Energieschalen:

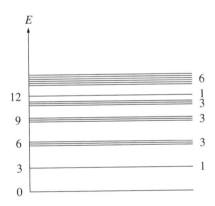

## 3.2 Endlicher Potenzialtopf

Jetzt betrachten wir den Fall eines Potenzialtopfes von endlicher Tiefe:

$$V(x) = \begin{cases} -V_0 \,, & -\dfrac{L}{2} < x < \dfrac{L}{2} \\ 0 \,, & \text{sonst} \end{cases}$$

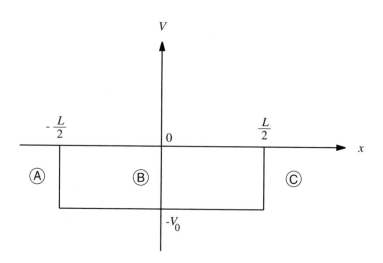

Ein solches Potenzial findet z.B. Verwendung in vereinfachten Modellen für das Deuteron oder die Bewegung von Elektronen bei Anwesenheit von Störstellen.

Das zu lösende Problem lautet

1. $$-\frac{\hbar^2}{2m}\frac{\partial^2\psi(x)}{\partial x^2} + V(x)\psi(x) = E\,\psi(x)$$

2. $$\int_{-\infty}^{\infty} |\psi(x)|^2 dx = 1$$

3. $\psi$ stetig, $\psi'$ stetig.

### 3.2.1 Gebundene Zustände

Sei $E < 0$. In den drei Gebieten A,B und C haben wir

$$\text{A, C}: \quad \psi'' = \kappa^2\psi, \quad \kappa^2 = -\frac{2m}{\hbar^2}E > 0, \quad \kappa > 0$$

$$\text{B}: \quad \psi'' = -k^2\psi, \quad k^2 = \frac{2m}{\hbar^2}(E + V_0).$$

Kann $E < -V_0$ sein? Dann wäre $k^2 < 0$. An Stellen, wo $\psi(x) > 0$ ist, wäre $\psi''(x) > 0$, d.h. $\psi$ wäre konvex.

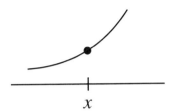

Auf einer der beiden Seiten von $x$ müsste $\psi$ dann überall konvex sein und wäre nicht normierbar.Wir schließen daher

$$-V_0 < E < 0\,.$$

Betrachten wir die Gebiete einzeln.

$A:$    $\psi'' = \kappa^2 \psi$

$$\psi_A(x) = \alpha_+ e^{\kappa x} + \alpha_- e^{-\kappa x}$$

$$\psi(x) \xrightarrow[x\to-\infty]{} 0 \quad \Rightarrow \quad \alpha_- = 0 \quad \Rightarrow \quad \psi_A(x) = \alpha_+ e^{\kappa x}$$

$C:$    entsprechend,  $\psi_C(x) = \gamma_- e^{-\kappa x}$

$B:$    $\psi'' = -k^2 \psi\,,$    $\psi_B(x) = \beta_+ e^{ikx} + \beta_- e^{-ikx}$

**Anschlussbedingungen:**

1. Stetigkeit von $\psi(x)$

$$x = -\frac{L}{2} \quad : \quad \alpha_+ e^{-\kappa \frac{L}{2}} = \beta_+ e^{-ik\frac{L}{2}} + \beta_- e^{ik\frac{L}{2}}$$

$$x = \frac{L}{2} \quad : \quad \gamma_- e^{-\kappa \frac{L}{2}} = \beta_- e^{-ik\frac{L}{2}} + \beta_+ e^{ik\frac{L}{2}}$$

2. Stetigkeit von $\psi'(x)$

$$x = -\frac{L}{2} \quad : \quad \kappa \alpha_+ e^{-\kappa \frac{L}{2}} = ik \left( \beta_+ e^{-ik\frac{L}{2}} - \beta_- e^{ik\frac{L}{2}} \right)$$

$$x = \frac{L}{2} \quad : \quad \kappa \gamma_- e^{-\kappa \frac{L}{2}} = ik \left( \beta_- e^{-ik\frac{L}{2}} - \beta_+ e^{ik\frac{L}{2}} \right)$$

Dies sind 4 Gleichungen für $\alpha_+, \gamma_-, \beta_+$ und $\beta_-$. Sie wissen sicher, wie man damit zu Werke geht, aber es gibt noch eine Vereinfachung. Wir betrachten zunächst eine

**symmetrische** Lösung:     $\psi(x) = \psi(-x)$.

Dann erhalten wir

$$\alpha_+ = \gamma_- \equiv \alpha\,, \qquad \beta_+ = \beta_- \equiv \beta\,,$$

$$\alpha\,e^{-\kappa\frac{L}{2}} = 2\beta\cos k\frac{L}{2}\,,$$

$$\kappa\alpha\,e^{-\kappa\frac{L}{2}} = 2\beta k\sin k\frac{L}{2}\,.$$

Für dieses lineare homogene System aus zwei Gleichungen lautet die Lösbarkeitsbedingung

$$\boxed{\;\kappa = k\tan\left(k\frac{L}{2}\right)\,.\;}$$

Die Lösungen dieser Gleichung liefern $\kappa$ und $k$ und damit die möglichen Energien $E$. Diese werden wir weiter unten betrachten. Wenn $\kappa$ und $k$ bekannt sind, ist die Lösung für die Koeffizienten

$$\beta = \frac{\exp(-\kappa\frac{L}{2})}{2\cos k\frac{L}{2}}\,\alpha = \frac{1}{2}\sqrt{1+\frac{\kappa^2}{k^2}}\;e^{-\kappa\frac{L}{2}}\alpha\,.$$

Die Normierung führt zu

$$\frac{1}{\alpha} = e^{-\kappa\frac{L}{2}}\sqrt{\left(1+\frac{\kappa^2}{k^2}\right)\left(\frac{L}{2}+\frac{1}{\kappa}\right)}\,.$$

In gleicher Weise behandeln wir den Fall einer

**antisymmetrischen** Lösung:     $\psi(x) = -\psi(-x)$.

$$\alpha_+ = -\gamma_- \equiv a\,, \qquad \beta_+ = -\beta_- \equiv b\,,$$

$$a\,e^{-\kappa\frac{L}{2}} = -2ib\sin k\frac{L}{2}\,,$$

$$\kappa a\,e^{-\kappa\frac{L}{2}} = 2ibk\cos k\frac{L}{2}\,.$$

Die Lösbarkeitsbedingung ist

$$\boxed{\kappa = -k \cot\left(k\frac{L}{2}\right)}$$

und für die Koeffizienten gilt

$$b = i\frac{\exp(-\kappa\frac{L}{2})}{2\sin k\frac{L}{2}}a\,,$$

$$\frac{1}{a} = e^{-\kappa\frac{L}{2}}\sqrt{\left(1 + \frac{\kappa^2}{k^2}\right)\left(\frac{L}{2} + \frac{1}{\kappa}\right)}\,.$$

Eines gilt es noch zu klären: warum kann man $\psi(x)$ als symmetrisch oder antisymmetrisch annehmen?

Das Potenzial $V(x)$ ist symmetrisch. In diesem Falle gilt: falls $\psi(x)$ eine Lösung ist, so ist auch $\chi(x) = \psi(-x)$ eine Lösung zur gleichen Energie. Hieraus können wir zwei Lösungen mit den gewünschten Symmetrie-Eigenschaften bilden: $\psi(x) + \chi(x)$ ist symmetrisch, $\psi(x) - \chi(x)$ ist antisymmetrisch.

Um die möglichen Energien zu bestimmen, müssen wir uns nun den Lösbarkeitsbedingungen zuwenden. Wir definieren

$$\eta \doteq \kappa\frac{L}{2}\,, \qquad \xi \doteq k\frac{L}{2}\,,$$

die durch

$$\xi^2 + \eta^2 = \left(\frac{L}{2}\right)^2\frac{2mV_0}{\hbar^2} \equiv R^2$$

verknüpft sind. Die Lösbarkeitsbedingungen lauten nun

$$\eta = \xi\tan\xi \qquad \text{bzw.} \qquad \eta = -\xi\cot\xi\,.$$

Dies sind transzendente Gleichungen, die wir nicht explizit lösen können. Die Lösungen lassen sich aber numerisch bestimmen. Alternativ gibt es die Möglichkeit der graphischen Lösung, die bessere Einsichten in die Natur der Lösungen vermittelt.

In der Graphik ist das Beispiel $R = 3{,}4$ dargestellt. Die Schnittpunkte des Viertelkreises mit den anderen Kurven liefern die möglichen Paare $(\xi, \eta)$. Hier sind es 3 Lösungen.

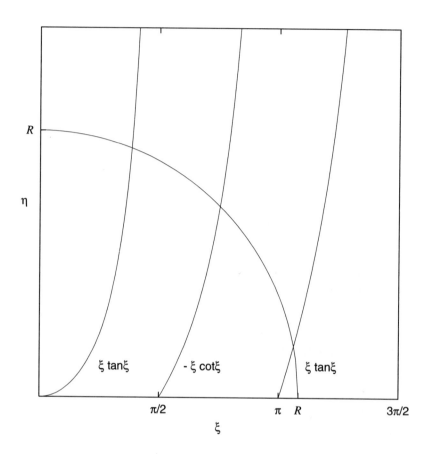

Der Graphik entnehmen wir folgende allgemeine Feststellungen:

a) Es gibt mindestens eine symmetrische Lösung.

b) Für $R < \infty$ gibt es nur endlich viele Lösungen im Bereich $E < 0$.

Die Energie erhalten wir letztendlich aus

$$E = -\frac{\hbar^2}{2m}\kappa^2 = -V_0\frac{\eta^2}{R^2} \, .$$

In unserem Beispiel sehen die Wellenfunktionen und das Spektrum so aus:

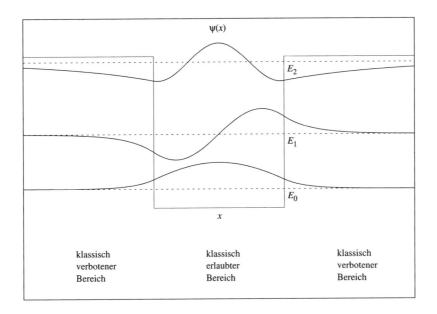

Zum Zwecke der besseren Sichtbarkeit sind die Wellenfunktionen auf die Höhe ihrer jeweiligen Energie verschoben.

Beim endlichen Potenzialtopf ist die Wellenfunktion nicht Null im klassisch verbotenen Bereich. Sie fällt aber exponentiell rasch ab. Die *Eindringtiefe* $d$, gegeben durch

$$\psi \sim e^{-\kappa x} = e^{-\frac{x}{d}} \, ,$$

hat den Wert

$$d = \frac{1}{\kappa} = \sqrt{\frac{\hbar^2}{2m|E|}} \, .$$

Solche Zustände, deren Aufenthaltswahrscheinlichkeit nach außen exponentiell abfällt, heißen **gebundene Zustände**. Das Teilchen hält sich mit großer Wahrscheinlichkeit in einem endlichen Bereich auf und kann nicht entweichen. In dem klassischen Gegenstück kann das Teilchen nicht in den Bereich $E < V(x)$ eindringen und ist ebenfalls gebunden.

Erwähnt sei noch der Knotensatz, der hier nicht bewiesen werden soll: die Wellenfunktion $\psi_n(x)$ besitzt $n$ Knoten (Nullstellen), wenn wir aufsteigend bei Null beginnend durchnummerieren ($n = 0, 1, 2, \ldots$).

Für $E < 0$ haben wir endlich viele diskrete Energiewerte $E_n$ gefunden. Die zeitunabhängige Schrödingergleichung ist als Differenzialgleichung aber für beliebige $E$ lösbar. Was geht schief, wenn man $E \neq E_n$ wählt, z.B. $E_0 < E < E_1$ ? In diesem Falle findet man eine Lösungsfunktion, die für $x \to \infty$ oder $x \to -\infty$ exponentiell anwächst und nicht normierbar ist.

Zum unendlich tiefen Potenzialtopf, der im vorigen Abschnitt behandelt wurde, gelangen wir im Grenzfall

$$R \gg 1 \qquad \Longleftrightarrow \qquad V_0 \gg \frac{\hbar^2}{2m}\left(\frac{2}{L}\right)^2 .$$

Dann ist

$$E_n \approx -V_0 + \frac{\hbar^2 \pi^2}{2mL^2}(n+1)^2 \quad \text{für} \quad n \ll R .$$

### 3.2.2 Streuzustände

Sei nun $E > 0$.

Die gesamte $x$-Achse stellt jetzt ein klassisch erlaubtes Gebiet dar. In der klassischen Mechanik kann sich das Teilchen überall bewegen und wird im Laufe der Zeit ins Unendliche entweichen, so dass kein gebundener Zustand vorliegt.

In der Quantenmechanik müssen wir

$$\text{A, C:} \quad \psi'' = -k_0^2 \psi , \qquad k_0^2 = \frac{2m}{\hbar^2}E$$

$$\text{B:} \quad \psi'' = -k^2 \psi , \qquad k^2 = \frac{2m}{\hbar^2}(E + V_0)$$

lösen. Die Wellenfunktion ist überall oszillatorisch, d.h. wir finden ebene Wellen. Daher können wir wie im Falle des freien Teilchens keine normierbare Lösung der zeitunabhängigen Schrödingergleichung erwarten. Die normierbaren Zustände sind als Wellenpakete zu bilden und sind nicht stationär. Dennoch spielen die Lösungen der stationären Schrödingergleichung als Bausteine der Wellenpakete eine sehr wichtige Rolle. Sie heißen **Streuzustände**.

Die Lösung der obigen Gleichung lautet

$$\text{A:} \quad \psi_A(x) = \alpha_+ \mathrm{e}^{ik_0 x} + \alpha_- \mathrm{e}^{-ik_0 x}$$

$$\text{B:} \quad \psi_B(x) = \beta_+ \mathrm{e}^{ikx} + \beta_- \mathrm{e}^{-ikx}$$

$$\text{C:} \quad \psi_C(x) = \gamma_+ \mathrm{e}^{ik_0 x} + \gamma_- \mathrm{e}^{-ik_0 x} .$$

Ist $\psi(x)$ Lösung, so auch $\psi(-x)$.

Physikalisch wollen wir die Situation betrachten, bei der ein Teilchen von links einläuft und dann reflektiert und transmittiert wird.

Im Gebiet C soll also nur eine nach rechts laufende Welle vorhanden sein und folglich setzen wir

$$\gamma_- = 0\,.$$

Dies ist ohne Einschränkung der Allgemeinheit möglich, denn ausgehend von obiger Lösung können wir die Linearkombination $\alpha_+\psi(x) - \gamma_-\psi(-x)$ betrachten, welche den Fall $\gamma_- = 0$ darstellt.

Weiterhin wählen wir die Normierung so, dass $\alpha_+ = 1$, und schreiben

$$\psi_A(x) = e^{ik_0 x} + \alpha_- e^{-ik_0 x}$$

$$\psi_C(x) = S\,e^{ik_0 x}\,.$$

Für die Diskussion der Anschlussbedingungen lassen wir zunächst die Koeffizienten allgemein und kehren später zu unserem obigen Spezialfall zurück.

Stetigkeitsbedingungen bei $x = -\frac{L}{2}$:

$$\alpha_+ e^{-ik_0\frac{L}{2}} + \alpha_- e^{ik_0\frac{L}{2}} = \beta_+ e^{-ik\frac{L}{2}} + \beta_- e^{ik\frac{L}{2}}$$

$$ik_0\left(\alpha_+ e^{-ik_0\frac{L}{2}} - \alpha_- e^{ik_0\frac{L}{2}}\right) = ik\left(\beta_+ e^{-ik\frac{L}{2}} - \beta_- e^{ik\frac{L}{2}}\right)\,.$$

In Matrixform lautet dies

$$\begin{pmatrix} e^{-ik_0\frac{L}{2}} & e^{ik_0\frac{L}{2}} \\ e^{-ik_0\frac{L}{2}} & -e^{ik_0\frac{L}{2}} \end{pmatrix}\begin{pmatrix} \alpha_+ \\ \alpha_- \end{pmatrix} = \begin{pmatrix} e^{-ik\frac{L}{2}} & e^{ik\frac{L}{2}} \\ \frac{k}{k_0}e^{-ik\frac{L}{2}} & -\frac{k}{k_0}e^{ik\frac{L}{2}} \end{pmatrix}\begin{pmatrix} \beta_+ \\ \beta_- \end{pmatrix}\,.$$

Dies liefert

$$\begin{pmatrix} \alpha_+ \\ \alpha_- \end{pmatrix} = M\left(k_0, k, -\frac{L}{2}\right)\begin{pmatrix} \beta_+ \\ \beta_- \end{pmatrix}$$

mit

$$M\left(k_0, k, -\frac{L}{2}\right) \doteq \frac{1}{2} \begin{pmatrix} \left(1 + \frac{k}{k_0}\right) e^{i(k_0 - k)\frac{L}{2}} & \left(1 - \frac{k}{k_0}\right) e^{+i(k_0 + k)\frac{L}{2}} \\ \left(1 - \frac{k}{k_0}\right) e^{-i(k_0 + k)\frac{L}{2}} & \left(1 + \frac{k}{k_0}\right) e^{-i(k_0 - k)\frac{L}{2}} \end{pmatrix}.$$

Bei $x = \frac{L}{2}$ finden wir entsprechend

$$\begin{pmatrix} \beta_+ \\ \beta_- \end{pmatrix} = M\left(k, k_0, \frac{L}{2}\right) \begin{pmatrix} \gamma_+ \\ \gamma_- \end{pmatrix}.$$

Zusammengesetzt geben beide Gleichungen

$$\begin{pmatrix} \alpha_+ \\ \alpha_- \end{pmatrix} = M\left(k_0, k, -\frac{L}{2}\right) M\left(k, k_0, \frac{L}{2}\right) \begin{pmatrix} \gamma_+ \\ \gamma_- \end{pmatrix}$$

$$= \begin{pmatrix} \left(\cos kL - i\frac{\varepsilon_+}{2}\sin kL\right) e^{ik_0 L} & -i\frac{\varepsilon_-}{2}\sin kL \\ i\frac{\varepsilon_-}{2}\sin kL & \left(\cos kL + i\frac{\varepsilon_+}{2}\sin kL\right) e^{-ik_0 L} \end{pmatrix} \begin{pmatrix} \gamma_+ \\ \gamma_- \end{pmatrix},$$

mit

$$\varepsilon_+ = \frac{k}{k_0} + \frac{k_0}{k}, \qquad \varepsilon_- = \frac{k}{k_0} - \frac{k_0}{k}.$$

Wir können bei gegebenen $\gamma_+$, $\gamma_-$ gemäß obigen linearen Gleichungen eine Lösung für jedes $E > 0$ konstruieren. Der Lösungsraum ist also zweidimensional.

Nun betrachten wir unsere spezielle Wahl

$$\gamma_- = 0, \qquad \gamma_+ \equiv S, \qquad \alpha_+ = 1.$$

Dann folgt

$$1 = \left(\cos kL - i\frac{\varepsilon_+}{2}\sin kL\right) e^{ik_0 L}\, S,$$

$$\alpha_- = i\frac{\varepsilon_-}{2}\sin(kL)\, S.$$

Der Koeffizient $S$ lautet

$$S = e^{-ik_0 L}\left(\cos kL - i\frac{\varepsilon_+}{2}\sin kL\right)^{-1}$$

$$= e^{-ik_0 L}\,\frac{\cos kL + i\frac{\varepsilon_+}{2}\sin kL}{1 + \frac{\varepsilon_+^2}{4}\sin^2 kL}.$$

Die Koeffizienten $S$ und $\alpha_-$ haben eine physikalische Bedeutung, die wir uns nun klarmachen werden. Betrachten wir den Teilchenstrom

$$j = \frac{\hbar}{2mi}(\psi^*\psi' - \psi\psi^{*'}) .$$

Für die drei vorkommenden ebenen Wellen in den Gebieten A und C finden wir:

$$\text{A:} \qquad e^{ik_0x}, \quad \text{einlaufende Welle}, \qquad j_{\text{ein}} = \frac{\hbar k_0}{m}$$

$$\alpha_- e^{-ik_0x}, \quad \text{reflektierte Welle}, \qquad j_R = -\frac{\hbar k_0}{m}|\alpha_-|^2$$

$$\text{C:} \qquad S e^{ik_0x}, \quad \text{transmittierte Welle}, \quad j_T = \frac{\hbar k_0}{m}|S|^2 .$$

Die Wahrscheinlichkeiten für Transmission und Reflexion sind durch die folgenden Größen gegeben:

$$\text{Transmissionskoeffizient:} \quad T = \left|\frac{j_T}{j_{\text{ein}}}\right| = |S|^2$$

$$\text{Reflexionskoeffizient:} \qquad R = \left|\frac{j_R}{j_{\text{ein}}}\right| = |\alpha_-|^2 .$$

Die Erhaltung der Teilchenzahl verlangt $T + R = 1$. Mit den obigen expliziten Ausdrücken lässt sich das bestätigen. Wir können aber auch zeigen, dass dies generell für Streuzustände zutrifft, und zwar mit Hilfe der Kontinuitätsgleichung $\frac{\partial j}{\partial x} + \frac{\partial \rho}{\partial t} = 0$. Da $\rho$ zeitunabhängig ist, gilt $\frac{\partial j}{\partial x} = 0$, was nichts anderes heißt als $j = \text{const}$. Nun berechnen wir die totalen Ströme in den Gebieten A und C:

$$\text{A:} \qquad \psi(x) \;=\; \psi_{\text{ein}}(x) + \psi_R(x) = e^{+ik_0x} + \alpha_- e^{-ik_0x}$$

$$j \;=\; \frac{\hbar}{2mi}(\psi^*\psi' - \psi\psi^{*'})$$

$$\;=\; \frac{\hbar}{2mi}(\psi_{\text{ein}}^*\psi_{\text{ein}}' - \psi_{\text{ein}}\psi_{\text{ein}}^{*'} + \psi_R^*\psi_R' - \psi_R\psi_R^{*'}) = j_{\text{ein}} + j_R$$

$$\text{C:} \qquad j \;=\; j_T ,$$

wobei sich die gemischten Terme in A fortheben. Aus der Konstanz des Stromes folgt nun

$$j_{\text{ein}} + j_R = j_T$$

und daher

$$1 = \frac{j_T}{j_{\text{ein}}} - \frac{j_R}{j_{\text{ein}}} = \left|\frac{j_T}{j_{\text{ein}}}\right| + \left|\frac{j_R}{j_{\text{ein}}}\right| = T + R ,$$

was zu zeigen war.

Der Transmissionskoeffizient für den Potenzialtopf lautet explizit

$$T = \left(1 + \frac{\varepsilon_-^2}{4} \sin^2 kL\right)^{-1},$$

wobei

$$\varepsilon_-^2 = \frac{V_0^2}{E(E + V_0)}.$$

Offensichtlich ist $0 \leq T \leq 1$, wie es ja sein muss.

Betrachten wir einmal die Abhängigkeit von der Energie des Teilchens. Die folgende Graphik zeigt $T(E)$ für einen Potenzialtopf mit $2mV_0L^2 = \hbar^2$.

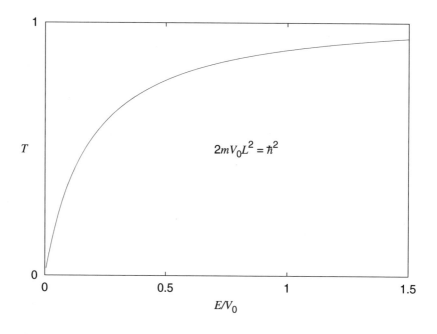

$T(E)$ steigt mit wachsender Energie und nähert sich dem Wert 1 an. Das ist plausibel, denn hochenergetische Teilchen werden durch das Potenzial kaum gestört. Ansonsten ist die Kurve recht unauffällig.

Nun wählen wir ein Potenzial mit $2mV_0L^2 = 64\hbar^2$.

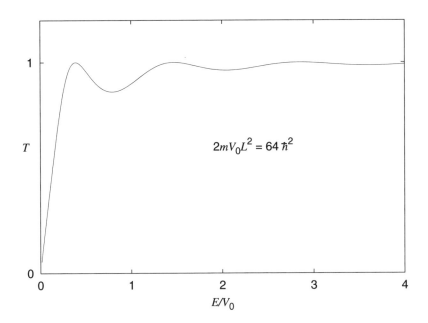

Wir beobachten ausgeprägte Maxima, an denen $T(E)$ den Wert 1 erreicht. Der obige Ausdruck lehrt, dass dies bei $kL = n\pi$ passiert. Die entsprechenden Energien sind

$$E = E_R = \frac{\hbar^2 k^2}{2m} - V_0 = \frac{\hbar^2 \pi^2}{2mL^2}\, n^2 - V_0\,,$$

wobei $n$ genügend groß sein muss, damit $E_R > 0$ ist. Die Streuzustände mit diesen Energien heißen **Resonanzen**. Ihr Zustandekommen können wir anschaulich damit erklären, dass die bei $x = \frac{L}{2}$ und bei $x = -\frac{L}{2}$ reflektierten Wellen destruktiv interferieren, falls $2kL = 2\pi n$ ist.

Wir betrachten das Verhalten in der Nähe einer Resonanz einmal genauer. Für den Koeffizienten $S(E)$ gilt

$$(S\,e^{ik_0 L})^{-1} = \cos kL - i\,\frac{\varepsilon_+}{2}\sin kL\,.$$

Bei $k = k_R = \frac{n\pi}{L}$ ist $\cos k_R L = (-1)^n$ und $\sin k_R L = 0$. Für eine Taylorentwicklung um die Resonanzstelle bis zur ersten Ordnung benötigen wir die Ableitung

$$\frac{d}{dE}\left(\cos kL - i\,\frac{\varepsilon_+}{2}\sin kL\right)\bigg|_{E=E_R} = \left(-i\,\frac{\varepsilon_+}{2}\cos(kL)\cdot L\,\frac{dk}{dE}\right)\bigg|_{E=E_R}$$

$$= \cos(k_R L) \left\{ -\mathrm{i} \, \frac{\sqrt{m}L}{2\sqrt{2}\hbar} \frac{2E_R + V_0}{\sqrt{E_R(E_R + V_0)}} \right\}$$

$$\equiv \cos(k_R L) \cdot \left( -\mathrm{i} \frac{2}{\Gamma} \right).$$

Die Taylorreihe beginnt mit

$$(S\,\mathrm{e}^{\mathrm{i}k_0 L})^{-1} = (-1)^n \left\{ 1 - \mathrm{i} \frac{2}{\Gamma}(E - E_R) + \dots \right\},$$

so dass wir in der Nähe der Resonanz schreiben können

$$S\,\mathrm{e}^{\mathrm{i}k_0 L} \approx (-1)^n \, \frac{\mathrm{i}\frac{\Gamma}{2}}{E - E_R + \mathrm{i}\frac{\Gamma}{2}}.$$

Diese Form ist nicht nur für das hier betrachtete Kastenpotenzial sondern auch allgemeiner gültig. Aus ihr folgt

$$\boxed{T \approx \frac{\left(\frac{\Gamma}{2}\right)^2}{(E - E_R)^2 + \left(\frac{\Gamma}{2}\right)^2}.}$$

Diese Funktion heißt *Lorentzkurve* oder *Breit-Wigner-Funktion* und hat folgende Gestalt:

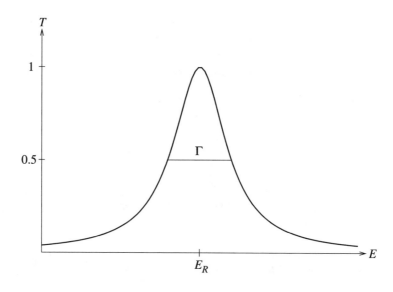

Zusammenfassung:

Für $E > 0$ gibt es stationäre Streulösungen

$$\psi_{k_0}(x) = \begin{cases} e^{ik_0 x} + \alpha_- e^{-ik_0 x} & , \quad x < -\frac{L}{2} \\ S\, e^{ik_0 x} & , \quad x > \frac{L}{2} \end{cases}$$

wobei $k_0 > 0$.

- Sie sind nicht normierbar,

- der Lösungsraum ist zweidimensional, eine Basis bilden z.B. $\psi_{k_0}$, $\psi_{-k_0}$.

### 3.2.3 Streuung von Wellenpaketen

Physikalische Zustände werden durch normierbare Wellenfunktionen beschrieben. Für $E > 0$ erfordert das die Bildung von Wellenpaketen. Diese sind im Unterschied zu den oben betrachteten Streulösungen nicht stationär. Sie geben den zeitlichen Ablauf des Streuvorganges wieder, den wir uns intuitiv so vorstellen:

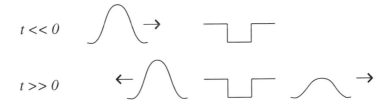

Zu frühen Zeiten $t \ll 0$ liegt ein von links einlaufendes Wellenpaket vor. Nach dem Streuvorgang, zu späten Zeiten $t \gg 0$, existieren ein reflektiertes Paket, das sich nach links bewegt, und ein transmittiertes nach rechts laufendes Paket.

Die Lösung der zeitabhängigen Schrödingergleichung sollte dieses Verhalten zeigen. Davon wollen wir uns überzeugen und studieren jetzt die zeitliche Entwicklung von Wellenpaketen.

Zunächst betrachten wir noch einmal ein freies Teilchen mit einem Wellenpaket

$$\chi(x,t) = \int \frac{dk}{2\pi}\, \varphi(k)\, e^{ikx - i\omega t},$$

wobei

$$\omega = \frac{\hbar k^2}{2m}.$$

Die Impulsraum-Wellenfunktion $\varphi(k)$ sei um $k = k_0$ konzentriert und sie sei reell gewählt.

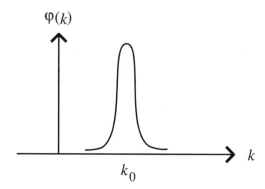

Wir können annehmen, dass $\varphi(k) = 0$ für $k < 0$ ist. Zum Zeitpunkt 0 setzen wir

$$t = 0 : \quad \chi(x,0) \equiv \chi_0(x), \qquad \text{mit} \quad \langle x \rangle = 0.$$

Für die jetzigen Betrachtungen vernachlässigen wir das Zerfließen des Paketes. Dann ist nach Abschnitt 1.2.1 für andere Zeiten

$$t \neq 0 : \quad \chi(x,t) \approx e^{i\omega_0 t}\chi_0(x - v_0 t)$$

mit

$$v_0 = \frac{\hbar k_0}{m}, \qquad \omega_0 = \frac{\hbar k_0^2}{2m}.$$

Nun betrachten wir die Situation mit Kastenpotenzial. Wir bilden ein Wellenpaket mit der gleichen Impulsverteilung $\varphi(k)$, jedoch sind jetzt anstelle der ebenen Wellen die Streulösungen $\psi_k(x)$ einzusetzen:

$$\psi(x,t) = \int \frac{dk}{2\pi} \, \varphi(k) \, \psi_k(x) \, e^{-i\omega t}.$$

Für die in der Streulösung enthaltenen Anteile ebener Wellen können wir das obige Resultat für das freie Teilchen benutzen. Links vom Potenzialtopf

finden wir

$$x < -\frac{L}{2} : \quad \psi(x,t) = \int \frac{dk}{2\pi}\, \varphi(k) \left\{ e^{i(kx-\omega t)} + \alpha_-(k)\, e^{-i(kx+\omega t)} \right\}$$

$$= \chi(x,t) + \int \frac{dk}{2\pi}\, \varphi(k)\, \alpha_-(k)\, e^{-i(kx+\omega t)}$$

$$\approx \chi(x,t) + \alpha_-(k_0)\, \chi(-x,t)$$

und auf der rechten Seite

$$x > \frac{L}{2} : \quad \psi(x,t) = \int \frac{dk}{2\pi}\, \varphi(k)\, S(k)\, e^{i(kx-\omega t)}$$

$$\approx S(k_0)\, \chi(x,t) .$$

Zu frühen Zeiten $t \ll 0$, genauer: $v_0 t \ll -\Delta x$, ist daher

$$x < -\frac{L}{2} \quad : \quad \psi(x,t) \approx \chi(x,t)$$

$$x > \frac{L}{2} \quad : \quad \psi(x,t) = 0.$$

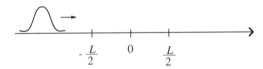

Zu späten Zeiten $t \gg 0$ nach dem Streuvorgang finden wir

$$x < -\frac{L}{2} \quad : \quad \psi(x,t) \approx \alpha_-(k_0)\, \chi(-x,t)$$

$$x > \frac{L}{2} \quad : \quad \psi(x,t) \approx S(k_0)\, \chi(x,t).$$

Dies ist tatsächlich das Ergebnis, das wir intuitiv erwartet haben. Es rechtfertigt unsere Interpretation der Anteile der Streulösung, die wir reflektierten bzw. transmittierten Teilchen zugeordnet haben.

An dieser Stelle ist es wichtig, sich an die Interpretation der Wellenfunktion zu erinnern. Die Wellenpakete dürfen nicht mit Teilchen identifiziert werden, denn das hieße ja, dass ein Teilchen sich durch den Streuvorgang in einen reflektierten und einen transmittierten Teil aufspaltet. Dies entspricht aber nicht der Wirklichkeit. Bei einer Ortsmessung würde man das Teilchen entweder links oder rechts vom Potenzialtopf finden, aber nicht Teile davon auf beiden Seiten. Die Wellenpakete geben die Wahrscheinlichkeiten dafür an, dass ein Teilchen reflektiert bzw. transmittiert wird.

**Verweilzeit im Resonanzfall:**

Das zeitliche Verhalten der Wellenpakete weist im Falle der Resonanz eine Besonderheit auf. Der transmittierte Teil des Wellenpaketes erleidet eine zeitliche Verzögerung durch die Streuung. Diese Verweilzeit im Potenzialtopf wollen wir berechnen.

Wir nehmen also an, dass die Energie nahe einer Resonanzenergie ist,

$$E_0 = \frac{\hbar^2 k_0^2}{2m} \approx E_R,$$

und rechnen etwas genauer als oben. Betrachte

$$\psi_T(x,t) = \int \frac{dk}{2\pi} \, \varphi(k) \, S(k) \, e^{i(kx - \omega t)} \qquad \text{für } x > \frac{L}{2} \text{ und } t \gg 0.$$

Wir schreiben

$$S(k) = |S(k)| \, e^{i \arg S(k)}$$

mit

$$\arg S(k) = -i \ln \frac{S(k)}{|S(k)|},$$

und entwickeln für $k \approx k_0$:

$$\arg S(k) = \text{const.} + \frac{d}{dk} \arg S(k)\Big|_{k=k_0} \cdot k + \dots$$

$$= \text{const.} + \text{Im}\left(S^{-1} \frac{dS}{dk}\right)\Big|_{k=k_0} \cdot k \equiv \text{const.} + d \cdot k.$$

Damit gilt

$$\psi_T(x,t) \approx \int \frac{dk}{2\pi} \, \varphi(k) \, |S(k_0)| \, e^{ik(x+d) - i\omega t}$$

$$\approx |S(k_0)| \, \chi(x+d, t) = |S(k_0)| \, e^{i\omega_0 t} \, \chi_0(x + d - v_0 t)$$

$$= |S(k_0)| \, e^{i\omega_0 t} \, \chi_0 \left( x - v_0 \left( t - \frac{d}{v_0} \right) \right).$$

Inklusive der Laufzeit $L/v_0$, die auch ohne Streuung zum Durchqueren des Topfes nötig ist, beträgt die Verweildauer im Topf

$$\tau = \frac{d}{v_0} + \frac{L}{v_0}\,.$$

Es bleibt noch der Faktor $d$ zu berechnen. In der Nähe einer Resonanz ist

$$S = (-1)^n\,e^{-ikL}\frac{1}{1 - i\frac{2}{\Gamma}(E - E_R)}\,, \quad \text{mit} \quad E = \frac{\hbar^2 k^2}{2m}\,.$$

Dies gibt

$$\arg S = -kL + \arctan\frac{2}{\Gamma}(E - E_R)\,,$$

$$d = -L + \frac{\frac{2}{\Gamma}\frac{\hbar^2 k_0}{m}}{1 + \left[\frac{2}{\Gamma}(E_0 - E_R)\right]^2}\,,$$

$$\tau = \frac{\frac{2}{\Gamma}\hbar}{1 + \left[\frac{2}{\Gamma}(E_0 - E_R)\right]^2}\,.$$

Direkt auf der Resonanzenergie $E_0 = E_R$ ist

$$\boxed{\tau_R = \frac{2}{\Gamma}\,\hbar\,.}$$

Schmale Resonanzen haben also eine hohe Verweilzeit.

Resonanzen bei Streuvorgängen treten in allen Bereichen der Physik auf, u.a. bei Kernreaktionen oder der Streuung von Elementarteilchen. Z.B. beobachtet man bei der Streuung von Pionen an Nukleonen ($\pi$-N-Streuung) im Wirkungsquerschnitt $\sigma$ eine Resonanz mit den Parametern

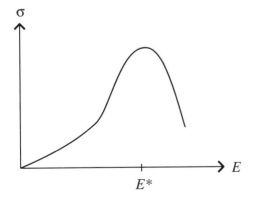

$$E^* = 1236\,\text{MeV}$$
$$\Gamma = 120\,\text{MeV}$$
$$\tau = 10^{-23}\,\text{sec}\,.$$

Bemerkung: Die in der Teilchenphysik verwendete Lebensdauer $\tau$ ist etwas anders definiert und beträgt $\tau = \hbar/\Gamma$.

## 3.3 Potenzialbarriere

Wir wenden uns nun der Potenzialbarriere zu, die sich vom Potenzialtopf dadurch unterscheidet, dass das Potenzial im Inneren positiv ist.

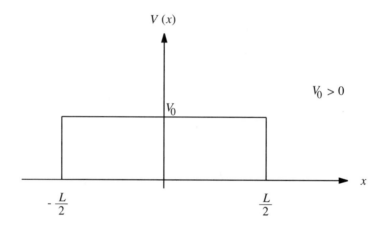

Die Beschäftigung mit der Potenzialbarriere entspringt nicht der akademischen Lust an der Vollständigkeit unserer Betrachtungen, sondern soll uns ein neues, typisch quantenphysikalisches Phänomen zeigen.

Zunächst einmal stellen wir fest, dass es für dieses Potenzial wie in der klassischen Mechanik keine gebundenen Zustände gibt.

Wir beschränken die Betrachtungen auf Energien unterhalb der Höhe der Barriere, $0 < E < V_0$. In der klassischen Physik wird ein Teilchen, das sich auf die Barriere zubewegt, total reflektiert. Es kann nicht in das Innere der Barriere eindringen.

Sehen wir nun, was in der Quantenphysik passiert. Wir wissen schon, wie die Streulösungen anzusetzen sind:

$$\psi_{k_0}(x) = \begin{cases} \mathrm{e}^{\mathrm{i}k_0 x} + \alpha_- \mathrm{e}^{-\mathrm{i}k_0 x} & , \quad x < -\frac{L}{2} \\[2mm] \beta_+ \mathrm{e}^{-\kappa x} + \beta_- \mathrm{e}^{\kappa x} & , \quad -\frac{L}{2} < x < \frac{L}{2} \\[2mm] S\,\mathrm{e}^{\mathrm{i}k_0 x} & , \quad \frac{L}{2} < x \end{cases}$$

wobei

$$E = \frac{\hbar^2}{2m} k_0^2 \ , \quad V_0 - E = \frac{\hbar^2}{2m} \kappa^2 \ .$$

Dies entspricht formal der Situation von Abschnitt 3.2.2, wenn wir die Substitution $k = i\kappa$ durchführen. Daher können wir uns die erneute Untersuchung der Anschlussbedingungen ersparen, denn die weitere Rechnung erfolgt wie dort mit dem Ergebnis

$$T = \left( 1 + \frac{1}{4} \left( \frac{\kappa}{k_0} + \frac{k_0}{\kappa} \right)^2 \sinh^2 \kappa L \right)^{-1} \ .$$

Hierbei gilt

$$\left( \frac{\kappa}{k_0} + \frac{k_0}{\kappa} \right)^2 = \frac{V_0^2}{E(V_0 - E)} \ .$$

Die Transmissionswahrscheinlichkeit $T$ ist nicht Null. Die Teilchen können also die Barriere durchdringen. Dies ist ein spezifisch quantenphysikalischer Effekt, der in der klassischen Mechanik keine Entsprechung hat. Die Aufenthaltswahrscheinlichkeit hat folgende Gestalt:

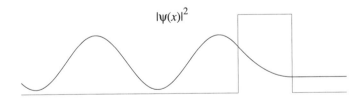

Das Durchdringen der klassisch verbotenen Barriere heißt *Tunneleffekt* und die entsprechende Wahrscheinlichkeit dafür ist die *Tunnelwahrscheinlichkeit* $T(E)$.

Wenn die Barriere groß ist, d.h. $\kappa L \gg 1$, gilt $\sinh^2 \kappa L \approx \frac{1}{4} \exp(2\kappa L)$ und

$$T \approx \frac{16E(V_0 - E)}{V_0^2} \exp \left( -\frac{2}{\hbar} \sqrt{2m(V_0 - E)} \, L \right) \ .$$

## 3.4 Tunneleffekt

Für die Barriere konnten wir die Tunnelwahrscheinlichkeit exakt berechnen.
Dies ist für einen allgemeinen Potenzialberg

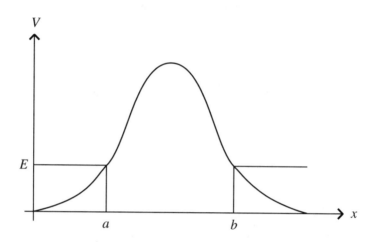

nicht möglich, aber es gibt eine Näherungsformel. Zwischen den klassischen
Umkehrpunkten $a$ und $b$ zerlegen wir den Berg in $N$ rechteckige Schwellen
der Breite $\Delta x$. Nach dem Ergebnis des vorigen Abschnittes setzen wir für
jede Schwelle

$$T_i \approx \exp\left(-\frac{2}{\hbar}\sqrt{2m(V(x_i) - E)}\,\Delta x\right)$$

und fügen die Faktoren zusammen zu

$$T = \prod_{i=1}^{N} T_i = \exp\left\{-\frac{2}{\hbar}\sum_{i=1}^{N}\sqrt{2m(V(x_i) - E)}\,\Delta x\right\}.$$

Für $\Delta x \to 0$ geht die Summe in ein Integral über und wir erhalten den

**Gamowfaktor**

$$\boxed{T \approx \exp\left\{-\frac{2}{\hbar}\int_a^b \sqrt{2m(V(x) - E)}\,dx\right\}.}$$

Die Approximation ist gut, wenn der Potenzialberg so groß ist, dass $T \ll 1$
ist.

### 3.4.1 $\alpha$-Zerfall

Eine der ersten und prominentesten Anwendungen dieser Formel ist der
$\alpha$-Zerfall von Kernen. Die Situation wird dadurch modelliert, dass man
die Bewegung eines $\alpha$-Teilchens im Potenzial der restlichen Nukleonen betrachtet. Das Potenzial besteht aus einem anziehenden Potenzialtopf, der
aus den Kernkräften resultiert, und einem abstoßenden Coulombterm $\gamma/r$
mit $\gamma \equiv 2Ze^2/4\pi\varepsilon_0$, wobei $Z$ die Ladungszahl des Restkernes ist.

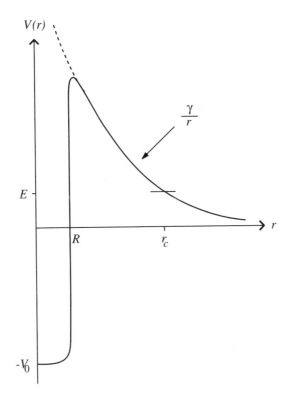

Die klassischen Umkehrpunkte sind bei $r = R$ und $r = r_c$, wobei

$$r_c = \frac{\gamma}{E}, \quad R \approx R_0 Z^{1/3} \quad \text{mit} \quad R_0 \approx 1{,}6 \cdot 10^{-15}\text{m}.$$

Der Exponent des Gamowfaktors ist

$$G = \frac{2}{\hbar} \int_R^{r_c} \sqrt{2m\left(\frac{\gamma}{r} - E\right)}\, dr$$

$$= \frac{2r_c}{\hbar}\sqrt{2mE}\left(\frac{\pi}{2} - \arcsin\sqrt{\frac{R}{r_c}} - \sqrt{\frac{R}{r_c}\left(1 - \frac{R}{r_c}\right)}\right).$$

Mit $R \ll r_c$ ist

$$G \approx \frac{2r_c}{\hbar}\sqrt{2mE}\left(\frac{\pi}{2} - 2\sqrt{\frac{R}{r_c}}\right)$$

$$= \frac{2\pi\sqrt{2m}\,e^2}{\hbar\,4\pi\varepsilon_0} \cdot \frac{Z}{\sqrt{E}} - \frac{8\sqrt{mR_0}}{\hbar}\sqrt{\frac{e^2}{4\pi\varepsilon_0}}\,Z^{2/3} \equiv \overline{\beta}_1\frac{Z}{\sqrt{E}} - \overline{\beta}_2 Z^{2/3}.$$

Die mittlere Lebensdauer des Zustandes ist $\tau \approx t_0/T = t_0 \exp G$, wobei $t_0 = 2R/v = 2R\sqrt{m/2E}$ die Zeit zum Durchqueren des Kerns ist. Dies gibt

$$\ln \tau \approx \overline{\beta}_1\frac{Z}{\sqrt{E}} - \overline{\beta}_2 Z^{2/3} + \ln t_0.$$

Der letzte Term variiert nur sehr schwach mit der Energie und kann durch eine Konstante approximiert werden. Nach Einsetzen der Konstanten erhält man

$$\log_{10}\left(\frac{\tau}{1\,\text{Jahr}}\right) = 1{,}72\,\frac{Z}{\sqrt{E/1\text{MeV}}} - 1{,}63\,Z^{2/3} - \text{const.}.$$

Die tatsächlichen Lebensdauern lassen sich gut beschreiben durch die Formel von Taagepera und Nurmia:

$$\log_{10}\left(\frac{\tau}{1\,\text{Jahr}}\right) = 1{,}61\left(\frac{Z}{\sqrt{E/1\text{MeV}}} - Z^{2/3}\right) - 28{,}9.$$

Wir sehen, dass das einfache Modell schon eine recht gute Übereinstimmung mit der Realität zeigt. Experimentell trat der Zusammenhang von $\tau$ und $E$ erstmals in der Regel von Geiger und Nuttall in Erscheinung.

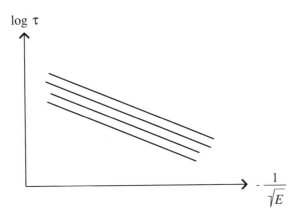

### 3.4.2 Kalte Emission

Für viele Fragen lassen sich Elektronen in einem Metall näherungsweise als freie Teilchen betrachten. Um ein Elektron der Energie $E$ aus dem Metall herauszulösen, ist die Austrittsarbeit $V_0 - E$ nötig, die vom lichtelektrischen Effekt (Photoeffekt) her bekannt ist. Wird an das Metall ein äußeres elektrisches Feld $\mathcal{E}$ angelegt, so hat das Potenzial eines Elektrons als Funktion des Abstandes von der Metalloberfläche näherungsweise die Form

$$V(x) = \left\{ \begin{array}{ll} 0, & x < 0, \\ V_0 - e_0 \mathcal{E} x, & x \geq 0. \end{array} \right.$$

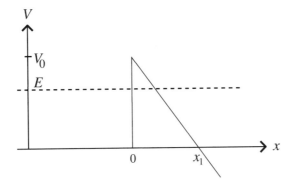

Die Leitungselektronen bewegen sich mit der Fermienergie $E < V_0$ im Metall. In der klassischen Physik könnten sie den Potenzialwall nur überwinden, wenn Ihnen durch Erhitzen des Metalles oder auf andere Weise Energie zugeführt wird. In der Quantenphysik können Elektronen aufgrund des Tunneleffektes bei angelegtem äußeren Feld aus dem kalten Metall austreten. Daher spricht man von *kalter Emission* bzw. *Feldemission*.

Der Gamowfaktor lautet

$$T = \mathrm{e}^{-G} \quad \text{mit} \quad G = \frac{2}{\hbar} \int_0^{x_1} dx \, \sqrt{2m_e(V(x) - E)} \,,$$

wobei der klassische Umkehrpunkt $x_1$ durch $E = V_0 - e\mathcal{E}x_1$ festgelegt ist. Die Integration liefert die Formel von Oppenheimer bzw. Fowler und Nordheim:

$$G = \frac{4\sqrt{2m_e}\,(V_0 - E)^{3/2}}{3\hbar e\mathcal{E}} \equiv \frac{\mathcal{E}_0}{\mathcal{E}} \,.$$

Sie erlaubt die Berechnung des Tunnelstromes $I = I_0 \exp(-\mathcal{E}_0/\mathcal{E})$ in Abhängigkeit vom elektrischen Feld. Die Formel kann durch Berücksichtigung der Spiegelladung und der Geometrie der Metalloberfläche und der Anode noch verbessert werden.

Die kalte Emission ist ein wichtiges physikalisches Phänomen. Sie bildet die Grundlage für die Rastertunnelmikroskopie.

## 3.5 Allgemeine eindimensionale Potenziale

Nachdem wir einige spezielle Potenziale im Detail studiert haben, wollen wir noch ein paar allgemeine Tatsachen festhalten. Wir betrachten die stationäre Schrödingergleichung in einer Dimension

$$\psi''(x) + \frac{2m}{\hbar^2}(E - V(x))\psi(x) = 0 \,.$$

Sei $V(x)$ überall stetig oder besitze nur endlich viele Sprungstellen endlicher Höhe. Aus der früheren Diskussion wissen wir, dass $\psi(x)$ und $\psi'(x)$ stetig sind.

Wir unterscheiden folgende Gebiete:

a) klassisch erlaubt: $E > V(x)$

$\Rightarrow \psi''(x)$ und $\psi(x)$ haben entgegengesetztes Vorzeichen, $\psi$ ist oszillatorisch:

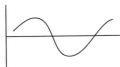

b) klassisch verboten: $E < V(x)$

$\Rightarrow \psi''(x)$ und $\psi(x)$ haben gleiches Vorzeichen, $\psi$ ist von der Achse weggekrümmt:

speziell: exponentielles Abklingen

c) klassische Umkehrpunkte: $E = V(x)$, $\qquad \psi''(x) = 0$.

Typische Fälle:

1.
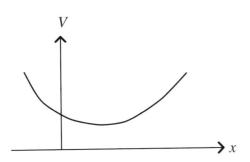

$V(x) \xrightarrow[|x| \to \infty]{} \infty$

diskretes Spektrum: $E_0 < E_1 < E_2 < \dots$
gebundene Zustände: $\psi_0, \psi_1, \psi_2, \dots,$ $\qquad \psi_n$ hat $n$ Knoten,
keine Entartung.

2.

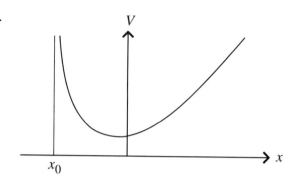

$V(x) \xrightarrow[x \to \infty]{} \infty$

$V(x) \xrightarrow[x \to x_0]{} \infty$

$\psi(x_0) = 0 , \quad \psi(x) = 0 \quad \text{für} \quad x \leq x_0,$
Spektrum wie oben.

3.

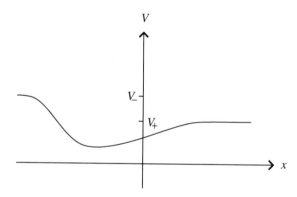

$V(x) \xrightarrow[x \to \infty]{} V_+$

$V(x) \xrightarrow[x \to -\infty]{} V_-$

$V_+ \leq V_-$

$V_{\min} < E \leq V_+$: diskretes Spektrum, wie oben.

$V_+ < E \leq V_-$: kontinuierliches Spektrum, zu jedem $E$ gibt es eine Streulösung, sie ist nicht normierbar.

$V_- < E$: kontinuierliches Spektrum, zu jedem $E$ gibt es zwei Streulösungen.

# 4 Formalismus der Quantenmechanik

## 4.1 Hilbertraum

In der Quantenmechanik verlangen wir von den Wellenfunktionen, die physikalische Zustände beschreiben, dass sie normiert sind:

$$\int dx\; |\psi(x)|^2 = 1.$$

Wir betrachten jetzt allgemeiner den Raum normierbarer Funktionen

$$\mathcal{H}' = \left\{ \psi : \mathbf{R} \to \mathbf{C} \;\middle|\; \int dx\; |\psi(x)|^2 < \infty \right\}.$$

$\mathcal{H}'$ ist komplexer Vektorraum.

Die Addition ist gegeben durch

$$\psi_1 + \psi_2 = \psi \quad \Leftrightarrow \quad \psi(x) = \psi_1(x) + \psi_2(x).$$

Die Summe ist wieder Element von $\mathcal{H}'$ wegen

$$\int |\psi(x)|^2 dx \leq 2 \int |\psi_1(x)|^2 dx + 2 \int |\psi_2(x)|^2 dx < \infty.$$

Die Skalarmultiplikation ist gegeben durch $(\alpha\psi)(x) = \alpha\psi(x), \; \alpha \in \mathbf{C}$, wobei $\alpha\psi \in \mathcal{H}'$.

Es gelten die Vektorraum-Axiome:

    a) Assoziativität:      $\psi_1 + (\psi_2 + \psi_3) = (\psi_1 + \psi_2) + \psi_3$

    b) $\exists$ Nullelement:      $\psi + \mathbf{0} = \psi, \quad \text{mit } \mathbf{0}(x) = 0$

    c) $\exists$ Inverse:      $(-\psi)(x) = -\psi(x)$

    d) Distributivgesetz:      $\alpha(\psi_1 + \psi_2) = \alpha\psi_1 + \alpha\psi_2$

    e)      $(\alpha + \beta)\psi = \alpha\psi + \beta\psi$

    f)      $(\alpha\beta)\psi = \alpha(\beta\psi)$

    g)      $1 \cdot \psi = \psi$

Nun wollen wir schauen, ob es auf diesem Raum ein Skalarprodukt gibt, d.h. eine positiv definite hermitesche Form. Wir versuchen es mit

$$(\psi_1, \psi_2) \doteq \int dx \ \psi_1^*(x)\psi_2(x).$$

Sie erfüllt

a) $\qquad (\psi_3, \psi_1 + \psi_2) = (\psi_3, \psi_1) + (\psi_3, \psi_2)$

b) $\qquad (\psi_1, \alpha\psi_2) = \alpha(\psi_1, \psi_2)$

c) $\qquad (\psi_1, \psi_2) = (\psi_2, \psi_1)^*$

d) $\qquad (\psi, \psi) \geq 0.$

Gilt auch

e) $\quad (\psi, \psi) = 0 \quad \Leftrightarrow \quad \psi = 0$ ?

Nein, denn es existieren Nullfunktionen

$$\mathcal{N} = \left\{ f \in \mathcal{H}' \ \bigg| \int |f|^2 dx = 0 \right\},$$

nämlich solche Funktionen, für die $f(x) \neq 0$ nur für $x$ aus einer Menge vom Maß Null. Also ist die Form nicht positiv definit. Was tun? Wir bilden den Faktorraum

$$\mathcal{H} \doteq \mathcal{H}'/\mathcal{N},$$

d.h. wir betrachten Äquivalenzklassen von Funktionen gemäß $\psi_1 \sim \psi_2$, wenn $\psi_1 = \psi_2 + f$ mit $f \in \mathcal{N}$.

$\mathcal{H}$ ist ein komplexer Vektorraum und besitzt ein Skalarprodukt, das durch obige Definition gegeben ist. Insbesondere gilt nun

e) $\quad (\psi, \psi) = 0 \quad \Leftrightarrow \quad \psi = 0.$

Eine Norm ist definiert durch

$$\|\psi\| \doteq \sqrt{(\psi, \psi)}.$$

Sie erfüllt die **schwarzsche Ungleichung**:

$$|(\psi_1, \psi_2)| \leq \|\psi_1\| \cdot \|\psi_2\|.$$

Beweis:

$$\left( \psi_1 - \psi_2 \frac{(\psi_2, \psi_1)}{(\psi_2, \psi_2)} \ , \quad \psi_1 - \psi_2 \frac{(\psi_2, \psi_1)}{(\psi_2, \psi_2)} \right) \geq 0.$$

Die linke Seite ist

$$(\psi_1, \psi_1) - 2\frac{|(\psi_2, \psi_1)|^2}{|(\psi_2, \psi_2)|} + \frac{|(\psi_2, \psi_1)|^2}{|\psi_2, \psi_2)|} = (\psi_1, \psi_1) - \frac{|(\psi_2, \psi_1)|^2}{|(\psi_2, \psi_2)|},$$

woraus die Behauptung folgt.

Weiterhin gilt die **Dreiecksungleichung:**

$$\|\psi_1 + \psi_2\| \le \|\psi_1\| + \|\psi_2\|.$$

Beweis:

$$\|\psi_1 + \psi_2\|^2 = (\psi_1, \psi_1 + \psi_2) + (\psi_2, \psi_1 + \psi_2) \le \|\psi_1\| \cdot \|\psi_1 + \psi_2\| + \|\psi_2\| \cdot \|\psi_1 + \psi_2\|,$$

woraus die Behauptung folgt.

**Definition:** $\psi_1$ und $\psi_2$ sind orthogonal zueinander, $\psi_1 \perp \psi_2 \Leftrightarrow (\psi_1, \psi_2) = 0$.

Wir definieren die Konvergenz von Funktionen in $\mathcal{H}$ durch

$$\psi_n \to \psi \text{ (stark)} \quad \Longleftrightarrow \quad \lim_{n \to \infty} \|\psi_n - \psi\| = 0.$$

Diese Konvergenz heißt *Konvergenz im quadratischen Mittel*, sie beinhaltet keine punktweise Konvergenz.

**Satz** (Riesz - Fischer): $\mathcal{H}$ ist vollständig,
d.h. jede Cauchyfolge in $\mathcal{H}$ konvergiert zu einem Limesvektor in $\mathcal{H}$.

Ein Raum mit solchen Eigenschaften heißt **Hilbertraum**, so benannt nach David Hilbert (23.1.1862 – 14.2.1943).

Der von uns betrachtete Raum der quadratintegrablen Funktionen wird als

$$\mathcal{H} = L_2\,(\mathbf{R})$$

bezeichnet.

In der Physik werden meistens nur Hilberträume mit endlich oder abzählbar unendlich vielen Dimensionen betrachtet. Diese heißen *separabel*.

Die Verallgemeinerung auf drei räumliche Dimensionen ist klar und liefert den Hilbertraum $L_2(\mathbf{R}^3)$, in dem

$$\int d^3r\, |\psi(\vec{r})|^2 < \infty$$

gilt. Das Skalarprodukt ist

$$(\psi_1, \psi_2) = \int d^3r \; \psi_1^*(\vec{r}) \psi_2(\vec{r}) \,.$$

**Vollständige Funktionensysteme:**

Geeignete Mengen von Vektoren bilden eine Basis des Hilbertraumes. Sei $\{u_n \in \mathcal{H}\}$ ein Orthonormalsystem: $(u_n, u_m) = \delta_{nm}$. Dieses System ist eine Basis, falls

$$\forall \psi \in \mathcal{H} \quad \text{gilt} \quad \psi = \sum_n c_n u_n \quad \text{(Vollständigkeit)}$$

mit geeigneten Koeffizienten $c_n$.

In diesem Falle ist $c_n = (u_n, \psi)$.

Die Entwicklung

$$\psi = \sum_n u_n \, (u_n, \psi)$$

lautet ausgeschrieben

$$\psi(x) = \sum_n u_n(x) \int dy \; u_n^*(y) \, \psi(y) = \int dy \sum_n u_n(x) \, u_n^*(y) \, \psi(y) \,.$$

Diese Gleichung, die für jede Funktion $\psi \in \mathcal{H}$ gelten soll, muss von der Form

$$\psi(x) = \int dy \; \delta(x - y) \, \psi(y)$$

sein. Die Vollständigkeit der $u_n$ ist also gleichwertig mit der

Vollständigkeitsrelation: $\boxed{\displaystyle\sum_n u_n(x) \, u_n^*(y) = \delta(x - y) \,.}$

In drei Dimensionen lautet sie

$$\sum_n u_n(\vec{r}_1) \, u_n^*(\vec{r}_2) = \delta(\vec{r}_1 - \vec{r}_2) \,.$$

Betrachten wir die Fouriertransformation im Lichte des Hilbertraumes. Für jedes Element $\psi \in L_2(\mathbf{R})$ existiert die Fouriertransformierte $\tilde{\psi}$, die ebenfalls Element des Hilbertraumes ist: $\tilde{\psi} \in L_2(\mathbf{R})$. Es gilt $\tilde{\tilde{\psi}} = \psi$.

Wir können also für jede Funktion aus $L_2(\mathbf{R})$ schreiben

$$\psi(x) = \int \frac{dk}{2\pi}\, \tilde{\psi}(k)\mathrm{e}^{\mathrm{i}kx} \equiv \int \frac{dk}{2\pi}\, \tilde{\psi}(k)u_k(x)\,.$$

Dies sieht aus wie die Entwicklung nach einer Basis. Bilden die $\{u_k\}_{k\in\mathbf{R}}$ tatsächlich eine Basis? Nein, denn sie sind nicht normierbar, d.h. $u_k \notin L_2(\mathbf{R})$. Dennoch ist diese Funktionenmenge, nach der sich alle Elemente entwickeln lassen, sehr nützlich. Sie bildet eine sogenannte *uneigentliche Basis*. Darauf werden wir später noch eingehen.

## 4.2 Physikalischer Zustandsraum

In einer räumlichen Dimension werden physikalische Zustände zu einer festen Zeit $t$ durch quadratintegrable Wellenfunktionen $\psi(x,t)$ beschrieben. Entsprechend haben wir es in drei Dimensionen mit Wellenfunktionen $\psi(\vec{r},t)$ zu tun. Wir abstrahieren hiervon und formulieren das

**Postulat**: Physikalische (reine) Zustände werden beschrieben durch Vektoren in einem Hilbertraum $\mathcal{H}$.

$$d = 1:\quad \psi(x,t),\quad t\text{ fest},\quad \psi(\cdot,t)\in L_2(\mathbf{R})\,,\quad \mathcal{H} = L_2(\mathbf{R})$$

$$d = 3:\quad \psi(\vec{r},t),\quad t\text{ fest},\quad \psi(\cdot,t)\in L_2(\mathbf{R}^3)\,,\quad \mathcal{H} = L_2(\mathbf{R}^3)\,.$$

Die Möglichkeit der Überlagerung von Wellen, die sich in Interferenzerscheinungen manifestiert, findet ihren Ausdruck im

**Superpositionsprinzip**: Für Zustände $\psi_1, \psi_2$ ist $\alpha\psi_1 + \beta\psi_2$ ($\alpha, \beta \in \mathbf{C}$) wieder ein physikalischer Zustand, d.h. jeder Vektor in $\mathcal{H}$ entspricht einem möglichen Zustand.

Im Hilbertraum $\mathcal{H}$ haben wir ein Skalarprodukt, das für den dreidimensionalen Fall gegeben ist durch

$$(\psi_1, \psi_2) = \int d^3r\, \psi_1^*(\vec{r})\psi_2(\vec{r})\,.$$

Nun ist zu beachten, dass physikalische Zustände normiert sein sollen:

$$\|\psi\| = 1\,.$$

Dies scheint mit dem Superpositionsprinzip in Konflikt zu stehen. Die Angelegenheit wird jedoch gerettet durch eine Verfeinerung des Zustandsbegriffes. Wir führen für physikalische Zustände die Äquivalenz

$$\psi_1 \sim \psi_2 \quad \Leftrightarrow \quad \psi_1 = \lambda\psi_2, \quad \lambda \in \mathbf{C}, \lambda \neq 0$$

ein. Jede Äquivalenzklasse bildet einen *Strahl*

$$\widehat{\psi} = \{\phi | \phi \sim \psi\}.$$

Die Äquivalenz von Vektoren, die sich um einen reellen Faktor $\lambda \neq 0$ unterscheiden, leuchtet leicht ein. Interessant ist die Äquivalenz von Vektoren, die sich um einen komplexen Phasenfaktor $\exp(i\alpha)$ vom Betrag 1 unterscheiden. In der Tat ändert ein solcher Phasenfaktor die Wahrscheinlichkeitsdichte, den Wahrscheinlichkeitsstrom und Erwartungswerte nicht.

Zusammenfassend gilt also: Zustände werden beschrieben durch Strahlen in $\mathcal{H}$.

Den Hut über $\widehat{\psi}$ werden wir im Folgenden fortlassen und mit normierten Repräsentanten $\psi$, $\|\psi\| = 1$, arbeiten.

## 4.3 Lineare Operatoren

Gegeben sei ein Hilbertraum $\mathcal{H}$.

Ein Operator $A$ ist eine Abbildung

$$A: \mathcal{D}_A \longrightarrow \mathcal{H}, \quad \mathcal{D}_A \subset \mathcal{H}$$

von einem Teilraum $\mathcal{D}_A$ in den Raum $\mathcal{H}$. $\mathcal{D}_A$ ist der *Definitionsbereich von* $A$. Für die Abbildung schreiben wir

$$\psi \longmapsto A\psi.$$

$A$ ist linear, wenn

$$A(\alpha\psi_1 + \beta\psi_2) = \alpha A\psi_1 + \beta A\psi_2.$$

Beispiel: $Q, P, H$ sind lineare Operatoren.

Auch der Operator $A$, der durch

$$A\psi(x) = \int dy \, \widehat{A}(x,y) \, \psi(y)$$

definiert ist, wobei $\widehat{A}(x,y)$ eine geeignete Funktion ist, ist linear. Die Funktion $\widehat{A}(x,y)$ heißt Kern des Operators $A$. Allgemeiner können für $\widehat{A}(x,y)$ auch Distributionen zugelassen werden. Nimmt man z.B. $\widehat{A}(x,y) = \delta(x-y)$, so ist

$$A\psi(x) = \int dy\, \delta(x-y)\,\psi(y) = \psi(x)$$

und wir erkennen, dass $A = \mathbf{1}$ ist, d.h. der Kern des Eins-Operators ist die Delta-Funktion:

$$\widehat{\mathbf{1}}(x,y) = \delta(x-y)\,.$$

Sei $\mathcal{D}_A$ dicht in $\mathcal{H}$. Der zu $A$ <u>*adjungierte Operator*</u> $A^\dagger$ ist definiert durch

$$(\chi, A\psi) = (A^\dagger\chi, \psi) \quad \forall \psi \in \mathcal{D}_A\,, \chi \in \mathcal{D}_{A^\dagger}\,.$$

Regel:      $(AB)^\dagger = B^\dagger A^\dagger$.

$A$ heißt *hermitesch*, wenn $(\chi, A\psi) = (A\chi, \psi)$ $\quad\forall \psi, \chi \in \mathcal{D}_A$ und $\mathcal{D}_{A^\dagger} \subseteq \mathcal{D}_A$.

$A$ heißt <u>*selbstadjungiert*</u>, wenn $A^\dagger = A\,, \quad \mathcal{D}_{A^\dagger} = \mathcal{D}_A$.

Ein selbstadjungierter Operator ist insbesondere auch hermitesch.

Beispiel: $P_j, Q_j$ sind selbstadjungiert.

Wir zeigen hier nur Hermitezität. Für die Selbstadjungiertheit muss man etwas mehr tun.

Die Hermitezität von $Q_j$ ist trivial. Betrachten wir $P_j$:

$$\begin{aligned}(\chi, P_j\psi) &= \int d^3r\, \chi^*(\vec{r}) \frac{\hbar}{\mathrm{i}} \frac{\partial \psi(\vec{r})}{\partial x_j} = -\int d^3r\, \frac{\hbar}{\mathrm{i}} \frac{\partial \chi^*(\vec{r})}{\partial x_j} \psi(\vec{r}) \\ &= \int d^3r \left( \frac{\hbar}{\mathrm{i}} \frac{\partial \chi(\vec{r})}{\partial x_j} \right)^* \psi(\vec{r}) = (P_j\chi, \psi)\,.\end{aligned}$$

**Eigenwerte:**

Sei $A$ Operator auf einem Hilbertraum $\mathcal{H}$.

**Definition:** Wenn für eine Zahl $a \in \mathbf{C}$ ein Vektor $\psi \in \mathcal{H}$, $\psi \neq 0$, existiert, so dass die Gleichung

$$A\psi = a\psi$$

gilt, so heißt $a$ Eigenwert und $\psi$ Eigenvektor von $A$.

**Satz 1:** Eigenwerte hermitescher Operatoren sind reell.

Beweis:

$$A\psi = a\psi \quad \Rightarrow \quad (\psi, A\psi) = a(\psi, \psi)\,.$$

Andererseits ist $\quad (\psi, A\psi) = (A\psi, \psi) = (a\psi, \psi) = a^*(\psi, \psi)$

$$\Rightarrow \quad a = a^*\,. \quad \blacksquare$$

**Satz 2:** Eigenvektoren hermitescher Operatoren zu verschiedenen Eigenwerten sind orthogonal.

Beweis:

$$\text{Sei} \quad A\psi_1 = a_1\psi_1\,, \quad A\psi_2 = a_2\psi_2\,, \quad a_1 \neq a_2\,.$$

$$\left.\begin{array}{l}(\psi_2, A\psi_1) = a_1(\psi_2, \psi_1) \\ (A\psi_2, \psi_1) = a_2(\psi_2, \psi_1)\end{array}\right\} \; \Rightarrow \; (a_2 - a_1)(\psi_2, \psi_1) = 0 \; \Rightarrow \; (\psi_2, \psi_1) = 0\,. \quad \blacksquare$$

Beispiel: Teilchen im Kasten, hier haben wir die Orthogonalität explizit nachgerechnet.

Für das Teilchen im endlichen Topf ist es ebenfalls möglich, die Orthogonalität nachzurechnen, jedoch ist es um Einiges schwieriger. Der Satz 2 erspart uns diese Arbeit.

**Entartung:** Eigenvektoren eines hermiteschen Operators $A$ zum gleichen Eigenwert $a$ spannen einen Teilraum, den Eigenraum zu $a$, auf:

$$A\psi_1 = a\psi_1\,, \; A\psi_2 = a\psi_2 \quad \Rightarrow \quad A(c_1\psi_1 + c_2\psi_2) = a(c_1\psi_1 + c_2\psi_2)\,.$$

Im Eigenraum kann man eine orthogonale Basis wählen (schmidtsches Orthogonalisierungsverfahren).

**Satz 3:** Die Anzahl der Eigenwerte eines hermiteschen Operators ist höchstens abzählbar unendlich.

Beweis: In $\mathcal{H}$ gibt es nicht mehr als abzählbar viele zueinander orthogonale Vektoren (Separabilität). $\blacksquare$

**Definition:** Die Menge der Eigenwerte heißt *diskretes Spektrum*.

Bemerkung: In der Mathematik bezeichnet man die Menge der Eigenwerte als **Punktspektrum**. Dieses kann auch Häufungspunkte haben. Die Menge der isolierten, endlich entarteten Eigenwerte heißt dann diskretes Spektrum.

**Satz 4: Vollständigkeit**

Sei $A$ selbstadjungiert und besitze ein rein diskretes Spektrum. Dann spannen die Eigenvektoren von $A$ den gesamten Hilbertraum $\mathcal{H}$ auf.

Den Beweis gebe ich hier nicht an. Für Operatoren auf dem Raum $\mathbf{C}^n$ ist er aus der linearen Algebra bekannt. Der Fall von Operatoren, die nicht nur ein rein diskretes, sondern auch ein kontinuierliches Spektrum besitzen, wird später behandelt.

Aus der Vollständigkeit folgt insbesondere, dass es eine Basis $\{\psi_n\}$ gibt, die aus Eigenvektoren von $A$ besteht.

Für $\mathbf{C}^n$ ist dieser Sachverhalt aus der linearen Algebra bekannt. Ein Operator wird dort repräsentiert durch eine Matrix

$$A = \begin{pmatrix} A_{11} & \cdots & A_{1n} \\ \vdots & & \\ A_{n1} & \cdots & A_{nn} \end{pmatrix}$$

und der adjungierte Operator wird repräsentiert durch

$$A^\dagger = A^{t*}.$$

Wenn $A$ selbstadjungiert (= hermitesch) ist, so gibt es $n$ Eigenwerte $\lambda_i$ und Eigenvektoren $e_i$ mit

$$Ae_i = \lambda_i\, e_i.$$

In der Basis $\{e_i\}$ sieht $A$ diagonal aus:

$$A = \begin{pmatrix} \lambda_1 & 0 & 0 & \cdots & 0 \\ 0 & \lambda_2 & 0 & \cdots & 0 \\ 0 & 0 & \lambda_3 & \cdots & 0 \\ \vdots & & & & \\ 0 & 0 & 0 & \cdots & \lambda_n \end{pmatrix}.$$

Daher bezeichnet man mit dem Begriff *Diagonalisierung* die Bestimmung aller Eigenvektoren und Eigenwerte eines selbstadjungierten Operators.

Beispiel: Teilchen im unendlich hohen Potenzialtopf

Der Hilbertraum besteht hier aus den quadratintegrablen Funktionen auf dem Intervall $[0, L]$, die am Rand verschwinden. Für dieses System haben wir den Hamiltonoperator $H$ explizit diagonalisiert, indem wir alle Eigenfunktionen $\psi_n$ und Eigenwerte $E_n$ ermittelt haben. Wir haben nachgerechnet, dass die Eigenfunktionen orthogonal zueinander sind, und wir haben festgestellt, dass sie ein vollständiges Funktionensystem im Hilbertraum bilden.

**Projektionsoperatoren:**

Sei $\psi \in \mathcal{H}$, $\|\psi\| = 1$. Wir definieren einen Operator $P_\psi$ durch

$$P_\psi \chi = (\psi, \chi)\, \psi \,.$$

Dieser Operator liefert die Projektion des Vektors $\chi$ auf die durch $\psi$ festgelegte Achse im Hilbertraum.

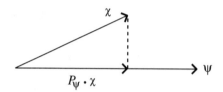

$P_\psi$ ist linear und selbstadjungiert und es gilt

$$P_\psi^2 = P_\psi \,.$$

Wir können noch verallgemeinern. Sei $\{\psi_1, \ldots, \psi_n\}$ Orthonormalbasis in einem Teilraum $\mathcal{V}$. Dann definieren wir

$$P_\mathcal{V} = \sum_i P_{\psi_i} \,.$$

$P_\mathcal{V}$ ist linear und selbstadjungiert und es gilt

$$P_\mathcal{V}^2 = P_\mathcal{V} \,.$$

Für einen Vektor $\chi$ ist

$$P_\mathcal{V} \chi \in \mathcal{V} \,,$$

d.h. $P_\mathcal{V}$ projiziert auf den Teilraum $\mathcal{V}$.

Ermutigt durch diese Feststellungen treffen wir folgende

**Definition:** Ein linearer, selbstadjungierter Operator $P$ heißt *Projektionsoperator (Projektor)*, wenn

$$P^2 = P \,.$$

## 4.4 Diracnotation

Der Physiker P.A.M. Dirac (8.8.1902 – 20.10.1984) hat eine Notation für Vektoren und Operatoren eingeführt, die sehr suggestiv ist und in der Quantenmechanik gerne benutzt wird. Folgende Bezeichnungsweisen werden verwendet:

$$\text{Vektoren aus } \mathcal{H}: \quad |\psi\rangle, \, |\alpha\rangle, \, \ldots$$

$$\text{Skalarprodukte:} \quad (\psi_1, \psi_2) = \langle \psi_1 | \psi_2 \rangle$$

$$\text{Matrixelemente:} \quad (\chi, A\psi) = \langle \chi | A | \psi \rangle.$$

Die Vektoren $|\psi\rangle$ etc. werden als *ket-Vektoren* bezeichnet, da sie den zweiten Teil einer spitzen Klammer („bracket") bilden.

Weiterhin schreibt man für

$$\text{Projektoren:} \quad P_\psi = |\psi\rangle\langle\psi|,$$

denn es ist ja

$$P_\psi \chi = (\psi, \chi)\,\psi = \langle\psi|\chi\rangle\,|\psi\rangle = |\psi\rangle\langle\psi|\chi\rangle,$$

also

$$P_\psi|\chi\rangle = |\psi\rangle\langle\psi|\chi\rangle.$$

Eine Basis in Form eines vollständigen Orthonormalsystems sei gegeben durch die Vektoren $|n\rangle$, $n \in \mathbf{N}$. Dann schreiben sich

$$\text{Orthonormiertheit:} \quad \langle m|n\rangle = \delta_{mn}$$

$$\text{Vollständigkeit:} \quad |\psi\rangle = \sum_n c_n|n\rangle,$$

und es gilt für die Entwicklungskoeffizienten

$$c_n = \langle n|\psi\rangle \in \mathbf{C}.$$

Wir können die Vollständigkeit also in der Form

$$|\psi\rangle = \sum_n |n\rangle\langle n|\psi\rangle$$

schreiben. Hierin steckt die **Vollständigkeitsrelation**

$$\sum_n |n\rangle\langle n| = \mathbf{1}.$$

Schreibt man diese Gleichung in Form der Operatorkerne, so lautet sie

$$\sum_n u_n(x)\, u_n^*(y) = \delta(x - y)\,,$$

was mit der früheren Version der Vollständigkeitsrelation übereinstimmt.

## 4.5 Observable

### 4.5.1 Observable und Messwerte

*Observable* sind Messgrößen. Dies sind physikalische Größen, die an einem Zustand gemessen werden können.

In der klassischen Physik kennen wir z.B. die Observablen Ort, Impuls, Energie, Drehimpuls und andere. Sie können zu einer Zeit $t$ beliebig genau gemessen werden.

In der Quantenmechanik sind für einen gegebenen Zustand $|\psi\rangle$ die Messwerte einer Observablen statistisch verteilt. Observable, die wir schon kennengelernt haben, sind Impuls $P$, Ort $Q$ und Energie $H$. Sie besitzen Erwartungswerte, z.B. $\langle P \rangle = \langle \psi | P | \psi \rangle$, und Streuungen, z.B. $(\Delta p)^2 = \langle (P - \langle P \rangle)^2 \rangle$.

Die obigen Observablen wirken als Operatoren auf Wellenfunktionen. Allgemein trifft man in der Quantenmechanik die Zuordnung

$$\text{Observable} \quad \longrightarrow \quad \text{lineare Operatoren}.$$

Der Erwartungswert der Observablen $A$ im Zustand $|\psi\rangle$ ist gegeben durch

$$\langle A \rangle = \langle \psi | A | \psi \rangle\,.$$

Messwerte sind reell. Hieraus resultiert die Forderung, dass Observable $A$ selbstadjungiert sein müssen, denn

$$\langle \psi | A | \psi \rangle = \langle \psi | A | \psi \rangle^* \quad \Rightarrow \quad \langle \psi | A | \psi \rangle = \langle \psi | A^\dagger | \psi \rangle \quad \forall \psi\,.$$

Die Streuung $\Delta A$ der Messwerte ist gegeben durch

$$(\Delta A)^2 = \langle (A - \langle A \rangle)^2 \rangle = \langle A^2 \rangle - \langle A \rangle^2\,.$$

Betrachten wir jetzt Eigenwerte $a$ einer Observablen $A$. Sei

$$A|\psi\rangle = a|\psi\rangle, \qquad \langle\psi|\psi\rangle = 1.$$

Dann ist

$$\langle\psi|A|\psi\rangle = a \quad \text{und} \quad \Delta A = 0,$$

d.h. die Observable ist scharf und $a$ ist der Messwert.

Zusammenfassung:

Observable $\longleftrightarrow$ selbstadjungierte Operatoren

Messwerte $\longleftrightarrow$ Eigenwerte

Erwartungswert von $A$ im Zustand $|\psi\rangle = \langle\psi|A|\psi\rangle$.

## 4.5.2 Verträgliche Observable

Sei $|\alpha\rangle$ Eigenzustand zur Observablen $A$:

$$A|\alpha\rangle = a|\alpha\rangle.$$

Nun sei $B$ eine andere Observable. Im Allgemeinen führt deren Messung am Zustand $|\alpha\rangle$ zu einer Zustandsänderung. Betrachten wir den Spezialfall, dass bei Messung von $B$ der Zustand $|\alpha\rangle$ erhalten bleibt. $|\alpha\rangle$ sei auch Eigenzustand zur Observablen $B$.

$A$ und $B$ heißen *verträglich* oder *kommensurabel*, wenn alle Eigenzustände von $A$ auch Eigenzustände von $B$ sind:

$$A|\alpha\rangle = a|\alpha\rangle, \quad B|\alpha\rangle = b|\alpha\rangle.$$

$A$ und $B$ sind dann gleichzeitig scharf messbar.

Es gilt der Zusammenhang

$$\boxed{A \text{ und } B \text{ sind verträglich} \quad \Leftrightarrow \quad AB - BA = 0.}$$

Beweis: Zur Vereinfachung wollen wir annehmen, dass ein rein diskretes Spektrum vorliegt. Es ist

$$AB|\alpha\rangle = Ab|\alpha\rangle = bA|\alpha\rangle = ba|\alpha\rangle$$
$$BA|\alpha\rangle = Ba|\alpha\rangle = aB|\alpha\rangle = ab|\alpha\rangle,$$

so dass

$$(AB - BA)|\alpha\rangle = 0 \quad \text{für alle Eigenvektoren } |\alpha\rangle.$$

Es gibt eine Basis $\{|i\rangle\}$ aus Eigenvektoren von $A$, d.h. $A|i\rangle = a_i|i\rangle$. Dann ist

$$(AB - BA)|i\rangle = 0 \quad \forall i$$

und folglich $AB - BA = 0$. ∎

Wir definieren den

**Kommutator** $\qquad [A, B] \doteq AB - BA$.

Ein fundamentaler und besonders wichtiger Kommutator ist derjenige zwischen Ort und Impuls. Sei

$$P_x = \frac{\hbar}{i}\frac{\partial}{\partial x}, \qquad X = Q_x.$$

Der Kommutator ist

$$[P_x, X] = \frac{\hbar}{i}\left[\frac{\partial}{\partial x}, X\right] = \frac{\hbar}{i}\left(\frac{\partial}{\partial x}X - X\frac{\partial}{\partial x}\right).$$

Um diesen zu berechnen, lassen wir ihn auf eine Funktion $\psi(x)$ wirken.

$$\left(\frac{\partial}{\partial x}X - X\frac{\partial}{\partial x}\right)\psi(x) = \frac{\partial}{\partial x}x\psi(x) - x\frac{\partial}{\partial x}\psi(x) = \psi(x)$$

$$= \psi(x) + x\frac{\partial}{\partial x}\psi(x) - x\frac{\partial}{\partial x}\psi(x)$$

$$\Rightarrow \qquad \frac{\partial}{\partial x}X - X\frac{\partial}{\partial x} = 1.$$

Hieraus erhalten wir

$$[P_x, X] = \frac{\hbar}{i}1.$$

Die zusammengehörigen Komponenten des Impulses und des Ortes sind also nicht verträglich.

Für die anderen Kommutatoren findet man leicht

$$[P_x, Y] = 0, \qquad [P_x, Z] = 0.$$

Die Kommutatoren zwischen den Komponenten des Impuls- und des Ortsoperators fassen wir zusammen in der Form

$$[P_j, Q_k] = \frac{\hbar}{i}\, \delta_{jk}\, \mathbf{1}.$$

Dies sind die **Born-Jordan'schen Vertauschungsrelationen**. Sie wurden von Max Born und seinem jungen Assistenten Pascual Jordan
(18.10.1902 – 31.7.1980) in der zweiten Arbeit zur Quantenmechanik 1925
gefunden.

### 4.5.3 Parität

Wir betrachten ein Potenzial $V(x)$ in einer Dimension. Sei $V(x)$ gerade:

$$V(x) = V(-x)\,.$$

Behauptung: Die Eigenfunktionen von $H$ sind gerade (symmetrisch):

$$\psi(x) = \psi(-x)\,,$$

oder ungerade (antisymmetrisch):

$$\psi(x) = -\psi(-x)\,,$$

bzw. können so gewählt werden.

Der Beweis folgt weiter unten. Zunächst definieren wir den *Paritäts-Operator* $\Pi$ durch

$$\Pi\psi(x) = \psi(-x)\,.$$

Er bewirkt also eine „Raumspiegelung".

Es gilt:

$$\text{a)} \quad \Pi^\dagger = \Pi$$
$$\text{b)} \quad \Pi^2 = \mathbf{1}\,.$$

Hierdurch sind seine möglichen Eigenwerte festgelegt:

$$\Pi\psi = \lambda\psi \quad \Rightarrow \quad \psi = \Pi^2\psi = \lambda\Pi\psi = \lambda^2\psi$$

$$\Rightarrow \quad \lambda^2 = 1 \quad \Rightarrow \quad \lambda = +1 \quad \text{oder} \quad \lambda = -1\,.$$

Der Eigenwert $\lambda$ heißt *Parität*. Es gibt also zwei Möglichkeiten:

$$\lambda = 1: \quad \Pi\psi = \psi \quad \Rightarrow \quad \psi(-x) = \psi(x) \quad : \quad \text{gerade Funktion,}$$

$$\lambda = -1: \quad \Pi\psi = -\psi \quad \Rightarrow \quad \psi(-x) = -\psi(x) \quad : \quad \text{ungerade Funktion.}$$

Nun sei

$$H = \frac{P^2}{2m} + V(Q) \quad \text{mit} \quad V(x) = V(-x)$$

der Hamiltonoperator eines Teilchens in dem geraden Potenzial $V(x)$.

Behauptung: $\quad H\Pi = \Pi H$.

Beweis:

$$H\Pi\psi(x) = H\psi(-x) = \left(-\frac{\hbar^2}{2m}\frac{\partial^2}{\partial x^2} + V(x)\right)\psi(-x)$$

$$= -\frac{\hbar^2}{2m}\psi''(-x) + V(x)\psi(-x)$$

$$\Pi H\psi(x) = \Pi\left(-\frac{\hbar^2}{2m}\psi''(x) + V(x)\psi(x)\right) = -\frac{\hbar^2}{2m}\psi''(-x) + V(-x)\psi(-x) \,.\blacksquare$$

Aus der Tatsache, dass $H$ und $\Pi$ kommutieren, $[H,\Pi] = 0$, folgt, dass sie gleichzeitig diagonalisierbar sind, d.h. es existiert eine Basis aus gemeinsamen Eigenfunktionen:

$$H\psi_i = E_i\psi_i \,, \quad \Pi\psi_i = \pm\psi_i \,.$$

Hieraus folgt die anfangs gemachte Behauptung.

Im dreidimensionalen Fall setzen wir

$$V(\vec{r}) = V(-\vec{r})$$

voraus. Die weiteren Überlegungen verlaufen dann analog zum eindimensionalen Fall. Der Paritäts-Operator ist definiert durch

$$\Pi\psi(\vec{r}) = \psi(-\vec{r}) \,.$$

Wieder gibt es die beiden Fälle

$$\text{Parität } +1: \quad \psi(-\vec{r}) = \psi(\vec{r})$$

$$\text{Parität } -1: \quad \psi(-\vec{r}) = -\psi(\vec{r})$$

und es gilt

$$[H,\Pi] = 0 \,.$$

### 4.5.4 Unschärferelation

Nehmen wir an, $A$ und $B$ seien zwei Observable, die nicht miteinander kommutieren,

$$[A, B] \neq 0.$$

Dann sind $A$ und $B$ nicht verträglich, d.h. sie sind im Allgemeinen nicht gleichzeitig scharf messbar. Es gibt in diesem Falle eine

**allgemeine Unschärferelation**

$$\Delta A \cdot \Delta B \geq \frac{1}{2} |\langle [A, B] \rangle|.$$

Beweis:

$$[A, B] =: iC, \quad C \text{ selbstadjungiert},$$
$$A' \doteq A - \langle A \rangle, \quad B' \doteq B - \langle B \rangle, \quad [A', B'] = iC,$$
$$(\Delta A)^2 = \langle A'^2 \rangle, \quad (\Delta B)^2 = \langle B'^2 \rangle$$

Betrachte die Funktion

$$F(\alpha) \doteq \|(\alpha A' - iB')\psi\|^2 \geq 0, \quad \alpha \in \mathbf{R}.$$

$$F(\alpha) = \Big((\alpha A' - iB')\psi, (\alpha A' - iB')\psi\Big) = \Big(\psi, (\alpha A' + iB')(\alpha A' - iB')\psi\Big)$$

$$= \Big(\psi, (\alpha^2 A'^2 + \alpha C + B'^2)\psi\Big)$$

$$= \alpha^2 (\Delta A)^2 + (\Delta B)^2 + \alpha \langle C \rangle \geq 0 \quad \forall \alpha \in \mathbf{R}.$$

Setze jetzt

$$\alpha = -\frac{\langle C \rangle}{2(\Delta A)^2}.$$

$$\Rightarrow \quad (\Delta B)^2 - \frac{\langle C \rangle^2}{4(\Delta A)^2} \geq 0 \quad \Rightarrow \quad (\Delta A)^2 (\Delta B)^2 \geq \frac{1}{4}\langle C \rangle^2. \quad \blacksquare$$

Ein spezieller Fall ist

$$A = Q, \quad B = P, \quad C = \hbar \mathbf{1}.$$

Die allgemeine Unschärferelation liefert dann wieder die uns schon vertraute heisenbergsche Unschärferelation

$$\Delta x \cdot \Delta p \geq \frac{\hbar}{2}.$$

## 4.6 Die Postulate der Quantenmechanik

Was wir bisher über die Quantenmechanik und ihren mathematischen Formalismus gelernt haben, erlaubt es, die Postulate der Quantenmechanik zu formulieren. Diese fassen die fundamentalen Grundlagen der Quantenmechanik zusammen. Zur Betrachtung spezieller Systeme muss der Hilbertraum und der Hamiltonoperator natürlich weiter spezifiziert werden.

I. Reine Zustände werden durch normierte Vektoren (bzw. Strahlen) eines komplexen Hilbertraumes repräsentiert.

Superpositionsprinzip: Jeder Vektor entspricht einem möglichen reinen Zustand.

II. Den Observablen eines Systems entsprechen selbstadjungierte Operatoren. Die möglichen Messwerte sind die Eigenwerte des Operators.

III. Der Erwartungswert der Observablen $A$ im Zustand $|\psi\rangle$ ist gegeben durch

$$\langle A \rangle = \langle \psi | A | \psi \rangle \,.$$

IV. Die zeitliche Entwicklung von Zuständen wird durch die Schrödingergleichung bestimmt:

$$i\hbar \frac{\partial}{\partial t} |\psi\rangle = H |\psi\rangle \,,$$

wobei $H$ der Hamiltonoperator ist.

V. Wird an einem System im Zustand $|\psi\rangle$ die Observable $A$ gemessen, und wird der Messwert $a$ gefunden, so geht das System bei der Messung in den zugehörigen Eigenzustand $|a\rangle$ über (Zustandsreduktion).

## 4.7 Wahrscheinlichkeitsdeutung der Entwicklungskoeffizienten

Die Observable $A$ besitze die Eigenwerte $a_n$:

$$A|n\rangle = a_n |n\rangle \,.$$

Beispielsweise ist im Falle der Energie die Observable gleich dem Hamiltonoperator $H$ und die Eigenwertgleichung ist

$$H|n\rangle = E_n |n\rangle \,.$$

Bei einer Energiemessung sind die möglichen Messwerte die Eigenwerte $E_n$.

Ein beliebiger Zustand $|\psi\rangle$ muss nicht einer der Eigenzustände $|n\rangle$ sein, sondern ist im Allgemeinen eine Linearkombination der Form

$$|\psi\rangle = \sum_n |n\rangle\langle n|\psi\rangle = \sum_n c_n|n\rangle$$

mit Koeffizienten

$$c_n = \langle n|\psi\rangle \,.$$

Was ist die physikalische Interpretation dieser Koeffizienten?

Betrachten wir den Erwartungswert von $A$:

$$\langle A\rangle = \langle\psi|A|\psi\rangle \,.$$

Ist dies der Wert von $A$ im Zustand $|\psi\rangle$? Nein! Die Messung von $A$ im Zustand $|\psi\rangle$ liefert als Messwert einen der Eigenwerte $a_n$. Bei einer Serie von Messungen sind die Messwerte statisch verteilt.

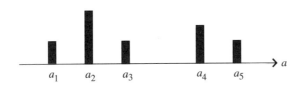

Sei $p_n$ die Wahrscheinlichkeit, bei der Messung der Observablen $A$ den Eigenwert $a_n$ zu finden. Es ist $\sum_n p_n = 1$.

Behauptung:

$$\boxed{|c_n|^2 = p_n \,.}$$

Beweis:

$$\langle A\rangle = \langle\psi|A|\psi\rangle = \sum_{m,n}\langle\psi|m\rangle\langle m|A|n\rangle\langle n|\psi\rangle \,.$$

Einsetzen von

$$\langle m|A|n\rangle = a_n\delta_{mn}$$

gibt

$$\langle A\rangle = \sum_n\langle\psi|n\rangle\, a_n\, \langle n|\psi\rangle = \sum_n |c_n|^2 a_n \,.$$

In gleicher Weise erhält man

$$\langle A^k \rangle = \sum_n |c_n|^2 (a_n)^k$$

und speziell

$$1 = \langle \mathbf{1} \rangle = \sum_n |c_n|^2 \,.$$

Aus den beiden letzten Gleichungen liest man ab, dass $|c_n|^2$ die zum Wert $a_n$ gehörige Wahrscheinlichkeit ist. ∎

Wir haben also gefunden

$$p_n = |\langle n|\psi \rangle|^2 \,.$$

Noch allgemeiner formulieren wir:
Die Wahrscheinlichkeit $p(\alpha \to \beta)$, dass bei einer Messung am Zustand $|\alpha\rangle$ dieser in den Zustand $|\beta\rangle$ übergeht, ist gegeben durch

$$p(\alpha \to \beta) = |\langle \beta|\alpha \rangle|^2 \,.$$

Das Matrixelement heißt daher

$$\text{Übergangsamplitude } \langle \beta|\alpha \rangle \,.$$

# 5 Harmonischer Oszillator

## 5.1 Spektrum

Der harmonische Oszillator ist ein System, für das bei Auslenkungen aus der Ruhelage das hookesche Gesetz gilt, nach dem die rücktreibende Kraft proportional zur Auslenkung ist. Im eindimensionalen Fall heißt das

$$F = -kx\,.$$

Das zugehörige Potenzial ist

$$V(x) = \frac{k}{2}x^2 = \frac{1}{2}m\omega^2 x^2$$

mit

$$\omega = \sqrt{\frac{k}{m}}\,.$$

Der harmonische Oszillator ist ein prominentes physikalisches System, dass sowohl typisch als auch untypisch ist.

Das Kraftgesetz des harmonischen Oszillators ist linear. Er stellt den Prototyp eines Modells für „lineare Physik" dar. Sowohl in der klassischen Physik als auch in der Quantenphysik sind die Gleichungen zur Beschreibung von beliebig vielen gekoppelten harmonischen Oszillatoren exakt lösbar. Dies macht sie als theoretisches Objekt sehr beliebt. Aber auch das Anwendungsfeld ist groß. Zahlreiche Systeme lassen sich gut durch harmonische Oszillatoren beschreiben. Dies ist insbesondere für Systeme der Fall, die kleine Schwingungen ausführen. Die Photonen des elektromagnetischen Feldes, die Phononen in Festkörpern, Molekülschwingungen und viele andere Phänomene werden durch Systeme harmonischer Oszillatoren beschrieben.

Untypisch ist der harmonische Oszillator insofern, als er ein exakt lösbares System darstellt. Exakte Lösbarkeit trifft man nur bei wenigen Ausnahmesystemen an. Die interessanten Erscheinungen der „nichtlinearen Physik" sind in der Regel nicht durch exakt lösbare Modelle zu beschreiben.

Der quantenmechanische Hamiltonoperator des eindimensionalen harmonischen Oszillators lautet

$$H = \frac{1}{2m}P^2 + \frac{m\omega^2}{2}Q^2\,. \qquad \text{Wach Lv 294}$$

Aus den allgemeinen Ergebnissen früherer Abschnitte wissen wir, dass das Energiespektrum diskret ist. Dieses wollen wir jetzt berechnen. Dabei beschreiten wir methodisch einen neuen Weg, indem wir die zeitunabhängige Schrödingergleichung nicht in Form einer Differenzialgleichung lösen, sondern die Eigenwerte des Hamiltonoperators auf algebraischem Wege ermitteln.

Mit der Variablen

$$(5.8) \qquad y \doteq \sqrt{\frac{m\omega}{\hbar}}\, x$$

schreibt sich der Hamiltonoperator in der Form

$$H\psi = \hbar\omega \left( -\frac{1}{2}\frac{\partial^2}{\partial y^2} + \frac{1}{2}y^2 \right)\psi \equiv \hbar\omega\,\frac{1}{2}(\tilde{P}^2 + \tilde{Q}^2)\psi\,,$$

wobei

$$\tilde{P} = -\mathrm{i}\frac{\partial}{\partial y} = \frac{1}{\sqrt{m\omega\hbar}}\,P\,, \quad \tilde{Q} = \sqrt{\frac{m\omega}{\hbar}}\,Q\,.$$

Der Kommutator dieser Operatoren ist

$$[\tilde{P}, \tilde{Q}] = -\mathrm{i}\,.$$

Nun definieren wir den Operator

$$a = \frac{1}{\sqrt{2}}(\tilde{Q} + \mathrm{i}\tilde{P}) = \frac{1}{\sqrt{2}}\left( y + \frac{\partial}{\partial y} \right)$$

mit seinem Adjungierten

$$a^\dagger = \frac{1}{\sqrt{2}}(\tilde{Q} - \mathrm{i}\tilde{P}) = \frac{1}{\sqrt{2}}\left( y - \frac{\partial}{\partial y} \right).$$

Ausgedrückt durch $a$ und $a^\dagger$ lautet der Hamiltonoperator

$$H = \hbar\omega\left( a^\dagger a + \frac{1}{2} \right).$$

Der Kommutator von $a$ und $a^\dagger$ ist

$$[a, a^\dagger] = 1\,, \quad \text{d.h.} \quad aa^\dagger = a^\dagger a + 1\,,$$

und es gilt

$$\tilde{Q} = \frac{1}{\sqrt{2}}(a + a^\dagger)\,, \quad \tilde{P} = \frac{1}{\mathrm{i}\sqrt{2}}(a - a^\dagger)\,.$$

Die Eigenwerte von $H$ ergeben sich sofort aus denen von $a^\dagger a$, die wir jetzt bestimmen werden. Die Eigenwertgleichung ist

$$a^\dagger a |\lambda\rangle = \lambda |\lambda\rangle \,.$$

In mehreren Schritten nähern wir uns nun dem Ziel.

1. Die Eigenwerte sind nicht negativ: $\lambda \geq 0$, denn

$$\lambda = \langle\lambda|a^\dagger a|\lambda\rangle = \||a|\lambda\rangle\|^2 \geq 0 \,.$$

2. Ist $\lambda$ Eigenwert, so auch $\lambda + 1$.
   Beweis: Betrachte $a^\dagger|\lambda\rangle$.

$$a^\dagger a(a^\dagger|\lambda\rangle) = a^\dagger(aa^\dagger)|\lambda\rangle = a^\dagger(a^\dagger a + 1)|\lambda\rangle = a^\dagger(\lambda + 1)|\lambda\rangle$$
$$= (\lambda + 1)a^\dagger|\lambda\rangle.$$

Wir haben also einen Eigenwert $\lambda + 1$, wenn der Vektor $a^\dagger|\lambda\rangle$ nicht der Nullvektor ist. Seine Norm ist

$$\|a^\dagger|\lambda\rangle\|^2 = \langle\lambda|aa^\dagger|\lambda\rangle = \langle\lambda|a^\dagger a + 1|\lambda\rangle = \lambda + 1 \geq 1$$

$$\Rightarrow \quad a^\dagger|\lambda\rangle \neq 0 \,.$$

3. Ist $\lambda > 0$ Eigenwert, so auch $\lambda - 1$.
   Beweis: Betrachte $a|\lambda\rangle$.

$$(a^\dagger a)(a|\lambda\rangle) = (aa^\dagger - 1)a|\lambda\rangle = a(a^\dagger a - 1)|\lambda\rangle = a(\lambda - 1)|\lambda\rangle$$
$$= (\lambda - 1)a|\lambda\rangle.$$

Wir haben also einen Eigenwert $\lambda - 1$, wenn der Vektor $a|\lambda\rangle$ nicht der Nullvektor ist. Seine Norm ist

$$\||a|\lambda\rangle\|^2 = \langle\lambda|a^\dagger a|\lambda\rangle = \lambda > 0$$

$$\Rightarrow \quad a|\lambda\rangle \neq 0 \,.$$

Wir sehen also, dass ausgehend von $\lambda$ eine ganze Leiter von Eigenwerten erzeugt wird, die nach oben nicht endet.

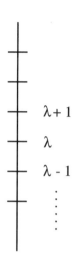

4. $\lambda \in \mathbf{N}_0 = \{0, 1, 2, 3, \dots \}$.

Beweis: Ist $\lambda > 0$ Eigenwert, so erhalten wir die absteigende Folge von Eigenwerten $\lambda - 1, \lambda - 2, \dots$, solange diese positiv bleiben. Diese Folge muss nach endlich vielen Schritten abbrechen $\Rightarrow \exists\, n \in \mathbf{N}$ mit: $\lambda - n$ ist Eigenwert, aber $a|\lambda - n\rangle = 0$.

$$\Rightarrow\ a^\dagger a|\lambda - n\rangle = (\lambda - n)|\lambda - n\rangle = 0 \ \Rightarrow\ \lambda - n = 0 \ \Rightarrow\ \lambda = n \in \mathbf{N}\,.$$

5. $\lambda = 0$ ist einfacher Eigenwert.

Beweis: Sei $a|0\rangle = 0$. Dann ist auch $a^\dagger a|0\rangle = 0$. Gibt es einen solchen Vektor? Zum Zustand $|0\rangle$ gehört eine Wellenfunktion $\varphi_0(y)$. Die Gleichung $a|0\rangle = 0$ lautet dann

$$\left(y + \frac{\partial}{\partial y}\right)\varphi_0 = 0.$$

Sie besitzt eine (bis auf Normierung) eindeutige Lösung

$$\varphi_0(y) = \pi^{-\frac{1}{4}}\, e^{-\frac{1}{2}y^2}\,, \qquad (\varphi_0, \varphi_0) = 1\,.$$

6. Die Eigenvektoren erhalten wir wie folgt:

$$|0\rangle\,, \qquad \lambda_0 = 0$$

$$|1\rangle = a^\dagger |0\rangle\,, \qquad \lambda_1 = 1$$

und so weiter. Nach $n$ Schritten hat man

$$|n\rangle = \frac{1}{\sqrt{n}} a^\dagger |n-1\rangle = \frac{1}{\sqrt{n!}} (a^\dagger)^n |0\rangle\,, \quad \lambda_n = n\,.$$

Mit den Eigenwerten und Eigenvektoren von $a^\dagger a$ kennen wir sofort auch diejenigen von $H = \hbar\omega \left(a^\dagger a + \frac{1}{2}\right)$.

**Zusammenfassung**

$$E_n = \hbar\omega \left(n + \frac{1}{2}\right)\,, \quad n \in \mathbf{N}_0$$

$$a|n\rangle = \sqrt{n}|n-1\rangle\,, \qquad a^\dagger|n\rangle = \sqrt{n+1}|n+1\rangle$$

Die Energie des Grundzustandes heißt

$$\text{Nullpunktsenergie} \quad E_0 = \frac{\hbar\omega}{2}$$

und die Operatoren $a$ und $a^\dagger$ werden aus offensichtlichen Gründen *Leiteroperatoren* genannt. Speziell heißt

$a$ Vernichtungs- bzw. Absteigeoperator,
$a^\dagger$ Erzeugungs- bzw. Aufsteigeoperator.

## 5.2 Eigenfunktionen

Zu den Eigenzuständen gehören Wellenfunktionen

$$|n\rangle \quad \cong \quad \varphi_n(y)\,,$$

die ein Orthonormalsystem bilden:

$$\langle m|n\rangle = (\varphi_m, \varphi_n) = \delta_{mn}\,.$$

Bezüglich der ursprünglichen Koordinaten $x$ muss man umskalieren mit

$$\psi_n(x) = \left(\frac{m\omega}{\hbar}\right)^{1/4} \varphi_n\left(\sqrt{\frac{m\omega}{\hbar}}\, x\right)\,.$$

Aus den Resultaten des vorigen Abschnittes entnehmen wir eine Formel für die Eigenfunktionen:

$$\varphi_n(y) = \frac{1}{\sqrt{2^n n!}} \, \pi^{-\frac{1}{4}} \left(y - \frac{\partial}{\partial y}\right)^n e^{-\frac{1}{2}y^2} \,.$$

Die $n$-fache Anwendung des Operators produziert ein Polynom in $y$ und wir schreiben

$$\boxed{\varphi_n(y) \equiv \frac{1}{\sqrt{2^n n! \sqrt{\pi}}} \, H_n(y) \, e^{-\frac{1}{2}y^2}}$$

mit

$$H_n(y) \doteq e^{\frac{1}{2}y^2} \left(y - \frac{\partial}{\partial y}\right)^n e^{-\frac{1}{2}y^2} \,.$$

Die ersten Polynome sind

$$H_0(y) = 1 \,, \quad H_1(y) = 2y \,, \quad H_2(y) = 4y^2 - 2 \,, \quad H_3(y) = 8y^3 - 12y \,.$$

Die Funktionen $H_n(y)$ heißen *Hermitepolynome*. Mit

$$\left(y - \frac{\partial}{\partial y}\right) f(y) = -e^{\frac{1}{2}y^2} \frac{\partial}{\partial y} e^{-\frac{1}{2}y^2} f(y)$$

folgt ein anderer Ausdruck für sie:

$$H_n(y) = (-1)^n \, e^{y^2} \frac{\partial^n}{\partial y^n} e^{-y^2} \,.$$

**Rekursionsgleichung:**

$$a^\dagger \varphi_n = \frac{1}{\sqrt{2}} \left(y - \frac{\partial}{\partial y}\right) \varphi_n = \sqrt{n+1} \, \varphi_{n+1}$$

$$a \varphi_n = \frac{1}{\sqrt{2}} \left(y + \frac{\partial}{\partial y}\right) \varphi_n = \sqrt{n} \, \varphi_{n-1}$$

$$\Rightarrow \quad \sqrt{2} \, y \, \varphi_n(y) = \sqrt{n+1} \, \varphi_{n+1}(y) + \sqrt{n} \, \varphi_{n-1}(y)$$

$$\Rightarrow \quad H_{n+1}(y) = 2y \, H_n(y) - 2n H_{n-1}(y)$$

Diese Gleichung erlaubt eine rekursive Berechnung der Hermitepolynome.

**Differenzialgleichung:**

In der Variablen $y$ geschrieben lautet die zeitunabhängige Schrödingergleichung

$$\left(-\frac{1}{2}\frac{\partial^2}{\partial y^2} + \frac{1}{2}y^2\right)\varphi_n(y) = \left(n + \frac{1}{2}\right)\varphi_n(y).$$

Einsetzen des Ausdruckes für $\varphi_n(y)$ liefert die

*hermitesche Differenzialgleichung:* $\qquad \left(\frac{d^2}{dy^2} - 2y\frac{d}{dy} + 2n\right)H_n(y) = 0.$

**Aufenthaltswahrscheinlichkeit:**

Die Graphiken zeigen die Wellenfunktionen und Aufenthaltswahrscheinlichkeiten für kleine $n$. Die verschiedenen Funktionen sind der Übersicht halber vertikal auf die Höhe ihres jeweiligen Energieniveaus verschoben.

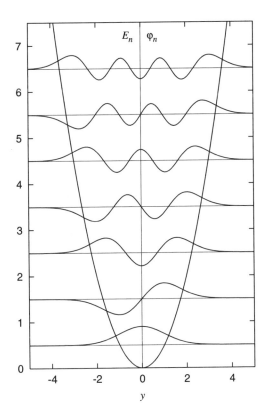

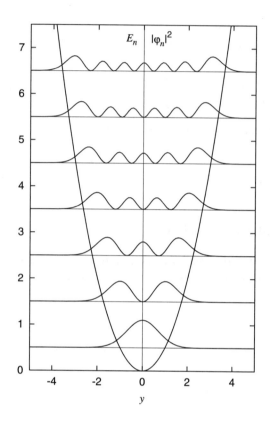

Auch in der klassischen Mechanik lässt sich eine Aufenthaltswahrschein-lichkeitsdichte $w_k(x)$ berechnen. Sie ist proportional zur Länge des Zeitin-tervalles, in dem sich das Teilchen bei $x$ aufhält, und zwar ist

$$w_k(x)dx = \frac{2dt}{T} = \frac{\omega}{\pi}dt \quad \Rightarrow \quad w_k(x) = \frac{\omega}{\pi \dot{x}} = \frac{\omega}{\pi}\frac{1}{\sqrt{\dot{x}^2}}.$$

Man benutzt nun

$$\frac{m}{2}\dot{x}^2 + \frac{m}{2}\omega^2 x^2 = E \quad \Rightarrow \quad \dot{x}^2 = \frac{2E}{m} - \omega^2 x^2 = \omega^2(x_0^2 - x^2)$$

und erhält

$$w_k(x) = \frac{1}{\pi}(x_0^2 - x^2)^{-1/2}.$$

In der Graphik sind die quantenmechanische Wahrscheinlichkeitsdichte $|\varphi_{20}(y)|^2$ und die klassische Wahrscheinlichkeitsdichte $w_k(y)$ aufgetragen. Für große $n$ nähert sich der Mittelwert der quantenmechanischen Vertei-lung der klassischen an, wie man an der Graphik erkennen kann.

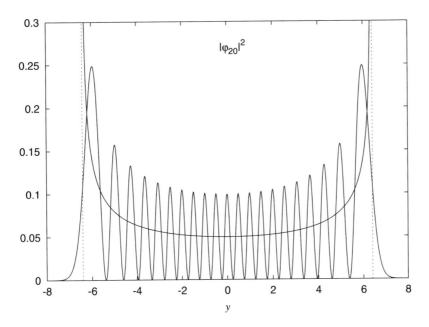

## 5.3 Unschärfen

Die Unschärfen von Ort und Impuls lassen sich ermitteln, ohne dass ein
Integral berechnet werden muss. Dies geschieht wiederum auf algebraischem
Wege. Dazu benutzen wir

$$Q = \left(\frac{2m\omega}{\hbar}\right)^{-\frac{1}{2}} (a + a^\dagger), \quad P = \left(\frac{m\omega\hbar}{2}\right)^{\frac{1}{2}} \frac{1}{i}(a - a^\dagger).$$

Dies gibt

$$\langle x \rangle_n = \langle n|Q|n \rangle = \left(\frac{2m\omega}{\hbar}\right)^{-\frac{1}{2}} \langle n|a + a^\dagger|n \rangle = 0,$$

$$\langle x^2 \rangle_n = \langle n|Q^2|n \rangle = \frac{\hbar}{2m\omega} \langle n|a^2 + a^{\dagger 2} + aa^\dagger + a^\dagger a|n \rangle = \frac{\hbar}{2m\omega} \langle n|2a^\dagger a + 1|n \rangle$$

$$= \frac{\hbar}{2m\omega}(2n + 1),$$

$$\Rightarrow \quad \Delta x = \sqrt{\frac{\hbar}{m\omega}} \sqrt{n + \frac{1}{2}},$$

und ebenso

$$\langle p \rangle_n = 0 \,,$$

$$\langle p^2 \rangle_n = \frac{m\omega\hbar}{2} \langle n | aa^\dagger + a^\dagger a - a^2 - a^{\dagger 2} | n \rangle = \frac{m\omega\hbar}{2}(2n+1) \,,$$

$$\Rightarrow \quad \Delta p = \sqrt{m\omega\hbar} \, \sqrt{n + \frac{1}{2}} \,.$$

Für das Unschärfenprodukt finden wir

$$\Delta x \cdot \Delta p = \hbar \left( n + \frac{1}{2} \right) .$$

Im Grundzustand ist $n = 0$ und das Unschärfenprodukt nimmt den kleinstmöglichen Wert an, den die heisenbergsche Unschärferelation erlaubt: $\Delta x \cdot \Delta p = \hbar/2$.

Während in der klassischen Mechanik der Grundzustand einem ruhenden Oszillator mit den scharfen Werten $x = 0$ und $p = 0$ entspricht, finden wir in der Quantenmechanik eine Verteilung für Ort und Impuls. Daher spricht man auch von einer „Nullpunktsbewegung". Diese gibt Anlass zur Nullpunktsenergie $E_0 > 0$.

Beispiele:

i) Pendel mit $\omega = 1\,\mathrm{s}^{-1}, m = 10^{-3}\,\mathrm{kg}$.
Im Grundzustand ist $(\Delta x)_0 = 2 \cdot 10^{-16}\,\mathrm{m} = 0{,}2\,\mathrm{fm}$ und $E_0 = 5 \cdot 10^{-35}\,\mathrm{J}$. Diese Größen sind so klein, dass sie im Vergleich zu den Dimensionen des Pendels vernachlässigbar sind.

ii) Ein Atom in einem Molekül mit $m = 10^{-26}\,\mathrm{kg}$, $\omega = 10^{16}\,\mathrm{s}^{-1}$.
Im Grundzustand ist $E_0 = 5 \cdot 10^{-19}\,\mathrm{J} = 3{,}1\,\mathrm{eV}$, $(\Delta x)_0 = 7 \cdot 10^{-13}\,\mathrm{m} = 7 \cdot 10^{-3}\,\mathrm{\AA}$. Sowohl die Ortsunschärfe als auch die Nullpunktsenergie sind vergleichbar mit typischen atomaren Größenordnungen.

## 5.4 Oszillierendes Wellenpaket

Bisher haben wir stationäre Zustände des harmonischen Oszillators betrachtet. Diese entsprechen allerdings nicht dem, was man sich unter einem Oszillator vorstellt, nämlich ein sich periodisch bewegendes Objekt.

Wir wollen nun Zustände untersuchen, die am ehesten die Schwingung eines physikalischen Systems darstellen. Dazu müssen Wellenpakete gebildet werden. Ein Wellenpaket des harmonischen Oszillators hat die Form

$$|\varphi(t)\rangle = \sum_{n=0}^{\infty} |n\rangle\langle n|\varphi(t)\rangle \equiv \sum_{n=0}^{\infty} c_n(t)|n\rangle .$$

Aus der Schrödingergleichung

$$i\hbar \frac{\partial}{\partial t}|\varphi(t)\rangle = H|\varphi(t)\rangle$$

folgt für die Koeffizienten

$$i\hbar \frac{\partial}{\partial t} c_n(t) = \langle n|i\hbar\frac{\partial}{\partial t}|\varphi(t)\rangle = \langle n|H|\varphi(t)\rangle = E_n\langle n|\varphi(t)\rangle = E_n\, c_n(t) .$$

Die Lösung dieser Differenzialgleichung ist

$$c_n(t) = \mathrm{e}^{-\mathrm{i}\frac{E_n}{\hbar}t}\, c_n(0) = c_n(0)\, \mathrm{e}^{-\mathrm{i}\left(n+\frac{1}{2}\right)\omega t} .$$

Für das Wellenpaket ist die Zeitabhängigkeit somit gegeben durch

$$|\varphi(t)\rangle = \sum_{n=0}^{\infty} c_n(0)\,|n\rangle \mathrm{e}^{-\mathrm{i}\left(n+\frac{1}{2}\right)\omega t} .$$

Die klassische Schwingungsperiode ist

$$T = \frac{2\pi}{\omega} .$$

Nach Ablauf der Zeit $T$ finden wir

$$|\varphi(t+T)\rangle = -|\varphi(t)\rangle$$
$$|\varphi(y, t+T)|^2 = |\varphi(y,t)|^2 .$$

Die Wahrscheinlichkeitsdichte ändert sich also periodisch in der Zeit mit Periode $T$. Wie verhält sich der Erwartungswert des Ortes? Rechnen wir:

$$\begin{aligned}
\overline{x}(t) &= \langle\varphi(t)|Q|\varphi(t)\rangle = \sum_{n,m} c_n^*(0)c_m(0)\langle n|Q|m\rangle\, \mathrm{e}^{-\mathrm{i}(m-n)\omega t} \\[2mm]
&= \sqrt{\frac{\hbar}{2m\omega}}\, \sum_{n=1}^{\infty} \sqrt{n}\, \left(c_{n-1}^*(0)c_n(0)\, \mathrm{e}^{-\mathrm{i}\omega t} + c_n^*(0)c_{n-1}(0)\, \mathrm{e}^{\mathrm{i}\omega t}\right) \\[2mm]
&= \sqrt{\frac{\hbar}{2m\omega}}\, \mathrm{Re}\left(\sum_{n=1}^{\infty} \sqrt{n}\, c_{n-1}^*(0)c_n(0)\, \mathrm{e}^{-\mathrm{i}\omega t}\right) \\[2mm]
&\equiv x_0 \cos(\omega t - \delta) .
\end{aligned}$$

Er führt also eine harmonische Schwingung durch, so wie es der Ort $x(t)$ in der klassischen Mechanik macht.

### 5.4.1 Kohärente Zustände

Um die speziellen Wellenpakete zu erhalten, die am ehesten der klassischen Bewegung entsprechen, konstruieren wir Pakete, bei denen das Unschärfenprodukt $\Delta x \cdot \Delta p$ minimal ist, so wie es für den Grundzustand $\varphi_0$ der Fall ist. Diese heißen „kohärente Zustände" und spielen z.B. in der Optik eine Rolle. Dazu nehmen wir die Wellenfunktion des Grundzustandes, $\varphi_0(y)$, und lenken sie um $y_0$ aus der Ruhelage aus:

$$\varphi(y,0) = \varphi_0(y - y_0) = \pi^{-1/4} e^{-\frac{1}{2}(y-y_0)^2}$$

$$= \sum_{n=0}^{\infty} c_n(0)\varphi_n(y) .$$

Die Entwicklungskoeffizienten lassen sich berechnen zu

$$c_n(0) = \langle n|\varphi(0)\rangle = \frac{1}{\sqrt{n!}} \left(\frac{y_0}{\sqrt{2}}\right)^n e^{-\frac{1}{4}y_0^2} .$$

Die Rechnung geht so:

$$e^{-\frac{1}{2}(y-y_0)^2} = e^{\frac{1}{2}y^2 - \frac{1}{4}y_0^2} e^{-\left(y-\frac{y_0}{2}\right)^2}$$

$$e^{-\left(y-\frac{y_0}{2}\right)^2} = \sum_{n=0}^{\infty} \frac{1}{n!} \left(-\frac{y_0}{2}\right)^n \left(\frac{\partial}{\partial y}\right)^n e^{-y^2} = \sum_{n=0}^{\infty} \frac{1}{n!} \left(\frac{y_0}{2}\right)^n H_n(y) e^{-y^2}$$

$$\Rightarrow \quad e^{-\frac{1}{2}(y-y_0)^2} = \sum_{n=0}^{\infty} \frac{1}{n!} \left(\frac{y_0}{2}\right) e^{-\frac{1}{4}y_0^2} H_n(y) e^{-\frac{1}{2}y^2} .$$

Mit Hilfe von

$$H_n(y) e^{-\frac{1}{2}y^2} = \sqrt{2^n n! \pi^{1/2}} \, \varphi_n(y)$$

folgt

$$\pi^{-1/4} e^{-\frac{1}{2}(y-y_0)^2} = \sum_{n=0}^{\infty} \frac{1}{\sqrt{n!}} \left(\frac{y_0}{\sqrt{2}}\right)^n e^{-\frac{1}{4}y_0^2} \varphi_n(y) ,$$

woraus wir die Koeffizienten ablesen.

Da wir die Zeitabhängigkeit der Entwicklungskoeffizienten kennen, können wir diejenige des Paketes berechnen:

$$
\begin{aligned}
\varphi(y,t) &= \sum_{n=0}^{\infty} \frac{1}{\sqrt{n!}} \left( \frac{y_0}{\sqrt{2}} \right)^n e^{-\frac{1}{4}y_0^2} e^{-i(n+\frac{1}{2})\omega t} \varphi_n(y) \\
&= e^{-\frac{i}{2}\omega t} e^{-\frac{1}{4}y_0^2} \sum_{n=0}^{\infty} \frac{1}{\sqrt{n!}} \left( \frac{y_0}{\sqrt{2}} e^{-i\omega t} \right)^n \varphi_n(y) \\
&= e^{-\frac{i}{2}\omega t} e^{-\frac{1}{4}y_0^2} e^{\frac{1}{4}\left( y_0 e^{-i\omega t}\right)^2} \varphi_0 \left( y - y_0 e^{-i\omega t} \right) \\
&= e^{-\frac{i}{2}\omega t} \pi^{-1/4} \exp \left\{ -\frac{1}{2} \left( y - y_0 e^{-i\omega t} \right)^2 - \frac{1}{4}y_0^2 \left( 1 - e^{-2i\omega t} \right) \right\}.
\end{aligned}
$$

Für die Wahrscheinlichkeitsdichte folgt

$$
|\varphi(y,t)|^2 = \pi^{-1/2} \exp \left\{ -(y - y_0 \cos \omega t)^2 \right\}.
$$

Dies ist ein oszillierendes Wellenpaket, das seine Form behält und dessen Schwerpunkt

$$
\bar{y}(t) = y_0 \cos \omega t
$$

eine harmonische Schwingung ausführt. Bemerkenswert ist die Tatsache, dass die Breite $\Delta y$ konstant ist und kein Zerfließen stattfindet.

Der Energie-Erwartungswert des Wellenpaketes beträgt

$$
\begin{aligned}
\langle E \rangle &= \langle \varphi(t)|H|\varphi(t) \rangle \\
&= \sum_{n=0}^{\infty} |c_n|^2 \hbar\omega \left( n + \frac{1}{2} \right) = \hbar\omega \sum_{n=0}^{\infty} \frac{1}{n!} \left( \frac{y_0^2}{2} \right)^n e^{-\frac{1}{2}y_0^2} \left( n + \frac{1}{2} \right) \\
&= \hbar\omega \left\{ \frac{y_0^2}{2} + \frac{1}{2} \right\} = \underbrace{\frac{1}{2}m\omega^2 x_0^2}_{\text{klassisch}} + \underbrace{\frac{1}{2}\hbar\omega}_{\text{Nullpunktsenergie}}
\end{aligned}
$$

und setzt sich also aus der klassischen Schwingungsenergie $m\omega^2 x_0^2/2$ und der quantenmechanischen Nullpunktsenergie $\hbar\omega/2$ zusammen. Die Energie ist natürlich nicht scharf. Die Energieverteilung

$$
w_n = |c_n|^2 = \frac{1}{n!} \left( \frac{y_0^2}{2} \right)^n e^{-\frac{1}{2}y_0^2}
$$

ist eine Poissonverteilung mit dem Maximum bei

$$n_0 \approx \frac{y_0^2 - 1}{2}\,.$$

Für große $y_0$ wird die Verteilung sehr scharf. Die relative Breite der Energie ist

$$\frac{\Delta E}{\langle E \rangle} \approx \frac{\Delta n}{n_0} \approx \frac{\sqrt{8\pi}}{y_0}\,.$$

## 5.5 Dreidimensionaler harmonischer Oszillator

Ein harmonischer Oszillator in drei Dimensionen kann drei verschiedene Eigenfrequenzen besitzen. In geeigneten Koordinaten lautet das Potenzial

$$V(\vec{r}) = \frac{m}{2} \sum_{i=1}^{3} \omega_i^2 x_i^2\,.$$

Der Hamiltonoperator

$$H = \frac{\vec{P}^2}{2m} + V(\vec{Q}) = \sum_{i=1}^{3} H_i$$

ist die Summe dreier eindimensionaler Hamiltonoperatoren

$$H_i = \frac{P_i^2}{2m} + \frac{m}{2}\omega_i^2 Q_i^2\,.$$

Wir können eine Separation wie im Abschnitt 3.3 vornehmen:

$$\psi(\vec{r}) = \psi^{(1)}(x_1)\,\psi^{(2)}(x_2)\,\psi^{(3)}(x_3)\,,$$

derzufolge die stationäre Schrödingergleichung

$$H\psi = E\psi$$

zerfällt in

$$H_i\psi^{(i)} = E_i\psi^{(i)}\,, \qquad \text{mit} \qquad E = E_1 + E_2 + E_3\,.$$

Diese Energien und die zugehörigen Eigenfunktionen sind aus der Behandlung des eindimensionalen harmonischen Oszillators bekannt:

$$E_i = \hbar\omega_i\left(n_i + \frac{1}{2}\right)\,,$$

$$\psi^{(i)}(x_i) = \psi_{n_i}(x_i)\,.$$

Die Energie-Eigenwerte sind also

$$E = \sum_{i=1}^{3} \hbar\omega_i \left( n_i + \frac{1}{2} \right)$$

und die Eigenfunktionen

$$\psi_{\vec{n}}(\vec{r}) = \psi_{n_1}(x_1)\psi_{n_2}(x_2)\psi_{n_3}(x_3)\,.$$

Beim isotropen Oszillator sind die Frequenzen gleich, $\omega_1 = \omega_2 = \omega_3 = \omega$, und er besitzt die Eigenwerte

$$E = \hbar\omega \left( n + \frac{3}{2} \right)\,, \qquad n = n_1 + n_2 + n_3\,.$$

Diese sind entartet. Der Entartungsgrad beträgt $\frac{1}{2}(n+1)(n+2)$.

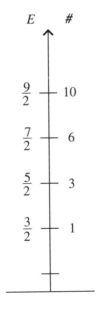

# 6 Das Spektrum selbstadjungierter Operatoren

## 6.1 Diskretes Spektrum

Im Abschnitt 4.3 haben wir schon einige Tatsachen über selbstadjungierte Operatoren und ihre Eigenwerte kennengelernt. Die Eigenwertgleichung lautet

$$A|\psi\rangle = a|\psi\rangle \,,$$

wobei der Eigenvektor $|\psi\rangle \in \mathcal{H}$ im Hilbertraum liegen muss. Die Eigenwerte bilden das diskrete Spektrum. Wenn $A$ hermitesch ist, sind seine Eigenwerte $a$ sämtlich reell. Die Eigenvektoren hermitescher Operatoren zu verschiedenen Eigenwerten sind zueinander orthogonal.

## 6.2 Kontinuierliches Spektrum

Beim Teilchen im Kasten und beim harmonischen Oszillator haben wir gefunden, dass der Hamiltonoperator ein rein diskretes Spektrum besitzt. Beim Teilchen im endlich tiefen Topf hingegen trat außerdem auch ein kontinuierliches Spektrum auf. Die zugehörigen Wellenfunktionen gehören zu Streuzuständen, die nicht normierbar sind und somit nicht im Hilbertraum liegen. Warum beschäftigen wir uns mit ihnen? Diese Funktionen haben einiges gemeinsam mit den ebenen Wellen des freien Teilchens. Sie sind nützliche Bausteine für beliebige Wellenfunktionen und erfüllen gewisse Orthogonalitäts- und Vollständigkeits-Eigenschaften, die wir nun ansehen wollen.

### 6.2.1 Impulsoperator

Der Impulsoperator in einer Dimension

$$P = \frac{\hbar}{i}\frac{\partial}{\partial x}\,,$$

der auf differenzierbare Funktionen aus $\mathcal{H} = L_2(\mathbf{R})$ wirkt, ist selbstadjungiert, wie wir schon wissen. Die Eigenwertgleichung

$$\frac{\hbar}{i}\frac{\partial\psi}{\partial x} = p\,\psi(x)$$

hat (bis auf Normierung $N$) eine Lösung, nämlich die ebene Welle

$$\psi(x) = N\, \mathrm{e}^{\mathrm{i}\frac{p}{\hbar}x} = N\, \mathrm{e}^{\mathrm{i}kx} = N u_k(x)\,,$$

diese ist jedoch nicht normierbar:

$$(u_k, u_k) = \int_{-\infty}^{\infty} dx\; 1 = \infty\,.$$

$u_k$ liegt daher nicht im Hilbertraum und ist somit auch kein Eigenvektor. Die Funktion $u_k$ heißt stattdessen *uneigentlicher Eigenvektor* und $p = \hbar k$ ist *uneigentlicher Eigenwert*. Wir definieren: das *kontinuierliche Spektrum* ist die Menge der uneigentlichen Eigenwerte.

Das Spektrum von $P$ ist rein kontinuierlich. Jede reelle Zahl ist uneigentlicher Eigenwert von $P$.

Bemerkung: da das kontinuierliche Spektrum nicht abzählbar ist, können nach Satz 3 keine zugehörigen (eigentlichen) Eigenvektoren existieren.

Die ebenen Wellen erfüllen eine *Kontinuums-Orthonormalitätsbeziehung*, die aus der Theorie der Fouriertransformation bekannt ist:

$$(u_k, u_l) = 2\pi\delta(k - l)\,.$$

Weiterhin gilt die Vollständigkeitsrelation

$$\int \frac{dk}{2\pi}\; u_k(x)\, u_k^*(y) = \delta(x - y)\,.$$

Diese Relationen sind analog zu den entsprechenden Beziehungen

$$(u_m, u_n) = \delta_{mn}\,, \qquad \sum_n u_n(x) u_n^*(y) = \delta(x - y)\,, \qquad m, n \in \mathbf{N}$$

für ein diskretes Spektrum.

In der Diracnotation bezeichnen wir $u_k$ durch das Symbol $|k\rangle$, das in diesem Falle also keinen Vektor aus $\mathcal{H}$ darstellt. Es ist

$$P|k\rangle = \hbar k|k\rangle\,.$$

Die Orthonormalitäts- und Vollständigkeitsrelationen schreiben sich als

$$\langle k|k'\rangle = 2\pi\delta(k - k')$$

$$\int \frac{dk}{2\pi}\; |k\rangle\langle k| = \mathbf{1}\,.$$

### 6.2.2 Ortsoperator

In einer Dimension ist der Ortsoperator $Q$ definiert durch seine Wirkung als Multiplikationsoperator auf Wellenfunktionen:

$$Q\psi(x) \doteq x\psi(x)\,.$$

Achtung: es ist ein beliebter Fehler, dies für eine Eigenwertgleichung zu halten.

Welches sind die Eigenwerte und -funktionen? Wenn wir die Eigenfunktion zu einem Eigenwert $q$ mit $\chi_q$ bezeichnen, so sollte gelten

$$Q\chi_q(x) = q\chi_q(x)\,.$$

Das heißt

$$x\chi_q(x) = q\chi_q(x) \qquad \forall x \in \mathbf{R}$$

$$\Rightarrow \quad (x - q)\chi_q = 0 \quad \Rightarrow \quad \chi_q(x) = 0 \quad \text{für} \quad x \neq q\,.$$

Wir sehen hieraus, dass $\chi_q(x)$ keine Funktion sein kann. Stattdessen setzen wir

$$\chi_q(x) = \delta(x - q).$$

Insbesondere ist $\chi_q$ kein Eigenvektor im Hilbertraum.

In der Diracnotation wird $\chi_q$ durch den ket-Vektor $|q\rangle$ repräsentiert, soweit eine Verwechslung mit den uneigentlichen Impulseigenvektoren $|k\rangle$ ausgeschlossen ist. Es ist also

$$Q|q\rangle = q|q\rangle.$$

Wenn wir versuchen, die Norm von $|q\rangle$ zu berechnen:

$$\langle q|q\rangle = \int dx\, |\chi_q(x)|^2 = \int dx\, \delta(x - q)\delta(x - q) = \delta(q - q) = \delta(0) = \infty\,,$$

so kommt nichts Endliches heraus, was noch einmal bestätigt, dass $\chi_q$ kein Vektor im Hilbertraum,

$$|q\rangle \notin \mathcal{H}\,,$$

und damit auch kein Eigenvektor ist. Wie im Falle der Eigenfunktionen des Impulsoperators konstatieren wir hier:

$$q \quad \text{ist uneigentlicher Eigenwert,}$$

$$|q\rangle \quad \text{ist uneigentlicher Eigenvektor.}$$

Das Spektrum von $Q$ ist rein kontinuierlich und besteht aus $\mathbf{R}$.

Analog zu den ebenen Wellen des vorigen Abschnittes können wir auch hier die Orthonormalitäts- und Vollständigkeitsrelation aufschreiben in der Form:

Orthonormalität:     $\langle q|q'\rangle = \int dx\ \delta(x-q)\delta(x-q') = \delta(q-q')$

Vollständigkeit:     $\int dq\ \chi_q(x)\chi_q^*(y) = \int dq\ \delta(x-q)\delta(y-q) = \delta(x-y)$

bzw.     $\int dq\ |q\rangle\langle q| = \mathbf{1}.$

Die Vollständigkeitsrelation besagt ja, dass sich jede Funktion im Hilbertraum nach den $\chi_q(x)$ entwickeln lässt. Sei $f(x)$ eine beliebige Funktion. Wenn wir die Entwicklung als $f(x) = \int dq\, c(q)\chi_q(x)$ schreiben, finden wir

$$f(x) = \int dq\, c(q)\chi_q(x) = \int dq\, c(q)\delta(x-q) = c(x)$$

$$\Rightarrow\quad c(q) = f(q)$$

und die Vollständigkeit gilt in der Tat.

### 6.2.3 Teilchen im Topf

Nachdem wir beim Impuls- und beim Ortsoperator ein rein kontinuierliches Spektrum gefunden haben, sehen wir uns noch einmal das Teilchen im endlichen Topf an. Der Hamiltonoperator ist

$$H = \frac{P^2}{2m} + V(Q)$$

mit einem Potenzial der Form:

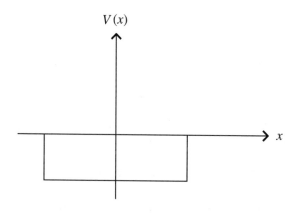

Nun gibt es beide Arten des Spektrums:

a) diskretes Spektrum:

$$E_0 < E_1 < \ldots < E_N,$$

$$|0\rangle, |1\rangle, \ldots, |N\rangle \in \mathcal{H}, \qquad \langle i|j\rangle = \delta_{ij} \quad \text{für} \quad i, j \in \{0, \ldots, N\},$$

b) kontinuierliches Spektrum:

$$\text{Streuzustände} \quad \psi_k(x) \cong |k\rangle, \quad k \in \mathbf{R} \setminus \{0\}, \quad |k\rangle \notin \mathcal{H},$$

$$E = \frac{\hbar^2}{2m} k^2, \quad \text{zweifach entartet.}$$

Für die Normierung der Zustände gilt

$$\langle k_1|k_2\rangle = 2\pi\delta(k_1 - k_2) \qquad \text{(ohne Beweis)},$$

$$\langle n|k\rangle = 0, \qquad n \in \{0, \ldots, N\},$$

wobei $|k\rangle$ für $k \in \mathbf{R}$ einen uneigentlichen und $|n\rangle$ für $n \in \mathbf{N}$ einen eigentlichen Eigenvektor bezeichnet.

Für das gesamte System der Eigenvektoren, bestehend aus den eigentlichen und den uneigentlichen, gilt die Vollständigkeit: jede Funktion $f(x)$ im Hilbertraum lässt sich entwickeln in der Form

$$f(x) = \sum_{n=0}^{N} c_n \psi_n(x) + \int_{-\infty}^{\infty} \frac{dk}{2\pi} c(k) \psi_k(x).$$

Hierfür führen wir die Bezeichnung

$$f(x) = \sum_{\alpha} \!\!\!\!\!\!\!\!\int \, c_\alpha \psi_\alpha(x)$$

ein. Der Index $\alpha$ durchläuft die diskreten Werte $n \in \{0, \ldots, N\}$ und die kontinuierlichen Werte $k \in \mathbf{R} \setminus \{0\}$. Die Vollständigkeitsrelation enthält in diesem Falle einen diskreten und einen kontinuierlichen Anteil:

$$\sum_{n=0}^{N} \psi_n(x)\psi_n^*(y) + \int_{-\infty}^{+\infty} \frac{dk}{2\pi} \, \psi_k(x)\psi_k^*(y) = \delta(x - y).$$

In der Diracnotation nimmt sie die schöne Form

$$\sum_{n=0}^{N} |n\rangle\langle n| + \int \frac{dk}{2\pi} \, |k\rangle\langle k| = 1$$

bzw.

$$\sum_{\alpha} |\alpha\rangle\langle\alpha| = 1$$

an.

### 6.2.4 Uneigentliche Eigenvektoren

Jetzt sind uns schon dreimal uneigentliche Eigenvektoren begegnet und es ist an der Zeit, diesen Begriff allgemein zu fassen.

Sei $A$ ein linearer hermitescher Operator. Für $\psi \in \mathcal{H}$ definieren wir den Erwartungswert von $A$

$$\langle A\rangle_\psi \doteq \frac{(\psi, A\psi)}{(\psi, \psi)}$$

und die Varianz von $A$

$$(\Delta A)_\psi^2 = \frac{(\psi, (A - \langle A\rangle_\psi)^2 \psi)}{(\psi, \psi)}$$

wie früher. Der Zusammenhang

$$(\Delta A)_\psi = 0 \quad \Leftrightarrow \quad \psi \text{ ist eigentlicher Eigenvektor}: \quad A\psi = \langle A\rangle_\psi \, \psi$$

ist offensichtlich.

Sei nun $\varphi_n \in \mathcal{H}$ eine Folge von Vektoren mit

$$\lim_{n\to\infty} \langle A\rangle_{\varphi_n} = a,$$
$$\lim_{n\to\infty} (\Delta A)_{\varphi_n} = 0.$$

Dann gibt es zwei Möglichkeiten.

Falls $\lim\limits_{n\to\infty} \varphi_n \equiv \varphi \in \mathcal{H}$ existiert, ist $\varphi$ eigentlicher Eigenvektor mit

$$A\varphi = a\varphi.$$

Falls $\lim\limits_{n\to\infty} \varphi_n$ nicht existiert in $\mathcal{H}$, so definiert die Folge $(\varphi_n)$ einen *uneigentlichen Eigenvektor* $\varphi$ zum *uneigentlichen Eigenwert* $a$.

Diese Definition ist ganz ähnlich zur Definition der reellen Zahlen über Folgen rationaler Zahlen, deren Grenzwert nicht rational ist.

**Beispiel:**   Sei

$$\varphi_n(x) = \int \frac{dk}{2\pi}\, g_n(k)\, \mathrm{e}^{ikx}$$

mit einer geeigneten Folge von Funktionen $g_n$, für die

$$g_n(k) \xrightarrow[n\to\infty]{} 2\pi\delta(k-k_0)$$

gilt. Dann ist der Limes

$$\lim\limits_{n\to\infty} \varphi_n = \mathrm{e}^{ik_0 x}$$

nicht normierbar und liegt nicht im Hilbertraum. Es gilt aber

$$\langle P\rangle_{\varphi_n} = \frac{\int \frac{dk}{2\pi}\, \hbar k\, g_n^*(k)\, g_n(k)}{\int \frac{dk}{2\pi}\, g_n^*(k) g_n(k)} \quad \longrightarrow \quad \hbar k_0\,,$$

$$(\Delta P)_{\varphi_n} \quad \longrightarrow \quad 0.$$

Somit definiert die Folge $\varphi_n$ einen uneigentlichen Eigenvektor des Impulsoperators $P$.

Jetzt definiert man allgemein:

Die uneigentlichen Eigenwerte bilden das kontinuierliche Spektrum.

Aber wozu braucht man denn überhaupt diese uneigentlichen Eigenvektoren, die ja gar nicht im Hilbertraum liegen? In der Physik sind es hauptsächlich die folgenden beiden Tatsachen, welche die Verwendung von uneigentlichen Eigenvektoren nützlich machen.

a) Wenn wir einen beliebigen Vektor aus $\mathcal{H}$ vollständig zerlegen möchten nach den Eigenvektoren eines selbstadjungierten Operators, treten auch die uneigentlichen Eigenvektoren auf.

b) Physikalische Streuzustände können idealisiert in bequemer Weise durch uneigentliche Eigenvektoren beschrieben werden. Das einfachste Beispiel sind die ebenen Wellen beim freien Teilchen.

## 6.3 Spektralsatz

Die oben behauptete Aussage (a) über die Zerlegung von Vektoren ist der
Inhalt des folgenden Satzes, der auf David Hilbert und John von Neumann
zurückgeht.

**Spektralsatz:**
Sei $A$ ein selbstadjungierter Operator. Mit $\psi_a$ sei ein eigentlicher bzw. uneigentlicher Eigenvektor zum Eigenwert $a$ bezeichnet. Es gilt

a) das Spektrum von $A$ ist rein reell,

b) Orthogonalität: seine eigentlichen und uneigentlichen Eigenvektoren
   stehen alle aufeinander senkrecht:

$$(\psi_a, \psi_b) = 0 \quad \text{für} \quad a \neq b\,,$$

c) Vollständigkeit: die eigentlichen und uneigentlichen Eigenvektoren
   spannen den ganzen Hilbertraum auf.

Die vollständige Zerlegung eines Vektors $|\psi\rangle$ schreiben wir als

$$|\psi\rangle = \sum_n |n\rangle\langle n|\psi\rangle + \int da\, |a\rangle\langle a|\psi\rangle\,,$$

was gleichbedeutend mit der Vollständigkeitsrelation

$$\sum_n |n\rangle\langle n| + \int da\, |a\rangle\langle a| = \mathbf{1}$$

ist.

**Beispiele:**

i) Impulsoperator

$$P|k\rangle = \hbar k|k\rangle\,, \qquad \langle k|k'\rangle = 2\pi\delta(k - k')\,, \qquad \int \frac{dk}{2\pi}\, |k\rangle\langle k| = \mathbf{1},$$

$$\langle k|\psi\rangle = \int dx\, \mathrm{e}^{-ikx}\, \psi(x) = \tilde{\psi}(k).$$

ii) Ortsoperator

$$Q|x\rangle = x|x\rangle, \qquad \langle x|x'\rangle = \delta(x - x'), \qquad \int dx \; |x\rangle\langle x| = \mathbf{1},$$

$$\langle x|\psi\rangle = \int dx' \; \chi_x^*(x')\psi(x') = \int dx' \; \delta(x' - x)\psi(x') = \psi(x),$$

also

$$\boxed{\langle x|\psi\rangle = \psi(x),}$$

$$|\psi\rangle = \int dx \; |x\rangle\langle x|\psi\rangle = \int dx \; \psi(x)|x\rangle.$$

Falls das Spektrum sowohl einen diskreten als auch einen kontinuierlichen Teil besitzt, verwenden wir die Schreibweise

$$\sum_n |n\rangle\langle n| + \int da \; |a\rangle\langle a| = \sum_\alpha \!\!\!\!\!\int |\alpha\rangle\langle\alpha|.$$

**Spektraldarstellung von Operatoren:**

Wenn der selbstadjungierte Operator $A$ ein rein diskretes Spektrum besitzt,

$$A|n\rangle = a_n|n\rangle,$$

können wir ihn gemäß

$$A = A \sum_n |n\rangle\langle n| = \sum_n a_n \, |n\rangle\langle n|$$

in Projektoren zerlegen. Dies ist die *Spektraldarstellung* von $A$.

Für endliche Matrizen ist das wohlbekannt. In der Basis, die aus den Eigenvektoren $|n\rangle$ besteht, nimmt $A$ die Gestalt

$$\begin{pmatrix} a_1 & & & \\ & a_2 & & \\ & & \ddots & \\ & & & a_N \end{pmatrix} = a_1 \begin{pmatrix} 1 & & & \\ & 0 & & \\ & & \ddots & \\ & & & 0 \end{pmatrix} + \cdots + a_N \begin{pmatrix} 0 & & & \\ & 0 & & \\ & & \ddots & \\ & & & 1 \end{pmatrix}$$

an.

Die Spektraldarstellung gestattet es, Operatorfunktionen $f(A)$ zu definieren durch

$$f(A) = \sum_n f(a_n) \, |n\rangle\langle n| \, .$$

Für das obige Beispiel der endlichen Matrix heißt das

$$f(A) = \begin{pmatrix} f(a_1) & & & \\ & f(a_2) & & \\ & & \ddots & \\ & & & f(a_N) \end{pmatrix} .$$

Für ein allgemeines Spektrum schreiben wir entsprechend

$$A = \sum_n a_n \, |n\rangle\langle n| + \int da \; a \, |a\rangle\langle a| = \sum_\alpha\!\!\!\!\!\int \; \alpha \, |\alpha\rangle\langle\alpha| \, ,$$

$$f(A) = \sum_n f(a_n) \, |n\rangle\langle n| + \int da \; f(a) \, |a\rangle\langle a| = \sum_\alpha\!\!\!\!\!\int \; f(\alpha) \, |\alpha\rangle\langle\alpha| \, .$$

Dies ist die Spektraldarstellung von Operatoren und Operatorfunktionen.

## 6.4 Wahrscheinlichkeitsinterpretation

Für den Fall eines rein diskreten Spektrums haben wir uns im Abschnitt 4.7 davon überzeugt, dass die Entwicklungskoeffizienten eine Wahrscheinlichkeitsinterpretation

$$|\langle n|\psi\rangle|^2 = p_n$$

besitzen. Wie ist diese auf den Fall des kontinuierlichen Spektrums zu verallgemeinern? Dort gilt

$$\langle A^l \rangle_\psi = \langle\psi|A^l|\psi\rangle = \int da \; da' \; \langle\psi|a\rangle\langle a|A^l|a'\rangle\langle a'|\psi\rangle$$

$$= \int da \; da' \; \langle\psi|a\rangle a^l \delta(a - a')\langle a'|\psi\rangle = \int da \; |\langle a|\psi\rangle|^2 \; a^l \, .$$

Hieraus lesen wir die Wahrscheinlichkeitsinterpretation ab:

$$|\langle a|\psi\rangle|^2 = \text{Wahrscheinlichkeitsdichte } p(a) \text{ für den Messwert } a.$$

Beispiele:

$$|\langle x|\psi\rangle|^2 \quad = \quad |\psi(x)|^2 \quad = \text{Wahrscheinlichkeitsdichte für } x,$$

$$\tfrac{1}{2\pi}|\langle k|\psi\rangle|^2 \quad = \quad \tfrac{1}{2\pi}|\tilde\psi(k)|^2 \quad = \text{Wahrscheinlichkeitsdichte für } k.$$

# 7 Darstellungen

## 7.1 Vektoren und Basen

Bisher haben wir einen Zustand $\psi \in \mathcal{H}$ konkret aufgefasst als eine Funktion im Ortsraum mit Werten $\psi(x)$. Seit neuestem wissen wir aber auch, dass

$$\psi(x) = \langle x|\psi \rangle,$$

d.h. $\psi(x)$ ist die Komponente von $|\psi\rangle$ bezüglich der uneigentlichen Basis $\{|x\rangle \mid x \in \mathbf{R}\}$. Im Lichte dieser Einsicht können wir dazu übergehen, den Vektor $|\psi\rangle$ als ein basisunabhängiges Objekt zu betrachten.

Die Situation ist völlig analog zu derjenigen in der linearen Algebra, wo man von Vektoren als mit Zahlen gefüllten Spalten abstrahiert zu basisunabhängigen Objekten. Zur Erinnerung: sei $v \in \mathcal{H}$ ein Vektor und $\mathcal{H}$ ein $n$-dimensionaler Vektorraum mit einer Orthonormalbasis, bestehend aus den Vektoren $e^{(i)}$, $i = 1, \ldots, n$. Die Zerlegung

$$v = \sum_i v_i \, e^{(i)}$$

bewirkt die eineindeutige, basisabhängige Zuordnung

$$v \longleftrightarrow \begin{pmatrix} v_1 \\ v_2 \\ \vdots \\ v_n \end{pmatrix},$$

wobei die Komponenten von $v$ gegeben sind durch

$$v_i = (e^{(i)}, v).$$

Die Darstellung von Vektoren $v$ in Form von Spaltenvektoren mit den Einträgen $v_i$ bezeichnen wir als die *e-Darstellung*, wobei $e$ die gewählte Basis ist.

Sei $A$ ein linearer Operator und

$$Av = w.$$

$$A v = w$$

Für die Komponenten gilt dann

$$w_i = (e^{(i)}, w) = (e^{(i)}, Av) = \sum_j (e^{(i)}, Ae^{(j)})v_j$$

$$\equiv \sum_j A_{ij} v_j.$$

Die aus den so definierten Komponenten

$$A_{ij} = (e^{(i)}, Ae^{(j)})$$

gebildete Matrix

$$\widehat{A} = (A_{ij}) = \begin{pmatrix} A_{11} & A_{12} & \cdots \\ A_{21} & A_{22} & \cdots \\ & \cdots & \end{pmatrix}$$

ist die Matrixdarstellung von $A$ bezüglich der Basis $e$. Die Hintereinanderausführung von Operatoren $AB$ wird bekanntlich durch die Matrixmultiplikation $\widehat{A} \cdot \widehat{B}$ dargestellt.

Ein Basiswechsel ist der Übergang zu einer anderen Orthonormalbasis $e'$. Deren Elemente $e^{(i)'}$ lassen sich natürlich als Linearkombination der alten Basisvektoren schreiben:

$$e^{(i)'} = \sum_j e^{(j)} S_{ji}, \quad \text{mit} \quad SS^\dagger = 1,$$

wobei

$$S_{ji} = (e^{(j)}, e^{(i)'}).$$

Für einen Vektor $v$ gilt

$$v = \sum_i v_i' e^{(i)'} = \sum_{i,j} v_i' S_{ji} e^{(j)} = \sum_j v_j e^{(j)},$$

woraus für die Komponenten das Transformationsgesetz

$$v_j = \sum_i S_{ji} v_i', \quad v_i' = \sum_j (S^\dagger)_{ij} v_j$$

folgt. Für die Matrixdarstellung von Operatoren findet man entsprechend

$$A_{kl}' = \sum_{i,j} (S^\dagger)_{ki} A_{ij} S_{jl}.$$

## 7.2 Ortsdarstellung

Die im vorigen Abschnitt in Erinnerung gerufenen Sachverhalte aus der linearen Algebra wenden wir nun auf die Quantenmechanik an. Die *Ortsdarstellung* ist diejenige, bei der die Zustände durch Funktionen im Ortsraum dargestellt werden, so wie wir es bisher gewohnt sind. Die Funktionswerte $\psi(x)$ können wir aufgrund der Beziehung

$$\psi(x) = \langle x|\psi\rangle$$

als die Komponenten des Vektors $\psi$ in der Ortsdarstellung betrachten. Die zugrunde liegende Basis besteht offensichtlich aus den *Ortseigenvektoren* $|x\rangle$. Für lineare Operatoren $A$ schreiben wir

$$(A\psi)(x) = \langle x|A|\psi\rangle = \int dy \, \langle x|A|y\rangle\langle y|\psi\rangle$$
$$= \int dy \, \widehat{A}(x,y)\,\psi(y),$$

wobei der Operatorkern $\widehat{A}(x,y)$ als Matrixdarstellung von $A$ mit kontinuierlichen Indizes $x$ und $y$ aufgefasst werden kann. Speziell für den Ortsoperator finden wir

$$\widehat{Q}(x,y) = \langle x|Q|y\rangle = \langle x|y|y\rangle = y\langle x|y\rangle = y\,\delta(x-y) = x\,\delta(x-y).$$

Wir sehen, dass der Ortsoperator in der Ortsdarstellung diagonal ist, wie es sich gehört. Der Kern des Impulsoperators ist

$$\widehat{P}(x,y) = \langle x|P|y\rangle = \int d\xi \, \delta(\xi-x)\frac{\hbar}{i}\frac{\partial}{\partial\xi}\delta(\xi-y) = \frac{\hbar}{i}\delta'(x-y).$$

Dies ist natürlich konsistent mit der üblichen Wirkung von $P$ im Ortsraum:

$$(P\psi)(x) = \int dy \, \widehat{P}(x,y)\,\psi(y) = \frac{\hbar}{i}\int dy \, \delta'(x-y)\,\psi(y) = \frac{\hbar}{i}\frac{\partial}{\partial x}\psi(x).$$

## 7.3 Impulsdarstellung

In der Impulsdarstellung gilt

$$P|p\rangle = p|p\rangle.$$

Die Eigenzustände zu $P$ sind orthogonal:

$$\langle p'|p\rangle - 2\pi\hbar\,\delta(p'-p).$$

Die Impulsraum-Wellenfunktion ist durch

$$\tilde{\psi}(p) = \langle p|\psi\rangle$$

gegeben. Der Impulsoperator in der Impulsdarstellung ist diagonal:

$$\widehat{P}(p,q) = \langle p|P|q\rangle = q\,2\pi\hbar\,\delta(p-q).$$

Für den Ortsoperator in der Impulsdarstellung ergibt sich

$$\begin{aligned}
\widehat{Q}(p,q) &= \langle p|Q|q\rangle = \int dx\ \exp(-\tfrac{\mathrm{i}}{\hbar}px)\,x\,\exp(\tfrac{\mathrm{i}}{\hbar}qx) \\
&= -\frac{\hbar}{\mathrm{i}}\frac{\partial}{\partial p}\int dx\ \exp(\tfrac{\mathrm{i}}{\hbar}(q-p)x) = -\frac{\hbar}{\mathrm{i}}\frac{\partial}{\partial p}2\pi\hbar\,\delta(p-q) \\
&= -\frac{\hbar}{\mathrm{i}}2\pi\hbar\,\delta'(p-q).
\end{aligned}$$

Die Wirkung des Ortsoperators auf eine Impulsraum-Wellenfunktion ist also von der Form

$$\begin{aligned}
(\widetilde{Q\psi})(p) &= \langle p|Q|\psi\rangle = \int \frac{dq}{2\pi\hbar}\ \langle p|Q|q\rangle\langle q|\psi\rangle \\
&= \int \frac{dq}{2\pi\hbar}\ \widehat{Q}(p,q)\,\tilde{\psi}(q) = -\frac{\hbar}{\mathrm{i}}\int dq\ \delta'(p-q)\,\tilde{\psi}(q) \\
&= -\frac{\hbar}{\mathrm{i}}\frac{\partial}{\partial p}\tilde{\psi}(p).
\end{aligned}$$

Dies sollte nicht wirklich eine Überraschung sein.

## 7.4 Darstellungen der Quantenmechanik

Allgemein setzen sich Basen eines unendlichdimensionalen Hilbertraumes aus diskreten und kontinuierlichen Anteilen zusammen:

$$\{|\alpha\rangle\} = \{|n\rangle\}_{n\in I\subset\mathbf{Z}}\ \cup\ \{|a\rangle\}_{a\in S\subset\mathbf{R}}.$$

Die Vollständigkeitsrelation schreibt sich in einer solchen Basis wie folgt:

$$\sum_{\alpha}\!\!\!\!\int |\alpha\rangle\langle\alpha| \doteq \sum_{n\in I}|n\rangle\langle n| + \int_S da\ |a\rangle\langle a| = \mathbf{1}.$$

Für die „Komponenten" eines Vektors hat man:

$$|\psi\rangle = \sum_{n\in I} |n\rangle \underbrace{\langle n|\psi\rangle}_{=:\,\psi_n} + \int_S da\,|a\rangle\,\underbrace{\langle a|\psi\rangle}_{=:\,\psi(a)}\;.$$

Die „Matrixelemente" eines linearen Operators erhält man als

$$\widehat{A}(\alpha,\beta) = \langle\alpha|A|\beta\rangle,$$

wobei die Fälle

$$\widehat{A}_{m,n} = \langle m|A|n\rangle,$$
$$\widehat{A}_{a,n} = \langle a|A|n\rangle,$$
$$\widehat{A}(a,b) = \langle a|A|b\rangle$$

auftreten können. Für die „$|\alpha\rangle$-Komponente" des Vektors $A|\psi\rangle$ hat man den Ausdruck

$$\langle\alpha|A|\psi\rangle = \sum_\beta \!\!\!\!\int \langle\alpha|A|\beta\rangle\langle\beta|\psi\rangle.$$

Man erkennt hierin eine Verallgemeinerung der Matrixmultiplikation:

$$(Av)_i = \sum_j A_{ij}v_j.$$

## 7.5 Energiedarstellung

Als letztes Beispiel für eine Basis betrachten wir noch die *Energiedarstellung*. Es sei $H$ der Hamiltonoperator mit den (der Einfachheit halber) diskreten Eigenzuständen $|n\rangle$:

$$H|n\rangle = E_n|n\rangle.$$

Für die „Komponenten" eines Zustandes $|\psi\rangle$ hat man also

$$\psi_n = \langle n|\psi\rangle.$$

Der Zustand $|\psi\rangle$ kann somit in der Form

$$|\psi\rangle = \begin{pmatrix} \psi_0 \\ \psi_1 \\ \psi_2 \\ \vdots \end{pmatrix}$$

bezüglich der Eigenbasis des Hamiltonoperators geschrieben werden. Der Hamiltonoperator selbst besitzt in dieser Darstellung die Matrixelemente

$$\widehat{H}_{m,n} = \langle m|H|n \rangle = E_n \langle m|n \rangle = E_n \delta_{m,n} \,,$$

und seine Matrixdarstellung

$$\widehat{H} = \begin{pmatrix} E_0 & 0 & 0 & \\ 0 & E_1 & 0 & \cdots \\ 0 & 0 & E_2 & \\ & \vdots & & \ddots \end{pmatrix}$$

ist also *diagonal* in seiner Eigenbasis. Aus diesem Grund spricht man auch gelegentlich vom Diagonalisieren des Hamiltonoperators anstatt vom Lösen der Schrödingergleichung.

## 7.6 Basiswechsel

Wie in der linearen Algebra kann man auch in unendlichdimensionalen Hilberträumen Orthonormalbasen durch geeignete Abbildungen ineinander überführen. Wir betrachten zunächst den Wechsel zwischen der Orts- und der Energiedarstellung (der einfacheren Notation halber hier rein diskret). Es seien $\{|x\rangle\}_{x \in \mathbf{R}}$ und $\{|n\rangle\}_{n \in \mathbf{N}}$ die entsprechenden Basen. Aus der Vollständigkeit ergibt sich:

$$|n\rangle = \int_{\mathbf{R}} dx \; |x\rangle\langle x|n\rangle,$$

wobei $\langle x|n\rangle = \varphi_n(x)$ die „Komponenten" der Energie-Eigenzustände in der Ortsbasis sind, also die Eigenfunktionen. Wir definieren die Matrix $S$ wie folgt:

$$S_{x,n} \doteq \langle x|n\rangle = \varphi_n(x).$$

Die Matrix $S$ vermittelt den Übergang von der Energiedarstellung zur Ortsdarstellung:

$$\psi(x) = \sum_n S_{x,n} \psi_n.$$

Die adjungierte Matrix $S^\dagger$ führt entsprechend von der Ortsdarstellung in die Energiedarstellung. Es ist

$$\left(S^\dagger\right)_{n,x} = S^*_{x,n} = \varphi_n^*(x) = \langle n|x\rangle.$$

Für das Produkt $SS^\dagger$ haben wir

$$(SS^\dagger)(x,y) = \sum_n S_{x,n}(S^\dagger)_{n,y}$$

$$= \sum_n S_{x,n}S^*_{y,n} = \sum_n \varphi_n(x)\varphi_n^*(y)$$

$$= \sum_n \langle x|n\rangle\langle y|n\rangle^* = \sum_n \langle x|n\rangle\langle n|y\rangle$$

$$= \langle x|y\rangle = \delta(x-y).$$

Wir sehen somit:

$$\boxed{SS^\dagger = 1.}$$

Aus der Rechnung sehen wir desweiteren, dass dies äquivalent zur Vollständigkeitsrelation $\sum_n \varphi_n(x)\varphi_n^*(y) = \delta(x-y)$ ist.

Betrachten wir nun die Abbildung $S^\dagger S$, die von der Energiedarstellung in die Energiedarstellung abbildet:

$$\left(S^\dagger S\right)_{n,m} = \int dx\,(S^\dagger)_{n,x}S_{x,m} = \int dx\,S^*_{x,n}S_{x,m}$$

$$= \int dx\,\varphi_n^*(x)\varphi_m(x) = \int dx\,\langle x|n\rangle^*\langle x|m\rangle$$

$$= \int dx\,\langle n|x\rangle\langle x|m\rangle = \delta_{n,m}.$$

Es gilt also auch

$$\boxed{S^\dagger S = 1.}$$

In der oben durchgeführten Rechnung finden wir die Orthogonalitätsrelation $\int dx\,\varphi_n^*(x)\varphi_m(x) = \delta_{n,m}$ wieder.

Wir haben insgesamt gezeigt, dass der Basiswechsel durch eine unitäre Abbildung vermittelt wird.

Betrachten wir zuletzt noch den Wechsel zwischen der Orts- und der Impulsdarstellung. Die „Matrix" für den Basiswechsel ist in diesem Fall ein Kern:

$$S(x,p) \doteq \langle x|p\rangle = \exp(\tfrac{i}{\hbar}px).$$

Somit gilt

$$\tilde{\psi}(p) = \langle p|\psi\rangle = \int dx \ \langle p|x\rangle\langle x|\psi\rangle$$

$$= \int dx \ S^\dagger(p, x) \, \psi(x) = \int dx \ \exp(-\tfrac{i}{\hbar}px) \, \psi(x),$$

was nichts anderes als die Fouriertransformation ist. Dementsprechend ergibt sich $\psi(x)$ als Rücktransformation:

$$\psi(x) = \int \frac{dp}{2\pi\hbar} \ S(x, p) \, \tilde{\psi}(p) = \int \frac{dp}{2\pi\hbar} \ \exp(\tfrac{i}{\hbar}px) \, \tilde{\psi}(p).$$

# 8 Zeitliche Entwicklung

## 8.1 Schrödingerbild

Die zeitliche Entwicklung eines quantenmechanischen Zustandes wird durch die Schrödingergleichung gegeben:

$$|\psi(0)\rangle \xrightarrow{\ i\hbar\frac{\partial}{\partial t}|\psi(t)\rangle = H|\psi(t)\rangle\ } |\psi(t)\rangle.$$

Die lineare Abbildung, welche $|\psi(0)\rangle$ auf $|\psi(t)\rangle$ abbildet, ist unitär. Dies folgt aus der Tatsache, dass $\frac{\partial}{\partial t}\langle\psi_1(t)|\psi_2(t)\rangle$ verschwindet, $\langle\psi_1(t)|\psi_2(t)\rangle$ also zeitunabhängig ist. Dies wiederum ist eine Folge der Selbstadjungiertheit des Hamiltonoperators.

Für einen *zeitunabhängigen* Hamiltonoperator löst man die Schrödingergleichung zunächst formal durch den Ansatz

$$|\psi(t)\rangle = \exp(-\tfrac{i}{\hbar}Ht)|\psi(0)\rangle\,.$$

Durch Differenzieren nach $t$ zeigt man sofort, dass das so gebildete $|\psi(t)\rangle$ die Schrödingergleichung erfüllt.

Wir definieren uns den *Zeitentwicklungsoperator*

$$U(t) \doteq \exp(-\tfrac{i}{\hbar}Ht)\,.$$

Wie ist diese Definition zu verstehen? Man könnte zunächst daran denken, $U(t)$ über die Potenzreihe zu definieren:

$$U(t) = 1 - \tfrac{i}{\hbar}tH - \tfrac{1}{2}\tfrac{t^2}{\hbar^2}H^2 + \cdots$$

Um der Frage nach der Konvergenz dieser Reihe und damit verbundener Rechnerei mit Operatornormen auszuweichen, verwenden wir die Spektraldarstellung.

Es sei $|n\rangle$ das vollständige Orthonormalsystem zum hermiteschen Operator $H\colon H|n\rangle = E_n|n\rangle$. Es gilt die Vollständigkeitsrelation $\sum_n |n\rangle\langle n| = 1$. Damit haben wir:

$$H = \sum_n H|n\rangle\langle n| = \sum_n E_n|n\rangle\langle n|.$$

Eine Operatorfunktion von $H$ definieren wir via

$$f(H) \doteq \sum_n f(E_n)|n\rangle\langle n|.$$

Die Verallgemeinerung zu Hamiltonoperatoren mit nicht rein diskreten Spektren ist kanonisch.

Für den Zeitentwicklungsoperator gilt somit:

$$U(t) = \sum_n \exp(-\tfrac{i}{\hbar}E_n t)|n\rangle\langle n|.$$

Für die Zeitentwicklung eines quantenmechanischen Zustandes $|\psi(0)\rangle \doteq \sum_n c_n|n\rangle$ gilt dann:

$$|\psi(t)\rangle = U(t)|\psi(0)\rangle = \sum_{m,n} \exp(-\tfrac{i}{\hbar}E_m t)|m\rangle\underbrace{\langle m|n\rangle}_{=\delta_{m,n}} c_n$$

$$= \sum_n \underbrace{\exp(-\tfrac{i}{\hbar}E_n t)c_n}_{=:c_n(t)}|n\rangle = \sum_n c_n(t)|n\rangle.$$

Diese „Zeitentwicklung der Koeffizienten"

$$\boxed{c_n(t) = c_n(0)\exp(-\tfrac{i}{\hbar}E_n t)}$$

kann man sich auch herleiten, wenn man den Ansatz für $|\psi(0)\rangle$ in die Schrödingergleichung einsetzt und die gewöhnliche Differenzialgleichung 1. Ordnung in $t$ für die einzelnen Komponenten $|n\rangle$ mit den Anfangsbedingungen $c_n(0) = c_n$ löst.

Die wichtigsten Eigenschaften des Zeitentwicklungsoperators sind:

- $U(t)$ ist unitär:    $U^\dagger(t)U(t) \overset{\substack{H=H^\dagger \\ t\in\mathbf{R}}}{=} \exp(\tfrac{i}{\hbar}Ht)\exp(-\tfrac{i}{\hbar}Ht) = \mathbf{1}$

- $U^\dagger(t) = U(-t)$

- $i\hbar\tfrac{d}{dt}U(t) = HU(t) = U(t)H.$

### 8.1.1 Neutrino-Oszillationen

Zur Illustration wenden wir uns einem aktuellen Beispiel zu: den Neutrino-Oszillationen. Neutrinos sind sehr leichte neutrale Teilchen, die an der schwachen Wechselwirkung teilnehmen. Es sind drei Sorten von Neutrinos bekannt: das Elektron-Neutrino $\nu_e$, das Myon-Neutrino $\nu_\mu$ und das Tau-Neutrino $\nu_\tau$ plus ihre jeweiligen Antiteilchen. Eine wichtige Frage der Elementarteilchenphysik ist diejenige nach den Massen der Neutrinos. Lange Zeit nahm man an, dass Neutrinos masselos sind. Falls sie aber doch eine nichtverschwindende Masse besitzen, kann es *Neutrino-Oszillationen* geben. Dies sind Umwandlungen der Neutrinosorten ineinander.

$$\boxed{m \neq 0 \quad \longleftrightarrow \quad \text{Neutrino-Oszillationen}}$$

Durch Neutrino-Oszillationen kann das Problem der fehlenden Sonnenneutrinos gelöst werden.

Der Einfachheit halber betrachten wir nur die beiden Sorten $\nu_e$ und $\nu_\mu$. Wenn wir die Bewegung im Ortsraum separieren, können wir die beiden Zustände im Hilbertraum $\mathcal{H} = \mathbf{C}^2$ durch

$$|\nu_\mu\rangle = \begin{pmatrix} 1 \\ 0 \end{pmatrix}, \qquad |\nu_e\rangle = \begin{pmatrix} 0 \\ 1 \end{pmatrix}$$

beschreiben. Wenn die Wechselwirkung abgeschaltet wird, sind diese Zustände Energie-Eigenzustände,

$$H_0|\nu_A\rangle = E_A|\nu_A\rangle, \qquad A = \mu, e$$

mit

$$H_0 = \begin{pmatrix} E_\mu & 0 \\ 0 & E_e \end{pmatrix}.$$

Die relativistischen Energien zum Impuls $p$ sind dabei

$$E_A = \sqrt{p^2 c^2 + m_{\nu_A}^2 c^4} \approx pc + \frac{m_{\nu_A}^2 c^4}{2pc} \qquad \text{für} \quad m_{\nu_A}^2 c^2 \ll pc.$$

Nun nehmen wir an, dass es eine Wechselwirkung zwischen den Neutrinospezies gibt, die durch

$$H = \begin{pmatrix} E_\mu & g \\ g & E_e \end{pmatrix}, \qquad g \in \mathbf{R}$$

beschrieben wird, wobei $g$ ein kleiner Parameter ist. Die Diagonalisierung von $H$ liefert die Energie-Eigenwerte

$$
E_1 = \frac{1}{2}(E_\mu + E_e) + \frac{1}{2}\sqrt{(E_\mu - E_e)^2 + 4g^2}
$$
$$
E_2 = \frac{1}{2}(E_\mu + E_e) - \frac{1}{2}\sqrt{(E_\mu - E_e)^2 + 4g^2}
$$

und die Eigenzustände

$$
|\nu_1\rangle = \cos\theta\,|\nu_\mu\rangle + \sin\theta\,|\nu_e\rangle = \begin{pmatrix} \cos\theta \\ \sin\theta \end{pmatrix}
$$
$$
|\nu_2\rangle = -\sin\theta\,|\nu_\mu\rangle + \cos\theta\,|\nu_e\rangle = \begin{pmatrix} -\sin\theta \\ \cos\theta \end{pmatrix},
$$

so dass $H|\nu_j\rangle = E_j|\nu_j\rangle$ ist. Der Mischungswinkel $\theta$ ist gegeben durch

$$
\sin 2\theta = \frac{2g}{E_1 - E_2}, \qquad \text{bzw.} \qquad \cos 2\theta = \frac{E_\mu - E_e}{E_1 - E_2}.
$$

Die $|\nu_j\rangle$ beschreiben freie Teilchen und diese sind die Zustände mit definierter Masse:

$$
E_j = \sqrt{p^2 c^2 + m_j^2 c^4} \approx pc + \frac{m_j^2 c^4}{2pc}.
$$

Die in Reaktionen erzeugten Myon- oder Elektronneutrinos sind Mischungen hiervon:

$$
|\nu_\mu\rangle = \cos\theta\,|\nu_1\rangle - \sin\theta\,|\nu_2\rangle
$$
$$
|\nu_e\rangle = \sin\theta\,|\nu_1\rangle + \cos\theta\,|\nu_2\rangle.
$$

Die Zeitentwicklung wird vermittelt durch $U(t) = \exp(-\frac{i}{\hbar}Ht)$. In unserem Falle gilt

$$
U(t) = e^{-\frac{i}{\hbar}E_1 t}|\nu_1\rangle\langle\nu_1| + e^{-\frac{i}{\hbar}E_2 t}|\nu_2\rangle\langle\nu_2|
$$
$$
= e^{-\frac{i}{\hbar}E_1 t}\begin{pmatrix} \cos^2\theta & \cos\theta\sin\theta \\ \cos\theta\sin\theta & \sin^2\theta \end{pmatrix}
$$
$$
+ e^{-\frac{i}{\hbar}E_2 t}\begin{pmatrix} \sin^2\theta & -\cos\theta\sin\theta \\ -\cos\theta\sin\theta & \cos^2\theta \end{pmatrix}.
$$

Nehmen wir einmal an, zum Zeitpunkt $t = 0$ werde ein Myonneutrino erzeugt:

$$|\nu(0)\rangle = |\nu_\mu\rangle = \begin{pmatrix} 1 \\ 0 \end{pmatrix}.$$

Zu einem späteren Zeitpunkt $t > 0$ hat sich dieses entwickelt zu

$$|\nu(t)\rangle = U(t)|\nu(0)\rangle = e^{-\frac{i}{\hbar}E_1 t} \cos\theta \, |\nu_1\rangle - e^{-\frac{i}{\hbar}E_2 t} \sin\theta \, |\nu_2\rangle.$$

Die Wahrscheinlichkeit, zu diesem Zeitpunkt ein Elektronneutrino $\nu_e$ zu detektieren, ist

$$p(t) = |\langle \nu_e | \nu(t)\rangle|^2.$$

Wir finden

$$\langle \nu_e | \nu(t)\rangle = \langle \nu_e | e^{-\frac{i}{\hbar}Ht} | \nu_\mu\rangle = \sin\theta \cos\theta \left( e^{-\frac{i}{\hbar}E_1 t} - e^{-\frac{i}{\hbar}E_2 t} \right)$$

und damit

$$p(t) = \sin^2 2\theta \cdot \sin^2 \frac{\Delta E \, t}{2\hbar}$$

mit

$$\Delta E = E_1 - E_2 = \frac{\Delta m^2 \, c^4}{2pc}.$$

Man sieht, dass eine Messung der Oszillationen Auskunft über die Differenz der Massenquadrate geben kann. Das Super-Kamiokande-Experiment in Japan hat im Jahre 2001 Anzeichen für Oszillationen zwischen $\mu$- und $\tau$-Neutrinos gefunden mit den Schranken

$$5 \cdot 10^{-4} \, \text{eV}^2 < \Delta m^2 \, c^4 < 6 \cdot 10^{-3} \, \text{eV}^2.$$

## 8.2 Heisenbergbild

Wir wechseln nun die Basis des Hilbertraumes durch folgende *zeitabhängige* unitäre Transformation:

$$|\psi(t)\rangle \longrightarrow |\psi_H\rangle \doteq U^\dagger(t)|\psi(t)\rangle = |\psi(0)\rangle$$
$$A \longrightarrow A_H(t) \doteq U^\dagger(t)AU(t).$$

Hierdurch gelangen wir zum Heisenbergbild, in dem die Zustände $|\psi_H\rangle$ zeitunabhängig, stattdessen jedoch die Operatoren $A_H(t)$ zeitabhängig sind. Insbesondere gilt für die Matrixelemente in der Energiedarstellung

$$\langle m|A_H(t)|n\rangle = \langle m|A|n\rangle \exp(\tfrac{i}{\hbar}(E_m - E_n)t).$$

Für Erwartungswerte finden wir

$$\langle A\rangle_H = \langle \psi_H|A_H(t)|\psi_H\rangle = \langle \psi(t)|U(t)U^\dagger(t)AU(t)U^\dagger(t)|\psi(t)\rangle$$
$$= \langle \psi(t)|A|\psi(t)\rangle = \langle A\rangle,$$

so dass sie im Schrödinger- und im Heisenbergbild gleich sind.

Die Bewegungsgleichung im Schrödingerbild ist die Schrödingergleichung. Im Heisenbergbild gibt es stattdessen eine Bewegungsgleichung für Operatoren. Sei $A = A(t)$ im Schrödingerbild explizit zeitabhängig, z.B. $A(t) = P + Q\sin\omega t$. Dann ist

$$A_H(t) = U^\dagger(t)A(t)U(t) = \exp(\tfrac{i}{\hbar}Ht)A(t)\exp(-\tfrac{i}{\hbar}Ht),$$

d.h. für obiges Beispiel $A_H(t) = P_H(t) + Q_H(t)\sin\omega t$. Für die zeitliche Änderung gilt

$$i\hbar\frac{d}{dt}A_H(t) = [A_H(t), H] + i\hbar U^\dagger(t)\left(\frac{\partial}{\partial t}A(t)\right)U(t).$$

Mit der Definition

$$\frac{\partial}{\partial t}A_H(t) \doteq U^\dagger(t)\frac{\partial A(t)}{\partial t}U(t)$$

lautet die Bewegungsgleichung für Operatoren im Heisenbergbild

$$\boxed{i\hbar\frac{d}{dt}A_H(t) = [A_H(t), H] + i\hbar\frac{\partial}{\partial t}A_H(t).}$$

*Wachter 55*

*Röpke 147*

Wenn der Hamiltonoperator im Schrödingerbild nicht von der Zeit abhängt, gilt übrigens $H_H(t) = H$.

Was sind Erhaltungsgrößen in der Quantenmechanik? Die Observable $A$ sei nicht explizit zeitabhängig, d.h. $\frac{\partial}{\partial t}A = 0$. $A$ heißt Erhaltungsgröße, wenn $\frac{d}{dt}A_H(t) = 0$. Dies ist äquivalent zu $[A_H, H] = 0$ bzw.

$$\boxed{A \text{ ist Erhaltungsgröße} \Longleftrightarrow [A, H] = 0.}$$

Dann ist $\langle A\rangle$ zeitunabhängig.

## 8.3 Ehrenfestsche Theoreme

Mit der Bewegungsgleichung im Heisenbergbild gilt

$$i\hbar \frac{d}{dt}\langle A\rangle = i\hbar \frac{d}{dt}\langle A\rangle_H = \langle \psi_H | i\hbar \frac{d}{dt} A_H(t) | \psi_H\rangle$$
$$= \langle \psi_H | [A_H(t), H] + i\hbar \frac{\partial}{\partial t} A_H(t) | \psi_H\rangle$$

und somit das ehrenfestsche Theorem

$$i\hbar \frac{d}{dt}\langle A\rangle = \langle [A, H]\rangle + i\hbar \langle \frac{\partial A}{\partial t}\rangle.$$

*ex)*

*Tutorial 54*

Für den üblichen Fall $H = \vec{P}^2/2m + V(\vec{Q})$ haben wir

$$[Q_j, H] = \left[Q_j, \frac{\vec{P}^2}{2m}\right] = i\hbar \frac{P_j}{m}$$

$$[P_j, H] = \left[P_j, V(\vec{Q})\right] = \frac{\hbar}{i}\left[\frac{\partial}{\partial x_j}, V(\vec{Q})\right] = \frac{\hbar}{i}\nabla_j V(\vec{Q})$$

und das ehrenfestsche Theorem liefert

$$\frac{d}{dt}\langle \vec{r}\rangle = \frac{1}{m}\langle \vec{p}\rangle$$
$$\frac{d}{dt}\langle \vec{p}\rangle = -\langle \nabla V(\vec{r})\rangle,$$

woraus das spezielle ehrenfestsche Theorem

$$\boxed{m\frac{d^2}{dt^2}\langle \vec{r}\rangle = -\langle \nabla V(\vec{r})\rangle}$$

folgt. Nun sollte man aber nicht denken, dass für $\langle \vec{r}\rangle$ die klassische Bewegungsgleichung gilt, denn im Allgemeinen ist $\langle \nabla V(\vec{r})\rangle \neq \nabla V(\langle \vec{r}\rangle)$.

Für den harmonischen Oszillator mit $V(x) = \frac{m}{2}\omega^2 x^2$ allerdings gilt

$$m\frac{d^2}{dt^2}\langle x\rangle = -m\omega^2\langle x\rangle,$$

welches die klassische Bewegungsgleichung für $\langle x\rangle$ ist.

# 9 Drehimpuls

## 9.1 Drehimpulsoperator

Analog zum Drehimpuls eines Teilchens in der klassischen Mechanik, $\vec{L} = \vec{r} \times \vec{p}$, definieren wir den *Drehimpulsoperator*

$$\vec{L} = \vec{Q} \times \vec{P},$$

d.h. in Komponenten

$$L_i = \varepsilon_{ijk} Q_j P_k\,.$$

Die Komponenten sind selbstadjungiert

$$L_j = L_j^\dagger.$$

Sie sind nicht kommensurabel, denn es gelten die Vertauschungsrelationen

$$[L_i, L_j] = i\hbar \varepsilon_{ijk} L_k\,,$$

explizit:

$$[L_1, L_2] = i\hbar L_3$$
$$[L_2, L_3] = i\hbar L_1$$
$$[L_3, L_1] = i\hbar L_2\,.$$

In der Quantenmechanik hat der Drehimpuls eine unmittelbare Beziehung zu räumlichen Drehungen:

$$\vec{L} \text{ erzeugt Drehungen im Raum.}$$

Dies sieht man folgendermaßen. Eine Rotation ist bestimmt durch ihre Achse $\vec{n}$, mit $\vec{n}^2 = 1$, und den Drehwinkel $\alpha$. Wir führen den Vektor $\vec{\alpha} \doteq \alpha\,\vec{n}$ ein, der die Drehung ebenfalls eindeutig charakterisiert.

Den Ortsvektor können wir zerlegen in einen zu $\vec{n}$ parallelen und einen dazu senkrechten Teil:

$$\vec{r} = (\vec{r} \cdot \vec{n})\vec{n} + \{\vec{r} - (\vec{r} \cdot \vec{n})\vec{n}\}.$$

Der gedrehte Vektor $\vec{r}'$ ist

$$\vec{r}' \equiv R(\vec{\alpha})\,\vec{r} = (\vec{r} \cdot \vec{n})\vec{n} + \{\vec{r} - (\vec{r} \cdot \vec{n})\vec{n}\}\cos\alpha + \vec{n} \times \vec{r}\sin\alpha,$$

wobei die lineare Abbildung $R(\vec{\alpha})$ die Rotation kennzeichnet. Für einen infinitesimalen Winkel $\delta\alpha$ finden wir

$$\vec{r}' = \vec{r} + \delta\alpha\,\vec{n} \times \vec{r} + \mathcal{O}\left((\delta\alpha)^2\right) \equiv \vec{r} + \delta\vec{\alpha} \times \vec{r} + \mathcal{O}\left((\delta\alpha)^2\right).$$

Die Wellenfunktion eines rotierten Zustandes ist gegeben durch

$$\psi'(\vec{r}) = \psi(R(-\vec{\alpha})\vec{r}),$$

oder anders ausgedrückt

$$\psi'(\vec{r}') = \psi(\vec{r}).$$

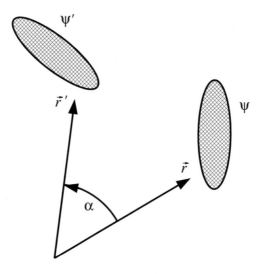

Für infinitesimale Rotationen ist

$$\begin{aligned}
\psi'(\vec{r}) &= \psi(\vec{r} - \delta\vec{\alpha} \times \vec{r}) \\
&= \psi(\vec{r}) - (\delta\vec{\alpha} \times \vec{r}) \cdot \nabla\psi(\vec{r}) \\
&= \psi(\vec{r}) - \tfrac{i}{\hbar}(\delta\vec{\alpha} \times \vec{r}) \cdot \vec{P}\psi(\vec{r}) \\
&= \psi(\vec{r}) - \tfrac{i}{\hbar}\delta\vec{\alpha} \cdot (\vec{r} \times \vec{P})\psi(\vec{r}) \\
&= \left\{\mathbf{1} - \tfrac{i}{\hbar}\delta\vec{\alpha} \cdot \vec{L}\right\}\psi(\vec{r}).
\end{aligned}$$

Diese letzte Gleichung besagt, dass $\vec{L}$ Drehungen erzeugt. Man kann zeigen, dass für endliche Drehungen die Formel

$$\psi'(\vec{r}) = \exp\left(-\tfrac{i}{\hbar}\vec{\alpha} \cdot \vec{L}\right)\psi(\vec{r})$$

gilt. Durch die unitären Operatoren

$$U_R(\vec{\alpha}) \doteq \exp\left(-\tfrac{i}{\hbar}\vec{\alpha} \cdot \vec{L}\right)$$

wird die Drehgruppe SO(3) unitär auf dem Hilbertraum $\mathcal{H}$ dargestellt.

Für Observable gilt das Transformationsgesetz

$$A' = U_R(\vec{\alpha})A U_R^\dagger(\vec{\alpha}),$$

bzw. infinitesimal

$$A' = A - \tfrac{i}{\hbar}\left[\delta\vec{\alpha} \cdot \vec{L}, A\right].$$

Hieraus lesen wir sofort ab:

$$\boxed{A \text{ ist drehinvariant} \Longleftrightarrow [L_j, A] = 0 \text{ für } j = 1, 2, 3.}$$

Beispiele:

$$[\vec{P}^2, L_j] = 0, \qquad [\vec{Q}^2, L_j] = 0, \qquad [\vec{L}^2, L_j] = 0.$$

## 9.2 Teilchen im Zentralpotenzial

Sei $V(r)$ ein Zentralpotenzial, wobei $r^2 = \vec{r}^2$. Die stationäre Schrödingergleichung ist

$$\left(\frac{\vec{P}^2}{2m} + V(r)\right)\psi(\vec{r}) = E\,\psi(\vec{r}).$$

Wir schreiben den Hamiltonoperator als

$$H = \frac{\vec{P}^2}{2m} + V(R),$$

mit dem Operator $R$, der durch $R^2 = \vec{Q}^2$ definiert ist. Im Ortsraum ist $R$ nichts anderes als der Multiplikationsoperator, der die Wellenfunktion mit $r$ multipliziert. $H$ ist drehinvariant: $[H, L_j] = 0$. Diese Gleichung bedeutet aber auch:

$\vec{L}$ ist Erhaltungsgröße.

Damit ist auch $\vec{L}^2$ eine Erhaltungsgröße. Wir können folglich $H$ und $\vec{L}^2$ gleichzeitig diagonalisieren.

In der klassischen Mechanik geht man so vor: es ist

$$\vec{L}^2 = \vec{r}^2\vec{p}^2 - (\vec{r} \cdot \vec{p})^2 = r^2\vec{p}^2 - r^2 p_r^2 \,,$$

wobei der Radialimpuls $p_r$ durch

$$rp_r \doteq \vec{r} \cdot \vec{p}$$

definiert wird. Damit zerlegt man in der kinetischen Energie das Impuls-quadrat als

$$\vec{p}^2 = p_r^2 + \frac{1}{r^2}\vec{L}^2.$$

Unter Ausnutzung der Konstanz von $\vec{L}^2$ erhält man einen Ausdruck für die Energie, der nur noch von $r$ abhängt.

In der Quantenmechanik werden wir nun eine analoge Zerlegung durchführen. Eine kurze Rechnung mit Kommutatoren liefert

$$\vec{L}^2 = R^2\vec{P}^2 - (\vec{Q} \cdot \vec{P})^2 - \tfrac{\hbar}{i}(\vec{Q} \cdot \vec{P}).$$

Wie ist nun der Radialimpuls $P_r$ zu definieren? Betrachten wir den Ansatz

$$R\tilde{P}_r \doteq \vec{Q} \cdot \vec{P},$$

der in der Ortsdarstellung zu

$$\tilde{P}_r = \frac{\hbar}{i}\frac{\partial}{\partial r}$$

führt. Leider ist das ein Fehlschuss, denn $\tilde{P}_r$ ist nicht hermitesch:

$$\tilde{P}_r^\dagger = \tilde{P}_r + 2\frac{\hbar}{i}\frac{1}{R}\,.$$

Also wählen wir

$$P_r \doteq \tfrac{1}{2}(\tilde{P}_r + \tilde{P}_r^\dagger)$$
$$= \tilde{P}_r + \frac{\hbar}{i}\frac{1}{R},$$

was in der Ortsdarstellung

$$P_r = \frac{\hbar}{i}\left(\frac{\partial}{\partial r} + \frac{1}{r}\right)$$

lautet. Dieser Operator ist hermitesch und ist kanonisch konjugiert zu $R$:

$$[P_r, R] = \frac{\hbar}{i}\mathbf{1}.$$

Damit ausgerüstet machen wir uns an die Zerlegung von $\vec{L}^2$ und finden

$$\vec{L}^2 = R^2\vec{P}^2 - R^2 P_r^2,$$

analog zum klassischen Ausdruck. Somit ist

$$\vec{P}^2 = P_r^2 + \frac{1}{R^2}\vec{L}^2$$

und wir können den Hamiltonoperator schreiben als

$$\boxed{H = \frac{1}{2m}P_r^2 + \frac{1}{2mR^2}\vec{L}^2 + V(R).}$$

$H$ und $\vec{L}^2$ sind gleichzeitig diagonalisierbar:

$$H|E,\lambda\rangle = E|E,\lambda\rangle$$
$$\vec{L}^2|E,\lambda\rangle = \lambda|E,\lambda\rangle.$$

Somit erhalten wir die *radiale Schrödingergleichung*

$$\left\{\frac{1}{2m}P_r^2 + \frac{\lambda}{2mR^2} + V(R)\right\}|E,\lambda\rangle = E|E,\lambda\rangle.$$

## 9.2.1 Kugelkoordinaten

Für den Fall eines Zentralpotenzials ist es angemessen, Kugelkoordinaten $(r,\vartheta,\varphi)$ in der Ortsdarstellung zu verwenden. Der Radialimpuls und sein Quadrat lauten

$$P_r = \frac{\hbar}{i}\left(\frac{\partial}{\partial r} + \frac{1}{r}\right) = \frac{\hbar}{i}\frac{1}{r}\frac{\partial}{\partial r}r$$
$$P_r^2 = -\hbar^2\frac{1}{r}\frac{\partial^2}{\partial r^2}r = -\hbar^2\left(\frac{\partial^2}{\partial r^2} + \frac{2}{r}\frac{\partial}{\partial r}\right).$$

Wie wirkt $\vec{L}^2$ in Kugelkoordinaten? Wegen $[\vec{L}^2, R] = 0$ kann $\vec{L}^2$ keine Differenziation nach $r$ enthalten. Sei z.B.

$$\psi(\vec{r}) = f(r)\,Y(\vartheta, \varphi).$$

Dann ist

$$P_r^2 \psi = \{P_r^2 f(r)\} \cdot Y(\vartheta, \varphi)$$
$$\vec{L}^2\,\psi = f(r)\,\vec{L}^2\,Y(\vartheta, \varphi).$$

Wir wollen das explizit überprüfen. Der Laplaceoperator lautet in Kugelkoordinaten (siehe Elektrodynamik)

$$\Delta = \sum_i \frac{\partial^2}{\partial x_i^2} = \frac{\partial^2}{\partial r^2} + \frac{2}{r}\frac{\partial}{\partial r} + \frac{1}{r^2}\Delta_{\vartheta,\varphi}$$

mit

$$\Delta_{\vartheta,\varphi} = \frac{1}{\sin\vartheta}\frac{\partial}{\partial\vartheta}\left(\sin\vartheta\frac{\partial}{\partial\vartheta}\right) + \frac{1}{\sin^2\vartheta}\frac{\partial^2}{\partial\varphi^2}.$$

Andererseits ist

$$\vec{P}^2 = -\hbar^2\Delta = P_r^2 + \frac{1}{R^2}\vec{L}^2.$$

Durch Vergleich entdecken wir

$$\boxed{\vec{L}^2 = -\hbar^2\Delta_{\vartheta,\varphi}.}$$

Für die Komponenten von $\vec{L}$ können wir ebenfalls Ausdrücke in Kugelkoordinaten finden. Mit

$$\vec{r} = r\vec{e}_r$$
$$\nabla = \vec{e}_r\frac{\partial}{\partial r} + \vec{e}_\vartheta\frac{1}{r}\frac{\partial}{\partial\vartheta} + \vec{e}_\varphi\frac{1}{r\sin\vartheta}\frac{\partial}{\partial\varphi}$$

berechnet man

$$L_1 = \frac{\hbar}{i}\left(-\sin\varphi\frac{\partial}{\partial\vartheta} - \cos\varphi\cot\vartheta\frac{\partial}{\partial\varphi}\right)$$
$$L_2 = \frac{\hbar}{i}\left(\cos\varphi\frac{\partial}{\partial\vartheta} - \sin\varphi\cot\vartheta\frac{\partial}{\partial\varphi}\right)$$
$$L_3 = \frac{\hbar}{i}\frac{\partial}{\partial\varphi}.$$

Am Ausdruck für $L_3$ kann man noch einmal direkt ablesen, dass $L_3$ Drehungen um die $z$-Achse, d.h. Änderungen des Winkels $\varphi$ erzeugt.

Betrachten wir nun die radiale Schrödingergleichung in Kugelkoordinaten. Nehmen wir an, die Wellenfunktion separiert in Radial- und Winkelanteil:

$$\psi(\vec{r}) = f(r)\, Y(\vartheta, \varphi).$$

Wenn $\vec{L}^2$ den Eigenwert $\lambda$ besitzt,

$$\vec{L}^2 \psi = \lambda \psi,$$

so reduziert sich die radiale Schrödingergleichung auf eine Differenzialgleichung einer Variablen, nämlich $r$:

$$\left\{ -\frac{\hbar^2}{2m}\frac{1}{r}\frac{\partial^2}{\partial r^2}r + \frac{\lambda}{2mr^2} + V(r) \right\} f(r) = E f(r).$$

Diese vereinfacht sich noch durch die Definition

$$u(r) \doteq r f(r)$$

zu

$$\left\{ -\frac{\hbar^2}{2m}\frac{\partial^2}{\partial r^2} + \frac{\lambda}{2mr^2} + V(r) \right\} u(r) = E\, u(r).$$

Sie ist formal analog zur eindimensionalen Schrödingergleichung mit einem *effektiven Potenzial*

$$V_{\text{eff}}(r) = V(r) + \frac{\lambda}{2mr^2},$$

allerdings ist zu beachten, dass sie nur auf dem Halbraum $r \geq 0$ gilt.

Für $u(r)$ sind bestimmte Randbedingungen zu fordern.

- Für Bindungszustände muss die Wellenfunktion quadratintegrabel sein:

$$\int d^3r\, |\psi(\vec{r})|^2 = \int d\Omega\, |Y(\vartheta, \varphi)|^2 \cdot \int_0^\infty dr\, |u(r)|^2 < \infty.$$

  Das erfordert

$$|u(r)|\sqrt{r} \longrightarrow 0 \quad \text{für} \quad r \to \infty.$$

- Wenn $V(r)$ keinen singulären Anteil $\sim \delta^{(3)}(\vec{r})$ besitzt, muss

$$u(0) = 0$$

sein, denn anderenfalls wäre $f(r) \sim 1/r$ und folglich $\Delta\psi(\vec{r}) \sim \delta^{(3)}(\vec{r})$.

## 9.3 Eigenwerte des Drehimpulses

Der Drehimpuls hat die Dimension einer Wirkung. Durch die Definition des dimensionslosen Operators $\vec{M}$ gemäß

$$\vec{L} \equiv \hbar \vec{M}$$

vermeiden wir das Auftreten zahlreicher Faktoren $\hbar$ in den nachfolgenden Formeln. Die Vertauschungsrelationen sind

$$[M_1, M_2] = \mathrm{i} M_3 \quad \text{und zyklisch.}$$

Die drei Komponenten von $\vec{M}$ können nicht gleichzeitig diagonalisiert werden. Wegen

$$[\vec{M}^2, M_k] = 0$$

können wir uns aber die Aufgabe stellen, die Eigenwerte von $\vec{M}^2$ und $M_3$ zu finden.

### 9.3.1 Allgemeine Drehimpulseigenwerte

Wir werden nun die möglichen Eigenwerte algebraisch bestimmen, d.h. es werden nur die Vertauschungsrelationen

$$[M_j, M_k] = \mathrm{i}\,\varepsilon_{jkl} M_l$$

benutzt. Diese bilden die sogenannte *Lie-Algebra* der Gruppen SO(3) und SU(2).

Die Eigenwertgleichungen seien

$$\vec{M}^2|\lambda, m\rangle = \lambda|\lambda, m\rangle$$
$$M_3|\lambda, m\rangle = m|\lambda, m\rangle$$

und die Eigenvektoren seien orthonormal:

$$\langle \lambda, m|\lambda', m'\rangle = \delta_{\lambda,\lambda'}\,\delta_{m,m'}.$$

Der Eigenwert $\lambda$ kann nicht negativ sein wegen

$$\langle \lambda, m|\vec{M}^2|\lambda, m\rangle \geq 0 \quad \Longrightarrow \quad \lambda \geq 0.$$

Um die Eigenwerte zu finden, wenden wir nun ein allgemeines Verfahren an, das wir schon vom harmonischen Oszillator kennen, nämlich die Benutzung von Leiteroperatoren. Wir definieren

$$M_+ = M_1 + iM_2, \qquad M_- = M_1 - iM_2$$

mit

$$(M_+)^\dagger = M_- .$$

Es gelten folgende Beziehungen:

a) $[M_3, M_\pm] = \pm M_\pm$
b) $[M_+, M_-] = 2M_3$
c) $\vec{M}^2 = M_+ M_- + M_3^2 - M_3 = M_- M_+ + M_3^2 + M_3 .$

Wie wirkt $M_\pm$ auf die Eigenvektoren? Betrachten wir den Vektor $M_\pm |\lambda, m\rangle$. Wegen

$$[\vec{M}^2, M_\pm] = 0$$

ist

$$\vec{M}^2 \, (M_\pm |\lambda, m\rangle) = \lambda M_\pm |\lambda, m\rangle,$$

d.h. der Eigenwert von $\vec{M}^2$ ändert sich nicht. Jedoch ändert sich der Eigenwert von $M_3$:

$$M_3 M_\pm |\lambda, m\rangle = (M_\pm M_3 \pm M_\pm) |\lambda, m\rangle$$
$$= (m \pm 1) M_\pm |\lambda, m\rangle.$$

Der Eigenwert $m$ ist um $\pm 1$ verschoben. Es handelt sich also tatsächlich um Leiteroperatoren.

Wir müssen noch die Norm von $M_\pm |\lambda, m\rangle$ bestimmen.

$$\|M_\pm |\lambda, m\rangle\|^2 = \langle \lambda, m | M_\mp M_\pm |\lambda, m\rangle$$
$$= \langle \lambda, m | \vec{M}^2 - M_3^2 \mp M_3 |\lambda, m\rangle$$
$$= \lambda - m^2 \mp m \geq 0.$$

Hieraus folgt für $m > 0$: $\lambda \geq m^2 + m$ und für $m < 0$: $\lambda \geq m^2 - m$, zusammen:

$$\lambda \geq |m|(|m| + 1).$$

Folglich ist für festes $\lambda$ der Bereich möglicher Werte für $m$ beschränkt. Der größte vorkommende Wert sei $l = m_{\max}$. In der Theorie der Lie-Algebren nennt man ihn „höchstes Gewicht". Dann ist

$$M_+|\lambda, l\rangle = 0$$
$$\Rightarrow \quad 0 = \|M_+|\lambda, l\rangle\|^2 = \lambda - l^2 - l$$
$$\Rightarrow \quad \lambda = l(l + 1).$$

Für $m_{\min}$ erhalten wir ebenso:

$$0 = \lambda - m_{\min}^2 + m_{\min}$$
$$\Rightarrow \quad \lambda = m_{\min}(m_{\min} - 1)$$
$$\Rightarrow \quad m_{\min} = -l.$$

Die möglichen Werte für $m$ sind also: $l, l - 1, \ldots, -l$.

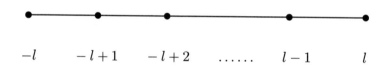

$$\begin{array}{ccccc} -l & -l+1 & -l+2 & \ldots\ldots & l-1 & l \end{array}$$

Hieraus folgt, dass $2l$ ganzzahlig ist, d.h.

$$l \in \{0, \tfrac{1}{2}, 1, \tfrac{3}{2}, 2, \ldots\}.$$

Für festes $\lambda = l(l + 1)$ kann es keine weiteren Werte für $m$ als die obigen geben, denn die aus ihnen erzeugte Leiter von $m$-Werten muss einen maximalen Wert besitzen, der gemäß obiger Überlegungen wiederum gleich $l$ wäre. Die für festes $l$ vorkommenden Werte von $m$ heißen in der Mathematik „Gewichte".

Wir wechseln nun unsere Bezeichnung für die Eigenvektoren, indem wir sie nicht mehr durch den Eigenwert $\lambda = l(l+1)$, sondern stattdessen durch die Zahl $l$ kennzeichnen. Unser Resultat lautet zusammengefasst:

$$\vec{M}^2|l,m\rangle = l(l+1)|l,m\rangle\,,$$
$$M_3|l,m\rangle = m|l,m\rangle$$

mit

$$l \in \left\{0, \tfrac{1}{2}, 1, \tfrac{3}{2}, 2, \dots\right\},$$
$$m \in \{l, l-1, \dots, -l+1, -l\}\,.$$

### 9.3.2 Eigenwerte des Bahndrehimpulses

Die obigen Resultate folgen allein aus den Kommutatoren

$$[M_j, M_k] = \mathrm{i}\,\varepsilon_{jkl} M_l.$$

Der Bahndrehimpuls erfüllt noch weitere Relationen aufgrund seiner Definition

$$\vec{L} = \vec{Q} \times \vec{P},$$

z.B. $\vec{Q} \cdot \vec{L} = 0$, $\vec{P} \cdot \vec{L} = 0$. Für ihn ergeben sich weitere Einschränkungen für das Spektrum:

**Satz:** Für den Bahndrehimpuls sind die Eigenwerte von $\vec{M}^2$ und $M_3$ gegeben durch

$$\vec{M}^2|l,m\rangle = l(l+1)|l,m\rangle\,,$$
$$M_3|l,m\rangle = m|l,m\rangle$$

mit

$$l \in \{0, 1, 2, 3, \dots\},$$
$$m \in \{l, l-1, \dots, -l+1, -l\}\,.$$

Die halbzahligen Werte für $l$ treten beim Bahndrehimpuls also nicht auf. Da der übliche Lehrbuchbeweis für diesen Sachverhalt falsch ist, geben wir hier einen anderen an.

Beweis:

$$\text{def.:}\quad \tilde{Q}_i \doteq \sqrt{\frac{m\omega}{\hbar}}\, Q_i, \quad \tilde{P}_i \doteq \frac{1}{\sqrt{m\omega\hbar}}\, P_i$$

$$a_j \doteq \frac{1}{\sqrt{2}}\left(\tilde{Q}_j + i\tilde{P}_j\right), \quad a_j^\dagger \doteq \frac{1}{\sqrt{2}}\left(\tilde{Q}_j - i\tilde{P}_j\right)$$

Dies sind Auf- und Absteigeoperatoren eines dreidimensionalen harmonischen Oszillators.

$$a_+ \doteq \frac{1}{\sqrt{2}}(a_1 + ia_2), \quad a_+^\dagger = \frac{1}{\sqrt{2}}(a_1^\dagger - ia_2^\dagger)$$

$$a_- \doteq \frac{1}{\sqrt{2}}(a_1 - ia_2), \quad a_-^\dagger = \frac{1}{\sqrt{2}}(a_1^\dagger + ia_2^\dagger)$$

vernichten bzw. erzeugen Zustände mit zirkularer Polarisation:

$$\left[a_+, a_+^\dagger\right] = 1, \quad \left[a_-, a_-^\dagger\right] = 1.$$

Alle gemischten Kommutatoren wie $[a_+, a_-] = 0$ verschwinden. $M_3$ können wir in folgender Form schreiben:

$$M_3 = \frac{1}{\hbar}(Q_1 P_2 - Q_2 P_1) = \tilde{Q}_1 \tilde{P}_2 - \tilde{Q}_2 \tilde{P}_1$$

$$= \frac{1}{2i}\left\{ \left(a_1 + a_1^\dagger\right)\left(a_2 - a_2^\dagger\right) - \left(a_2 + a_2^\dagger\right)\left(a_1 - a_1^\dagger\right) \right\}$$

$$= \frac{1}{i}\{a_1^\dagger a_2 - a_1 a_2^\dagger\}$$

$$= a_-^\dagger a_- - a_+^\dagger a_+ \equiv N_- - N_+ .$$

Die Eigenwerte von $N_+, N_-$ sind ganzzahlig. Folglich sind auch die möglichen Eigenwerte von $M_3$ ganzzahlig. ∎

Man beachte, dass der harmonische Oszillator hier nur als Hilfsvehikel fungiert. Das Ergebnis für $M_3$ ist allgemeingültig.

Man verwendet gerne eine halbklassische Veranschaulichung für die gewonnenen Ergebnisse über den Bahndrehimpuls. Dabei stellt man den Drehimpuls $\vec{L}$ als einen Vektor dar, dessen Länge den Wert $\hbar\sqrt{l(l+1)}$ besitzt und dessen dritte Komponente $L_3$ einen der diskreten Werte $\hbar m$ annimmt. Die Werte von $L_1$ und $L_2$ bleiben unbestimmt.

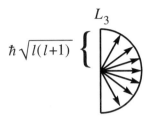

## 9.4 Eigenfunktionen zu $\vec{L}^2$ und $L_3$

Die Eigenfunktionen können mit Hilfe von $M_-$ (oder $M_+$) analog zur Vorgehensweise beim harmonischen Oszillator konstruiert werden. Sei $l$ gegeben. Ausgangspunkt ist der Zustand mit maximalem $m_{\max} = l$, also $|l, l\rangle$. Dann ist

$$M_-|l, l\rangle \sim |l, l-1\rangle, \quad M_-|l, l-1\rangle \sim |l, l-2\rangle, \ldots$$

Den Betrag des Proportionalitätsfaktors erhalten wir aus

$$\|M_-|l, m\rangle\|^2 = l(l+1) - m(m-1).$$

Dementsprechend legen wir fest:

$$|l, m-1\rangle = [l(l+1) - m(m-1)]^{-1/2} M_- |l, m\rangle.$$

Diese Wahl der Phase ist die verbreitete „Condon-Shortley-Konvention".

Für den Aufstieg auf der Leiter finden wir ebenso

$$|l, m+1\rangle = [l(l+1) - m(m+1)]^{-1/2} M_+ |l, m\rangle.$$

### 9.4.1 Darstellung im Ortsraum

Im Ortsraum ist $|l, m\rangle$ durch eine Funktion $Y_{lm}(\vartheta, \varphi)$ repräsentiert. Diese wollen wir jetzt berechnen. Die Eigenwertgleichung $M_3|l, m\rangle = m|l, m\rangle$ geht über in

$$-\mathrm{i}\frac{\partial}{\partial \varphi} Y_{lm} = m Y_{lm}$$

mit der Lösung

$$Y_{lm}(\vartheta, \varphi) = \Theta_{lm}(\vartheta)\, \mathrm{e}^{\mathrm{i}m\varphi}.$$

Die Funktion $\Theta_{lm}(\vartheta)$ erhalten wir folgendermaßen. Wir beginnen mit $|l, l\rangle$, das $M_+|l, l\rangle = 0$ erfüllt. Dabei ist

$$M_\pm = e^{\pm i\varphi}\left(\pm\frac{\partial}{\partial\vartheta} + i\cot\vartheta\frac{\partial}{\partial\varphi}\right)$$

und somit

$$e^{i\varphi}\left(\frac{\partial}{\partial\vartheta} + i\cot\vartheta\frac{\partial}{\partial\varphi}\right)\Theta_{ll}(\vartheta)\,e^{il\varphi} = 0$$

$$e^{i(l+1)\varphi}\left(\frac{\partial}{\partial\vartheta} - l\cot\vartheta\right)\Theta_{ll}(\vartheta) = 0$$

mit der Lösung

$$\Theta_{ll}(\vartheta) = C_l(\sin\vartheta)^l.$$

Der Normierungsfaktor $C_l$ folgt aus

$$\int_0^\pi d\vartheta\sin\vartheta\int_0^{2\pi}d\varphi\,|Y_{lm}(\vartheta,\varphi)|^2 = 1$$

zu

$$|C_l|^2 = \frac{2l+1}{4\pi}\frac{1}{4^l}\binom{2l}{l}.$$

Nun steigen wir ab mit $M_-$. Aus

$$M_-f(\vartheta)e^{il\varphi} = -\left(\frac{\partial}{\partial\vartheta} + l\cot\vartheta\right)f(\vartheta)\,e^{i(l-1)\varphi}$$

$$= -(\sin\vartheta)^{-l}\frac{\partial}{\partial\vartheta}(\sin\vartheta)^l f(\vartheta)\,e^{i(l-1)\varphi}$$

$$= (\sin\vartheta)^{-(l-1)}\frac{d}{d\cos\vartheta}(\sin\vartheta)^l f(\vartheta)\,e^{i(l-1)\varphi}$$

erhalten wir

$$M_-^{l-m}f(\vartheta)\,e^{il\varphi} = (\sin\vartheta)^{-m}\left(\frac{d}{d\cos\vartheta}\right)^{l-m}(\sin\vartheta)^l f(\vartheta)\,e^{im\varphi}.$$

Dies wenden wir an auf

$$Y_{l,m} \sim M_-^{l-m}Y_{ll} \sim (\sin\vartheta)^{-m}\left(\frac{d}{d\cos\vartheta}\right)^{l-m}(\sin\vartheta)^{2l}\,e^{im\varphi}.$$

Mit der Abkürzung

$$t = \cos\vartheta, \qquad \sin^2\vartheta = 1 - t^2$$

ergibt die Rechnung

$$Y_{lm} = \Theta_{lm}(\vartheta)\, e^{im\varphi} = C_{lm} P_l^m(t)\, e^{im\varphi}$$

mit den Polynomen

$$P_l^m(t) \equiv (-1)^{l+m} \frac{(l+m)!}{(l-m)!} \frac{1}{2^l l!} \left(1-t^2\right)^{-\frac{m}{2}} \left(\frac{d}{dt}\right)^{l-m} \left(1-t^2\right)^l.$$

Es gilt auch

$$P_l^{-m}(t) = (-1)^m \frac{(l-m)!}{(l+m)!} P_l^m(t)$$

und damit

$$P_l^m(t) = \frac{1}{2^l l!} \left(1-t^2\right)^{\frac{m}{2}} \left(\frac{d}{dt}\right)^{l+m} \left(t^2-1\right)^l.$$

Der Normierungsfaktor ist

$$C_{l,m} = (-1)^m \left[\frac{2l+1}{4\pi} \frac{(l-m)!}{(l+m)!}\right]^{1/2}.$$

Die Funktionen $P_l^m(t)$ heißen „zugeordnete Legendrepolynome" und die Eigenfunktionen $Y_{lm}$ sind die „Kugelflächenfunktionen". Wir notieren einige explizite Ausdrücke für kleine Werte von $l$ und $m$:

$$Y_{00} = \frac{1}{\sqrt{4\pi}}$$

$$Y_{1,1} = -\sqrt{\frac{3}{8\pi}}\, \sin\vartheta\, e^{i\varphi}$$

$$Y_{1,0} = \sqrt{\frac{3}{4\pi}}\, \cos\vartheta$$

$$Y_{2,2} = \sqrt{\frac{15}{32\pi}}\, \sin^2\vartheta\, e^{2i\varphi}$$

$$Y_{2,1} = -\sqrt{\frac{15}{8\pi}}\, \sin\vartheta\cos\vartheta\, e^{i\varphi}$$

$$Y_{2,0} = \sqrt{\frac{5}{16\pi}}\, (3\cos^2\vartheta - 1).$$

Es gilt:

$$Y_{l,-m}(\vartheta,\varphi) = (-1)^m\, Y_{l,m}^*(\vartheta,\varphi).$$

Die Kugelflächenfunktionen sind orthonormiert:

$$\int d\Omega \; Y^*_{l_1,m_1}(\vartheta,\varphi) Y_{l_2,m_2}(\vartheta,\varphi) = \delta_{l_1,l_2} \delta_{m_1,m_2}.$$

Sie bilden ein vollständiges Funktionensystem auf der Einheitskugel, d.h. jede Funktion $f(\vartheta,\varphi)$ kann nach ihnen entwickelt werden:

$$f(\vartheta,\varphi) = \sum_{l=0}^{\infty} \sum_{m=-l}^{l} f_{lm} Y_{lm}(\vartheta,\varphi).$$

Die folgende Abbildung zeigt Polardiagramme von $|Y_{l,m}(\vartheta,\varphi)|^2$ für $l = 0, 1, 2, 3$. Sie vermitteln einen Eindruck von der Winkelabhängigkeit der Wahrscheinlichkeitsdichten. Da sie von $\varphi$ unabhängig sind, kann man sie sich rotationssymmetrisch um die $z$-Achse vorstellen. Die Figuren sind zwecks besserer Sichtbarkeit unterschiedlich skaliert.

Polardarstellung von $|Y_{lm}(\vartheta,\varphi)|^2$

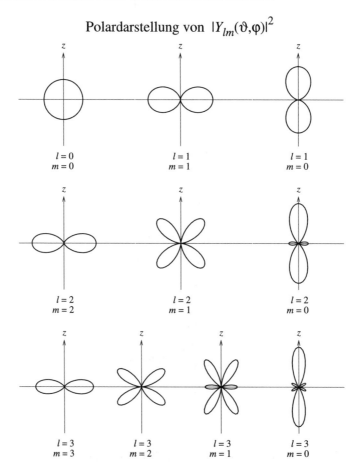

**Parität:**

Zwischen der Parität von Wellenfunktionen und der Quantenzahl $l$ gibt es
einen wichtigen Zusammenhang. Der Paritätsoperator ist ja definiert durch

$$\Pi\psi(\vec{r}) = \psi(-\vec{r})\,.$$

Für

$$\psi(\vec{r}) = f(r)\,Y_{lm}(\vartheta,\varphi)$$

ist

$$\psi(-\vec{r}) = f(r)\,Y_{lm}(\pi - \vartheta, \varphi + \pi)\,.$$

Hier setzen wir die Beziehungen

$$\cos(\pi - \vartheta) = -\cos(\vartheta)\,, \qquad P_l^m(-\cos\vartheta) = (-1)^{l+m} P_l^m(\cos\vartheta)$$

$$e^{im(\varphi+\pi)} = (-1)^m\, e^{im\varphi}$$

ein und finden

$$Y_{lm}(\pi - \vartheta, \varphi + \pi) = (-1)^l\, Y_{lm}(\vartheta,\varphi)\,.$$

Das Ergebnis lautet somit:

$$\boxed{\text{Parität von } \psi = (-1)^l\,.}$$

## 9.5 Radialgleichung

Durch Auffinden der Eigenfunktionen von $\vec{L}^2$ und $L_3$ haben wir die Win-
kelabhängigkeit der Wellenfunktion vollständig bestimmt. Für vorgegebene
$l$ und $m$ ist die Wellenfunktion von der Form

$$\psi(\vec{r}) = f(r)\,Y_{l,m}(\vartheta,\varphi)$$

und für

$$u(r) = r f(r)\,, \qquad r \geq 0$$

gilt die schon bekannte Radialgleichung

$$\left(-\frac{\hbar^2}{2m}\frac{\partial^2}{\partial r^2} + \frac{\hbar^2 l(l+1)}{2mr^2} + V(r)\right) u(r) = E u(r)$$

mit den Randbedingungen

$$u(0) = 0$$

$$\int_0^\infty dr\, |u(r)|^2 = 1.$$

Über das Verhalten für $r \to 0$ können wir noch mehr aussagen. Dazu nehmen wir an, dass das Potenzial $V(r)$ für kleine $r$ nicht so rasch wie $1/r^2$ divergiert:

$$\lim_{r \to 0} r^2 V(r) = 0\,,$$

was in der Praxis meistens erfüllt ist. Dann dominiert für kleine $r$ der vom Drehimpuls stammende Term:

$$r \to 0: \qquad \frac{d^2u}{dr^2} - \frac{l(l+1)}{r^2}\, u \approx 0.$$

Die Differenzialgleichung

$$u'' = \frac{l(l+1)}{r^2}\, u$$

hat die

$$\boxed{\text{reguläre Lösung:} \qquad u \sim r^{l+1}}$$

sowie die irreguläre Lösung

$$u \sim r^{-l},$$

die physikalisch nicht sinnvoll ist.

# 10 Rotation und Schwingung zweiatomiger Moleküle

Als erstes Beispiel für quantenmechanische Systeme mit einem Zentralpotenzial betrachten wir zweiatomige Moleküle, wie z.B. HCl oder CO. Aus den Molekülspektren ermittelt man die Energieniveaus der Moleküle, wobei man typischerweise drei Arten unterscheidet:

a) elektronische Energieniveaus:
   Der Moleküldurchmesser $a$ beträgt einige Å ($10^{-10}m$).
   Für Valenzelektronen schätzen wir grob ab: $\Delta p \gtrsim \hbar/a$, Energie $E_e \approx \hbar^2/(m_e a^2)$ mit der Elektronenmasse $m_e$.
   Das Spektrum liegt im sichtbaren bis UV-Licht mit Wellenlängen um 4000 Å.

b) Schwingungsniveaus,

c) Rotationsniveaus.

Zunächst eine grobe Abschätzung der Energien.

b) Schwingungen:
   Für kleine Schwingungen gilt das hookesche Gesetz und $V(r) \approx m\omega^2 r^2/2$, wobei $m$ die Atommasse ist. Da die Kraft auf einer Änderung der Energie der Valenzelektronen beruht, erhalten wir die Größenordnung der Federkonstanten durch $m\omega^2 a^2 \approx E_e$, d.h. $\omega^2 \approx \hbar^2/(m_e m a^4)$. Die Schwingungsenergie ist $E_s \sim \hbar\omega \approx \sqrt{m_e/m}\, E_e \approx \frac{1}{100} E_e$. Das Spektrum liegt im Infrarot bei Wellenlängen $\lambda = (2-3) \cdot 10^{-3}$ cm.

c) Rotationen:
   Die Energie der Rotation ist ungefähr $E_R \sim \hbar^2/(ma^2) \sim (m_e/m)E_e$, wobei $ma^2$ das Trägheitsmoment ist. Also ist $E_R \sim \frac{1}{100} E_s$. Das Spektrum liegt im fernen Infrarot bei $\lambda = 0{,}1 - 1$ cm.

Eine systematische Behandlung des Spektrums ist möglich mit der Born-Oppenheimer-Methode, bei der nach Potenzen von $\sqrt{m_e/m}$ entwickelt wird.

Wir finden also, dass die elektronischen Energien, die Schwingungsenergien und die Rotationsenergien sich jeweils um einen Faktor der Größenordnung $\sqrt{m_e/m} \approx 1/100$ unterscheiden.

Schwingung und Rotation können daher unter Vernachlässigung der Anregungen der Elektronenhülle behandelt werden, indem das Molekül idealisiert als Zweiteilchensystem betrachtet wird.

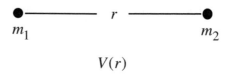

$$V(r)$$

Hierbei sind $m_{1,2}$ die Massen der beiden Atome und $V(r)$ ist das Potenzial der zwischen ihnen wirkenden Kraft. Im Allgemeinen hat es die in der Abbildung gezeigte Gestalt.

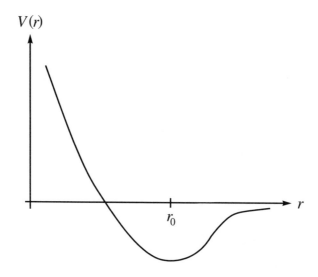

Wir wollen im Folgenden Schwingung und Rotation betrachten. In der oben genannten Idealisierung handelt es sich um ein Zweikörperproblem.

## 10.1 Zweikörperproblem

Man hat es mit zwei Körpern der Massen $m_1$ und $m_2$ zu tun, die sich an den Orten $\vec{r}_1$ und $\vec{r}_2$ befinden. Der Hamiltonoperator lautet

$$H = -\frac{\hbar^2}{2m_1}\Delta_1 - \frac{\hbar^2}{2m_2}\Delta_2 + V(|\vec{r}_2 - \vec{r}_1|).$$

Wie in der klassischen Mechanik führen wir Relativ- und Schwerpunktkoordinaten ein durch

$$\vec{r} = \vec{r}_1 - \vec{r}_2, \quad \vec{r}_s = \frac{m_1\vec{r}_1 + m_2\vec{r}_2}{m_1 + m_2}.$$

Gesamtmasse $M$ und reduzierte Masse $m$ sind gegeben durch

$$M = m_1 + m_2, \quad m = \frac{m_1 m_2}{m_1 + m_2}.$$

Die Transformation der Variablen von $\vec{r}_1$ und $\vec{r}_2$ nach $\vec{r}_s$ und $\vec{r}$ führt auf

$$H = -\frac{\hbar^2}{2M}\Delta_s - \frac{\hbar^2}{2m}\Delta + V(r) \qquad \text{mit} \quad r = |\vec{r}|,$$

wobei

$$\Delta_s = \sum_i \frac{\partial^2}{\partial x_{si}^2}, \quad \Delta = \sum_i \frac{\partial^2}{\partial x_i^2}.$$

Offensichtlich separiert $H$ in einen Schwerpunkts- und einen Relativanteil:

$$H = H_s + H_r.$$

Die gesamte Schrödingergleichung

$$H\Psi = E\Psi$$

lässt sich durch

$$\Psi(\vec{r}_1, \vec{r}_2) = \chi(\vec{r}_s)\psi(\vec{r})$$

in zwei separate Schrödingergleichungen überführen. Die Gleichung für den Schwerpunkt

$$-\frac{\hbar^2}{2M}\Delta_s\chi = E_s\chi$$

ist die Schrödingergleichung für eine freie Bewegung. Die Gleichung für die Relativbewegung lautet

$$\left\{-\frac{\hbar^2}{2m}\Delta + V(r)\right\}\psi(\vec{r}) = E_r\psi(\vec{r})$$

und ist identisch mit der Schrödingergleichung für ein Teilchen mit der Masse $m$ im Potenzial $V(r)$. Die gesamte Energie setzt sich aus beiden Anteilen zusammen:

$$E = E_s + E_r.$$

Die Gleichung für die Relativbewegung können wir nun so behandeln wie im letzten Kapitel besprochen. Für einen Zustand mit Drehimpulsquantenzahlen $l$ und $m$ lautet die Wellenfunktion

$$\psi(\vec{r}) = \frac{u(r)}{r} \, Y_{lm}(\vartheta, \varphi)$$

und die Radialgleichung ist

$$\left\{ -\frac{\hbar^2}{2m} \frac{\partial^2}{\partial r^2} + \frac{\hbar^2 l(l+1)}{2mr^2} + V(r) \right\} u(r) = E_r u(r).$$

## 10.2 Rotations-Vibrations-Spektrum

Wie sieht das Potenzial $V(r)$ im Fall zweiatomiger Moleküle aus? Qualitativ hat es die in der weiter oben gezeigten Abbildung gezeigte Gestalt. Ein in der Praxis verwandtes Beispiel ist das Morsepotenzial

$$V(r) = V_0 \left( 1 - e^{-\frac{r-r_0}{a}} \right)^2.$$

Das effektive Potenzial

$$V_{\text{eff}}(r) = V(r) + \frac{\hbar^2 l(l+1)}{2mr^2}$$

hat für kleine $l$ eine ähnliche Gestalt, wobei das Minimum verschoben ist und bei einem von $l$ abhängigen Wert $r_l$ liegt.

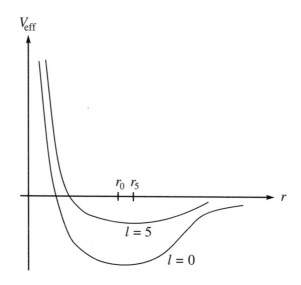

Für kleine Schwingungen entwickeln wir um $r_l$ in eine Taylorreihe:

$$V_{\text{eff}}(r) = V(r_l) + \frac{\hbar^2 l(l+1)}{2mr_l^2} + \frac{m}{2}\omega_l^2(r - r_l)^2 + \dots$$

mit

$$m\omega_l^2 \doteq V_{\text{eff}}''(r_l).$$

Dies stellt einen verschobenen harmonischen Oszillator dar. Seine Energie-Eigenwerte sind folglich

$$E_r \approx V(r_l) + \frac{\hbar^2 l(l+1)}{2mr_l^2} + \hbar\omega_l(n + \tfrac{1}{2}).$$

Der zweite Term ist die Rotationsenergie, die zum Operator $\vec{L}^2/2I$ gehört, wobei $I = mr_l^2$ das Trägheitsmoment ist. Der dritte Term ist die Vibrationsenergie. Die Abhängigkeit der Koeffizienten $r_l$ und $\omega_l$ von $l$ ist nicht sehr groß und wir können approximativ $r_l \approx r_0$ und $\omega_l \approx \omega_0$ setzen.

Wir können Aussagen über das Spektrum machen, wenn wir die erlaubten Übergänge kennen. Für elektrische Dipolstrahlung gelten die Übergangsregeln

$$n \to n - 1$$
$$l \to l \pm 1,$$

wie wir in einem späteren Kapitel noch diskutieren werden. Es gibt dann folgende Energie-Änderungen

$$\Delta E \approx \begin{cases} \hbar\omega_0 + \frac{\hbar^2}{mr_0^2}l & , \quad (l \to l-1),\ l \geq 1 \\ \hbar\omega_0 - \frac{\hbar^2}{mr_0^2}(l+1) & , \quad (l \to l+1),\ l \geq 0. \end{cases}$$

Die entsprechenden Frequenzen des abgestrahlten Lichtes bilden sogenannte Rotationsbanden:

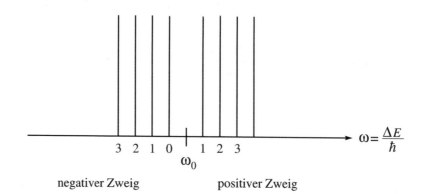

# 11 Kugelförmiger Kasten

Das Zentralpotenzial

$$V(r) = \begin{cases} 0, & r < a \\ V_0, & r > a \end{cases}$$

beschreibt im Limes $V_0 \to \infty$ einen kugelförmigen Hohlraum. Es kann als grobe Näherung für das Potenzial der auf ein einzelnes Nukleon wirkenden Kernkraft im Inneren eines Kerns betrachtet werden. Die Radialgleichung lautet

$$\left( -\frac{\hbar^2}{2m} \frac{\partial^2}{\partial r^2} + \frac{\hbar^2 l(l+1)}{2mr^2} \right) u(r) = E\, u(r), \quad r < a$$

im Inneren des Hohlraumes, und die Randbedingungen sind

$$u(0) = 0, \quad u(a) = 0.$$

Mit der Abkürzung

$$\kappa \doteq \sqrt{\frac{2mE}{\hbar^2}}$$

gilt

$$\left( \frac{\partial^2}{\partial r^2} - \frac{l(l+1)}{r^2} + \kappa^2 \right) u(r) = 0,$$

und die Einführung der Variablen

$$\rho \equiv \kappa r$$

und Umbenennung $u(\rho/\kappa) \to u(\rho)$ führt auf die Gleichung

$$\left( \frac{\partial^2}{\partial \rho^2} - \frac{l(l+1)}{\rho^2} + 1 \right) u(\rho) = 0.$$

Für $l = 0$ können wir sie sofort lösen:

$$l = 0: \qquad \left( \frac{\partial^2}{\partial \rho^2} + 1 \right) u = 0 \quad \Rightarrow \quad u \sim \sin \rho.$$

Für allgemeines $l$ ist

$$u_l(\rho) = C_l\, \rho^{l+1} \left( \frac{1}{\rho} \frac{d}{d\rho} \right)^l \frac{1}{\rho} \sin \rho$$

Lösung der Gleichung, wie man rekursiv nachrechnen kann. Da wir es mit einer gewöhnlichen Differenzialgleichung 2. Ordnung zu tun haben, existiert eine zweite Lösung, nämlich

$$\rho^{l+1} \left( \frac{1}{\rho} \frac{d}{d\rho} \right)^l \frac{1}{\rho} \cos \rho.$$

Diese erfüllt aber nicht die Randbedingung bei $\rho = 0$, da sie dort nicht verschwindet.

Die obigen Funktionen heißen *sphärische Besselfunktionen* der ersten Art:

$$j_l(\rho) \doteq (-\rho)^l \left( \frac{1}{\rho} \frac{d}{d\rho} \right)^l \frac{\sin \rho}{\rho} = \sqrt{\frac{\pi}{2\rho}} \, J_{l+\frac{1}{2}}(\rho).$$

Im deutschen Sprachraum werden die Besselfunktionen auch Zylinderfunktionen genannt. (Zylinder heißt aber auf englisch nicht Bessel.) Wir schreiben die Lösung somit als

$$u_l(\rho) = C \, \rho \, j_l(\rho)$$

bzw. für die radiale Wellenfunktion

$$f_l(\rho) = C \, j_l(\rho).$$

Für $l = 1, 2, 3$ ist

$$\rho \, j_0(\rho) = \sin \rho$$

$$\rho \, j_1(\rho) = \frac{1}{\rho} \sin \rho - \cos \rho$$

$$\rho \, j_2(\rho) = \left( \frac{3}{\rho^2} - 1 \right) \sin \rho - \frac{3}{\rho} \cos \rho.$$

Das Verhalten im Ursprung ist folgendermaßen:

$$\rho \, j_l(\rho) \underset{\rho \to 0}{\sim} \frac{\rho^{l+1}}{1 \cdot 3 \cdot 5 \cdot \ldots \cdot (2l+1)}.$$

Inzwischen haben wir ganz die andere Randbedingung vergessen:

$$u_l(\kappa a) = 0.$$

Wir müssen $\kappa$ so wählen, dass dies erfüllt ist. Dazu brauchen wir die Nullstellen $\rho_{n,l}$ von $j_l(\rho)$: $j_l(\rho_{n,l}) = 0$. Diese findet man tabelliert in guten Büchern:

| $n \setminus l$ | 0 | 1 | 2 | 3 | 4 | 5 |
|---|---|---|---|---|---|---|
| 1 | 3,14 | 4,49 | 5,76 | 6,99 | 8,18 | 9,36 |
| 2 | 6,28 | 7,73 | 9,10 | 10,42 | 11,70 | 12,97 |
| 3 | 9,42 | 10,90 | 12,32 | 13,70 | 15,04 | 16,35 |

Zur Illustration sind $j_0, j_1$ und $j_2$ in einer Figur gezeigt.

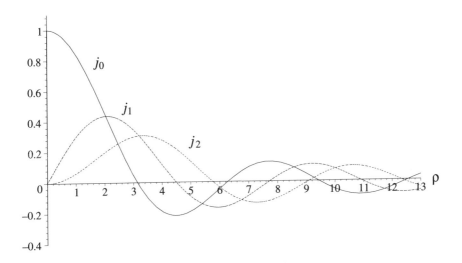

Wir finden die erlaubten Werte für $\kappa$ also aus

$$\kappa_{n,l}\, a = \rho_{n,l}$$

mit den tabellierten Nullstellen $\rho_{n,l}$. Die zugehörigen Energien

$$E_{n,l} = \frac{\hbar^2}{2ma^2}\rho_{n,l}^2$$

sind in der Tabelle aufgeführt.

| $n$ | $l$ | $E/\frac{\hbar^2}{2ma^2}$ | Bezeichnung | Multiplizität | $2\sum$ Mult. |
|---|---|---|---|---|---|
| 1 | 0 | 9,9 | 1 S | 1 | 2 |
| 1 | 1 | 20,2 | 1 P | 3 | 8 |
| 1 | 2 | 33,2 | 1 D | 5 | 18 |
| 2 | 0 | 39,5 | 2 S | 1 | 20 |
| 1 | 3 | 48,9 | 1 F | 7 | 34 |
| 2 | 1 | 59,8 | 2 P | 3 | 40 |
| 1 | 4 | 66,9 | 1 G | 9 | 58 |
| 2 | 2 | 82,8 | 2 D | 5 | 68 |
| 1 | 5 | 87,6 | 1 H | 11 | 90 |
| 3 | 0 | 88,8 | 3 S | 1 | 92 |
| 2 | 3 | 108,6 | 2 F | 7 | 106 |

In der letzten Spalte stehen die *magischen Zahlen* für dieses Potenzial. Es
sind die Anzahlen von Nukleonen, die man in dem Hohlraum unterbrin-
gen kann, wenn die Energieniveaus von unten her sukzessive *vollständig*
gefüllt werden. Der Faktor 2 berücksichtigt, dass wegen des Spins immer 2
Nukleonen in einen Zustand passen.

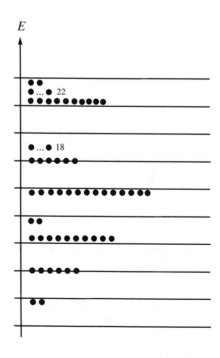

Das obige Modell ist der einfachste Ansatz für das Schalenmodell der Atomkerne. Realistischere Versionen verwenden bessere Potenziale und berücksichtigen die Spin-Bahn-Kopplung. Die resultierenden magischen Zahlen, die besser zu den experimentellen Ergebnissen passen, sind:

magische Zahlen:   2, 8, 20, 28, 50, 82, 126.

Besonders stabil sind die doppelt-magischen Kerne, wie z.B. $^4_2\text{He}$, $^{16}_8\text{O}$, $^{40}_{20}\text{Ca}$, $^{208}_{82}\text{Pb}_{126}$ .

# 12 Vollständige Sätze kommutierender Observablen

Wir wissen schon: wenn zwei Observable kommutieren, $[A, B] = 0$, so sind sie gleichzeitig diagonalisierbar. Dies war z.B. der Fall für einen Hamiltonoperator mit Zentralpotenzial und das Drehimpulsquadrat:

$$H = \frac{\vec{P}^2}{2m} + V(R) , \quad \vec{L}^2 .$$

Oftmals sind die Eigenwerte von $H$ entartet. Zur eindeutigen Kennzeichnung der Zustände können wir nach weiteren, mit $H$ kommutierenden Observablen $A_i$, $[H, A_i] = 0$, suchen, so dass für ihre gemeinsamen Eigenwerte die Entartung aufgehoben ist. In den Fällen der vorigen Kapitel waren die gemeinsamen Eigenwerte von $H$ und $\vec{L}^2$ noch immer entartet. Durch Hinzunahme von $L_3$ erhalten wir den Satz von Operatoren $H, \vec{L}^2, L_3$, deren gemeinsame Eigenvektoren nicht mehr entartet sind und eine eindeutige Kennzeichnung der Zustände erlauben.

Allgemein definieren wir:

Eine Menge von Observablen $A_1, \ldots, A_n$ heißt *vollständiger Satz von kommutierenden Observablen*, wenn

1. $[A_j, A_k] = 0$    für alle $j$, $k$,

2. die gemeinsamen Eigenvektoren $|a_1, \ldots, a_n\rangle$, mit $A_j|a_1, \ldots, a_n\rangle = a_j|a_1, \ldots, a_n\rangle$, nicht entartet sind.

Der Satz von Operatoren $A_1, \ldots, A_n$ liefert die größtmögliche Information über das betrachtete System. Jeder weitere Operator $B$, der mit allen $A_j$ kommutiert, ist eine Funktion von $A_1, \ldots, A_n$.

Bemerkung: Im Allgemeinen weiß man nicht vorher, welche Sätze vollständig sind.

Beispiele für vollständige Sätze kommutierender Observablen sind die drei Komponenten des Ortsoperators $\{Q_j\}$ oder die drei Komponenten des Impulsoperators $\{P_j\}$ für ein Teilchen ohne Spin. Der Spin wird später behandelt.

# 13 Das Wasserstoffatom, Teil I

Wir wollen das Wasserstoffatom zunächst als nichtrelativistisches Coulomb-problem behandeln, d.h. wir betrachten ein Proton der Masse $m_P$ und ein Elektron der Masse $m_e$,

$$\otimes \qquad \otimes$$
$$m_p \qquad m_e$$

zwischen denen die Coulombkraft wirkt:

$$V(r) = -\frac{e_0^2}{4\pi\varepsilon_0}\frac{1}{r} \equiv -\frac{\gamma}{r},$$

wobei

$$e_0 = 1{,}60219 \cdot 10^{-19}\,\mathrm{C}$$
$$m_p = 1{,}67261 \cdot 10^{-27}\,\mathrm{kg}$$
$$m_e = 9{,}10956 \cdot 10^{-31}\,\mathrm{kg}$$
$$\varepsilon_0 = 8{,}85419 \cdot 10^{-12}\,\frac{\mathrm{C}}{\mathrm{Vm}}$$
$$\pi = 3{,}14159265358979323846264\ldots$$

Das vorliegende Zweikörperproblem wird wie zuvor auf ein Einkörperproblem im Zentralfeld reduziert. Die reduzierte Masse ist

$$m = m_e\left(1 + \frac{m_e}{m_p}\right)^{-1} \approx m_e,$$

wegen

$$\frac{m_p}{m_e} = 1836{,}11.$$

Vernachlässigt werden in dieser Behandlung des H-Atoms:

- relativistische Effekte

- Spin

- Struktur des Kerns

- Wechselwirkung mit dem quantisierten elektromagnetischen Feld (QED, Lambshift).

Das effektive Potenzial hat für $l > 0$ folgende Gestalt:

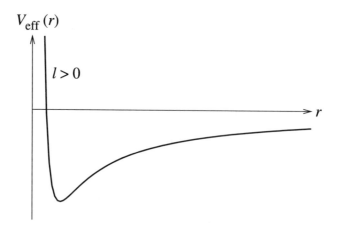

und wir erwarten die Existenz von gebundenen Zuständen für $E < 0$ und von Streuzuständen für $E > 0$.

Folgende Lösungswege für das quantenmechanische Coulombproblem sind am populärsten:

1. Lösung der Radialgleichung. Dies ist ein Standardverfahren, das in den meisten Büchern gewählt wird.

2. Algebraische Bestimmung der Eigenwerte mit Hilfe des Runge-Lenz-Vektors. So hat W. Pauli es bereits 1926 gemacht. Der Runge-Lenz-Pauli-Vektor stellt eine weitere Erhaltungsgröße für das Coulombproblem dar!

Wir werden zunächst die Radialgleichung betrachten.

## 13.1 Spektrum und Eigenfunktionen

Wir wollen die gebundenen Zustände finden. Mit

$$\rho = \kappa r \,, \qquad \kappa^2 = \frac{2m|E|}{\hbar^2} \,, \qquad \rho_0 = \frac{2m\gamma}{\hbar^2 \kappa}$$

lautet die Radialgleichung

$$\left( \frac{d^2}{d\rho^2} - \frac{l(l+1)}{\rho^2} + \frac{\rho_0}{\rho} - 1 \right) u(\rho) = 0.$$

Das asymptotische Verhalten der Radialfunktion ist folgendermaßen:

$$\rho \to 0: \qquad u \sim \rho^{l+1},$$

$$\rho \to \infty: \qquad \frac{d^2 u}{d\rho^2} - u \approx 0 \qquad \Rightarrow u \sim e^{-\rho}.$$

Daher machen wir den Ansatz

$$u(\rho) = \rho^{l+1} e^{-\rho} w(\rho)$$

und finden für $w(\rho)$ die Differenzialgleichung

$$\rho w''(\rho) + 2(l + 1 - \rho) w'(\rho) + (\rho_0 - 2(l+1)) w(\rho) = 0.$$

Als Lösung probieren wir einen Potenzreihenansatz:

$$w(\rho) = \sum_{k=0}^{\infty} a_k \rho^k,$$

der auf eine Rekursionsgleichung für die Koeffizienten $a_k$ führt:

$$a_{k+1} = \frac{2(k + l + 1) - \rho_0}{(k+1)(k+2l+2)} a_k.$$

Falls die Reihe nicht abbricht, ist asymptotisch für große $k$

$$\frac{a_{k+1}}{a_k} \sim \frac{2}{k}$$

und demzufolge

$$a_k \underset{k \to \infty}{\sim} \frac{2^k}{k!}, \qquad w(\rho) \sim e^{2\rho},$$

was zu falschem asymptotischen Verhalten führen würde. Also muss die Reihe abbrechen:

$$w(\rho) = \sum_{k=0}^{N} a_k \rho^k$$

und $w$ ist ein Polynom vom Grad $N$. Wegen

$$a_{N+1} = 0$$

muss

$$\rho_0 = 2(N + l + 1) \equiv 2n$$

eine gerade natürliche Zahl sein. Für die Energie

$$E = -\frac{2m\gamma^2}{\hbar^2 \rho_0^2}$$

finden wir damit die möglichen Werte

$$E_n = -\frac{me_0^4}{2(4\pi\varepsilon_0)^2 \hbar^2} \frac{1}{n^2}.$$

Dies ist die berühmte *Balmerformel*. Die Zahl $n = 1, 2, 3, \ldots$ heißt *Hauptquantenzahl* und die Zahl $N = 0, 1, 2, \ldots$ heißt *radiale Quantenzahl.*

Die Zustände charakterisiert man üblicherweise durch die Hauptquantenzahl $n$ und die Drehimpulsquantenzahlen $l$ und $m$:

$$|n\, l\, m\rangle,$$

wobei zu beachten ist, dass wegen $n = N + l + 1$

$$\boxed{l \leq n - 1}$$

und natürlich auch

$$\boxed{|m| \leq l}$$

gelten muss. Für das Wasserstoffatom heißt $l$ *Nebenquantenzahl* und $m$ *magnetische Quantenzahl.*

Die niedrigsten Energie-Eigenwerte und ihre Entartungen sind die Folgenden:

$$|1\ 0\ 0\rangle \qquad\qquad\qquad\qquad\qquad \left.\right\} \quad 1$$

$$|2\ 0\ 0\rangle \quad \begin{array}{l} |2\ 1\ -1\rangle \\ |2\ 1\ 0\rangle \\ |2\ 1\ 1\rangle \end{array} \qquad\qquad \left.\right\} \quad 4$$

$$\left.\begin{array}{lll} |3\ 0\ 0\rangle & |3\ 1\ -1\rangle & |3\ 2\ -2\rangle \\ & |3\ 1\ 0\rangle & |3\ 2\ -1\rangle \\ & |3\ 1\ 1\rangle & |3\ 2\ 0\rangle \\ & & |3\ 2\ 1\rangle \\ & & |3\ 2\ 2\rangle \end{array}\right\} \quad 9$$

Allgemein ist der Entartungsgrad der Energie $E_n$ gleich

$$\sum_{l=0}^{n-1}(2l+1)=n^2.$$

Die Tatsache, dass die Energien $E_n$ nicht von der Quantenzahl $l$ abhängen, stellt gegenüber den anderen betrachteten Systemen eine zusätzliche Entartung dar. Sie beruht auf der Existenz des Runge-Lenz-Pauli-Vektors $\vec{A}$ als zusätzlicher Erhaltungsgröße und ist eine spezielle Eigenschaft des $1/r$-Potenzials.

Die diskreten Energien der gebundenen Zustände entsprechen dem nachfolgend gezeigten Termschema.

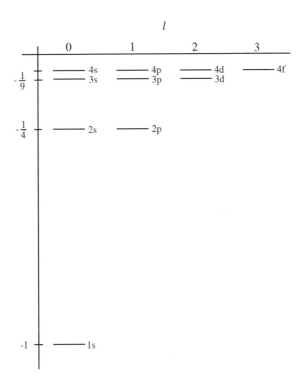

Mit der *Rydbergkonstanten*

$$\tilde{R}_H = \frac{me_0^4}{2\hbar^2(4\pi\varepsilon_0)^2} = 13{,}6 \text{ eV}$$

lauten die Energien

$$E_n = -\frac{\tilde{R}_H}{n^2}.$$

In der Spektroskopie spricht man auch von den Spektraltermen

$$T_n \doteq \frac{E_n}{hc} = -\frac{R_H}{n^2}$$

mit

$$R_H = \frac{\tilde{R}_H}{hc} = 1{,}1 \cdot 10^7 \text{ m}^{-1}.$$

Wenn wir uns erinnern, dass $m$ die reduzierte Masse ist, können wir schreiben

$$\tilde{R}_H = \tilde{R}_\infty \left(1 + \frac{m_e}{m_p}\right)^{-1}$$

mit

$$\tilde{R}_\infty = \frac{m_e e_0^4}{2\hbar^2(4\pi\varepsilon_0)^2} = 13{,}606 \,\text{eV}.$$

Wir betrachten nun die Radialfunktionen noch etwas genauer. Setzen wir das Resultat $\rho_0 = 2n$ in die Differenzialgleichung für $w(\rho)$ ein und führen die Variable

$$t \equiv 2\rho$$

ein, so lautet sie

$$t\frac{d^2w}{dt^2} + ((2l+1) + 1 - t)\frac{dw}{dt} + ((n+l) - (2l+1))w = 0.$$

Diese Differenzialgleichung ist als *laguerresche Differenzialgleichung* bekannt. Ihre Lösungen, die wir oben mit dem Potenzreihenansatz konstruiert haben, heißen *zugeordnete Laguerrepolynome* $L_{n+l}^{2l+1}(t)$. Man kann eine geschlossene Formel angeben:

$$L_r^s(t) = \left(-\frac{d}{dt}\right)^s e^t \left(\frac{d}{dt}\right)^r e^{-t} t^r.$$

Also lautet die komplette radiale Wellenfunktion

$$\psi_{nlm}(r, \vartheta, \varphi) = f_{nl}(r) \, Y_{lm}(\vartheta, \varphi)$$

mit

$$f_{nl}(r) = N_{nl}(2\kappa r)^l \, e^{-\kappa r} \, L_{n+l}^{2l+1}(2\kappa r).$$

Der Normierungsfaktor ist gegeben durch

$$N_{nl}^2 = \frac{(n-l-1)!(2\kappa)^3}{2n((n+l)!)^3}.$$

Der Koeffizient $\kappa$ hängt von $n$ ab und lautet

$$\kappa = \frac{m\gamma}{\hbar^2 n} \equiv \frac{1}{an}.$$

Wir haben hier den *bohrschen Radius*

$$a = \frac{\hbar^2}{m\gamma} = \frac{\hbar^2(4\pi\varepsilon_0)}{me_0^2} = 0{,}529 \cdot 10^{-10}\text{m}$$

eingeführt.

Die radiale Wellenfunktion $f_{nl}(r)$ hat $N = n - l - 1$ Knoten (Nullstellen). Dies erklärt den Namen „radiale Quantenzahl" für $N$.

Die Wahrscheinlichkeitsdichte im Raum ist bekanntlich $|\psi_{nlm}(\vec{r})|^2$. Die radiale Wahrscheinlichkeitsdichte $p(r)$ ist die Wahrscheinlichkeitsdichte dafür, dass $|\vec{r}|$ sich zwischen $r$ und $r + dr$ befindet. Sie ist gleich

$$p(r) = r^2|f_{nl}(r)|^2.$$

Die niedrigsten radialen Wellenfunktionen lauten

$$n = 1: \qquad f_{10}(r) = 2a^{-3/2}\, e^{-\frac{r}{a}}$$

$$n = 2: \qquad f_{20}(r) = 2(2a)^{-3/2}\left(1 - \frac{r}{2a}\right)e^{-\frac{r}{2a}}$$

$$f_{21}(r) = \frac{1}{\sqrt{3}}(2a)^{-3/2}\frac{r}{a}\, e^{-\frac{r}{2a}}$$

$$n = 3: \qquad f_{30}(r) = 2(3a)^{-3/2}\left[1 - \frac{2r}{3a} + \frac{2r^2}{27a^2}\right]e^{-\frac{r}{3a}}$$

$$f_{31}(r) = \frac{4\sqrt{2}}{9}(3a)^{-3/2}\frac{r}{a}\left(1 - \frac{r}{6a}\right)e^{-\frac{r}{3a}}$$

$$f_{32}(r) = \frac{2\sqrt{2}}{27\sqrt{5}}(3a)^{-3/2}\left(\frac{r}{a}\right)^2 e^{-\frac{r}{3a}}.$$

Die folgenden Abbildungen zeigen die radiale Wellenfunktion $f_{nl}(r)$ und die radiale Wahrscheinlichkeitsdichte für einige kleine Werte von $n$ und $l$. Die Funktionen sind zwecks besserer Sichtbarkeit unterschiedlich skaliert. Man erkennt, dass die Wahrscheinlichkeitsdichten mit zunehmender Hauptquantenzahl $n$ nach außen wandern, und dass die Anzahl der Knoten mit wachsendem $l$ bei festem $n$ abnimmt. Die Zustände mit maximalem $l = n-1$ kommen Kreisbahnen noch am nächsten.

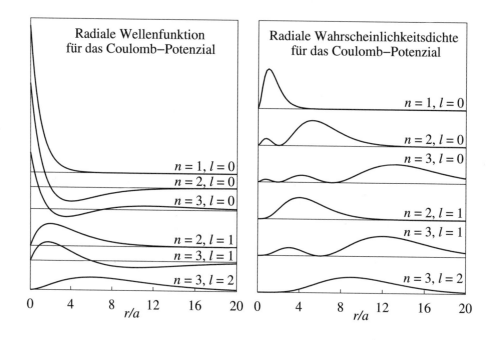

In einem späteren Kapitel und in atomphysikalischen Anwendungen benötigt man Erwartungswerte von einigen Potenzen von $r$. Diese lassen sich mit Hilfe der obigen Formeln durch Integration berechnen. Folgende Resultate wollen wir uns vormerken:

$$\langle r \rangle_{nl} \equiv \langle nlm|R|nlm \rangle = a\frac{1}{2}(3n^2 - l(l+1))$$

$$\langle r^2 \rangle_{nl} = a^2\frac{1}{2}n^2(5n^2 + 1 - 3l(l+1))$$

$$\langle \frac{1}{r} \rangle_{nl} = \frac{1}{an^2}$$

$$\langle \frac{1}{r^2} \rangle_{nl} = \frac{1}{a^2n^3(l+\frac{1}{2})}$$

$$\langle\frac{1}{r^3}\rangle_{nl} = \frac{2}{a^3 n^3 l(l+1)(2l+1)} \ , \qquad l \neq 0.$$

## 13.2 Runge-Lenz-Pauli-Vektor

Wolfgang Pauli hat 1926, kurz nach der Formulierung der Quantenmechanik durch Heisenberg, Born und Jordan, das Spektrum des Wasserstoffatoms auf algebraischem Wege hergeleitet. Dazu verwendete er den schon Laplace bekannten Runge-Lenz-Vektor. Dieses Verfahren ist schön und liefert neue Einsichten.

### 13.2.1 Klassische Mechanik

Das Keplerproblem beinhaltet die Lösung der Bewegungsgleichung für ein Teilchen im Potenzial $V(r) = -\gamma/r$. Die Bewegungsgleichung ist

$$m\ddot{\vec{r}} = -\gamma \frac{\vec{r}}{r^3}.$$

Außer der Energie ist der Drehimpuls $\vec{L} = \vec{r} \times \vec{p} = m\vec{r} \times \dot{\vec{r}}$ erhalten. Man definiert den *Runge-Lenz-Vektor*, auch kurz Lenz-Vektor genannt, durch

$$\vec{A} = \dot{\vec{r}} \times \vec{L} - \gamma\frac{\vec{r}}{r} = \frac{1}{m}\vec{p} \times \vec{L} - \gamma\frac{\vec{r}}{r}.$$

Für ihn gilt:

1. $\frac{d}{dt}\vec{A} = 0$

2. $\vec{L} \cdot \vec{A} = 0$

3. $\vec{A}^2 = \frac{2E}{m}\vec{L}^2 + \gamma^2,$

wie man unter Benutzung der Bewegungsgleichung leicht nachrechnet. Der Lenzvektor ist also eine weitere Erhaltungsgröße des Keplerproblems. Der Lenzvektor zeigt vom Ursprung des Kraftfeldes zum Pericenter der Bahn, wie in der Abbildung für den Fall einer Ellipsenbahn gezeigt ist.

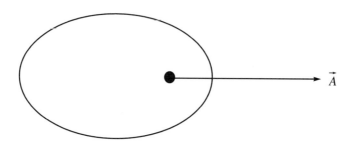

Seine zeitliche Konstanz beinhaltet die Tatsache, dass es keine Pericenter-drehung der Bahn gibt.

### 13.2.2 Quantenmechanik

Wir wollen nur gebundene Zustände mit $E < 0$ im $1/r$-Potenzial betrachten. Wir wissen schon, dass $E$ und $\vec{L}$ Erhaltungsgrößen sind. Pauli hat als quantenmechanische Version des Lenzvektors definiert:

$$\vec{A} \doteq \frac{1}{2m}\left(\vec{P} \times \vec{L} - \vec{L} \times \vec{P}\right) - \gamma \frac{1}{R}\,\vec{Q}.$$

Es gilt

1. $\vec{A}$ ist Erhaltungsgröße, d.h. $[H, \vec{A}] = 0$

2. $\vec{L} \cdot \vec{A} = \vec{A} \cdot \vec{L} = 0$

3. $\vec{A}^2 = \dfrac{2}{m} H \left(\vec{L}^2 + \hbar^2\right) + \gamma^2.$

Der Beweis dieser Gleichungen erfordert eine etwas längere Gymnastik mit Kommutatoren.

Gemäß der dritten Eigenschaft ist $\vec{A}^2$ eine Funktion von $H$ und $\vec{L}^2$ und kann daher gleichzeitig mit ihnen diagonalisiert werden. Die Eigenwerte von $H$ sind durch die Eigenwerte von $\vec{L}^2$ und $\vec{A}^2$ festgelegt. Welches sind die Eigenwerte von $\vec{A}^2$?

Folgende Vertauschungsrelationen gelten (bitte nachrechnen):

$$[L_j, A_k] = i\hbar\,\varepsilon_{jkl}\,A_l$$

$$[A_j, A_k] = -\frac{2i\hbar}{m} H \varepsilon_{jkl} L_l.$$

Die erste bringt den Vektorcharakter von $\vec{A}$ zum Ausdruck. Diese gemischten Kommutatoren können wir folgendermaßen entkoppeln. Zunächst normieren wir den Lenzvektor um:

$$\vec{A}' \doteq \sqrt{-\frac{m}{2H}}\,\vec{A},$$

was natürlich nur auf Zuständen mit $E < 0$ definiert ist. Die Kommutatoren sind dann

$$\left[L_j, A'_k\right] = i\hbar\,\varepsilon_{jkl}\,A'_l$$

$$\left[A'_j, A'_k\right] = i\hbar\,\varepsilon_{jkl}\,L_l.$$

Dies ist die Lie-Algebra der Gruppe SO(4). Wir sehen, dass für das $1/r$-Potenzial die gewöhnliche Rotationssymmetrie SO(3) zu der größeren Symmetriegruppe SO(4) erweitert ist. Durch die Definitionen

$$\vec{I} = \frac{1}{2}\left(\vec{L} + \vec{A}'\right)$$

$$\vec{K} = \frac{1}{2}\left(\vec{L} - \vec{A}'\right)$$

gelangen wir zu den Kommutatoren

$$[I_j, I_k] = i\hbar\,\varepsilon_{jkl}\,I_l$$

$$[K_j, K_k] = i\hbar\,\varepsilon_{jkl}\,K_l$$

$$[I_j, K_k] = 0.$$

Auf diese Weise haben wir zwei entkoppelte Sätze von Kommutatoren erhalten, die jeweils die Lie-Algebra von SO(3) bilden. $\vec{I}$ und $\vec{K}$ erfüllen jeweils die Vertauschungsrelationen des Drehimpulses und kommutieren untereinander. Nach unseren früheren Überlegungen über den Drehimpuls wissen wir:

die Eigenwerte von $\vec{I}^{\,2}$ sind $i(i+1)\hbar^2$, $\quad i = 0, \frac{1}{2}, 1, \ldots,$

die Eigenwerte von $\vec{K}^{\,2}$ sind $k(k+1)\hbar^2$, $\quad k = 0, \frac{1}{2}, 1, \ldots.$

Nun ist aber

$$\vec{I}^{\,2} = \frac{1}{4}\left(\vec{L}^{\,2} + \vec{A}'^{\,2}\right)$$

$$\vec{K}^{\,2} = \frac{1}{4}\left(\vec{L}^{\,2} + \vec{A}'^{\,2}\right)$$

wegen $\vec{L} \cdot \vec{A}' = \vec{A}' \cdot \vec{L} = 0$, also

$$\vec{I}^2 = \vec{K}^2$$

und dementsprechend

$$i = k.$$

Setzen wir den weiter oben stehenden Ausdruck für $\vec{A}^2$ ein, so finden wir

$$\vec{K}^2 = \frac{1}{4}\left(\vec{L}^2 - \frac{m}{2H}\vec{A}^2\right)$$
$$= -\frac{1}{4}\left(\hbar^2 + \frac{m}{2H}\gamma^2\right).$$

Auflösen nach $H$ liefert

$$H = -\frac{m\gamma^2}{2(4\vec{K}^2 + \hbar^2)}.$$

Da wir die Eigenwerte von $\vec{K}^2$ kennen, haben wir somit auch die Eigenwerte von $H$ gefunden:

$$E = -\frac{m\gamma^2}{2\hbar^2(2k+1)^2}, \qquad k = 0, \tfrac{1}{2}, 1, \ldots$$

Mit der Definition der Hauptquantenzahl

$$n = 2k + 1 = 1, 2, 3, \ldots$$

erkennen wir wieder die Balmerformel

$$E_n = -\frac{m\gamma^2}{2\hbar^2 n^2}$$
$$= -\frac{me_0^4}{2(4\pi\varepsilon_0)^2\hbar^2}\frac{1}{n^2}.$$

Die Entartung der Energiewerte beruht auf der Entartung der Eigenwerte von $\vec{I}^2 = \vec{K}^2$: für $K_3$ und $I_3$ existieren nämlich jeweils die $(2k+1)$ Eigenwerte $k_3 = -k, \ldots, k$ und $i_3 = -k, \ldots, k$, so dass die Entartung insgesamt $(2k+1)^2 = n^2$ beträgt.

Auch die Tatsache, dass die Quantenzahl $l$ im Ausdruck $\hbar^2 l(l+1)$ für die Eigenwerte des Bahndrehimpulsquadrates $\vec{L}^2$ *ganzzahlig* ist, können wir sofort einsehen: wegen $L_3 = I_3 + K_3$ gilt für die zugehörigen Eigenwerte $m = i_3 + k_3$, was immer ganzzahlig sein muss.

Zuletzt finden wir auch noch die Ungleichung zwischen der Nebenquantenzahl $l$ und der Hauptquantenzahl $n$. Aus

$$\vec{L}^2 = 4\vec{K}^2 + \frac{m}{2H}\vec{A}^2$$

folgt mit $E < 0$

$$l(l+1) \leq 4k(k+1) = n^2 - 1$$

und somit

$$l \leq n - 1.$$

Wir haben gesehen, dass im Falle des $1/r$-Potenzials eine spezielle größere Symmetrie vorliegt, die sich in der Erhaltung des Lenzvektors und in der zusätzlichen Entartung der Energien niederschlägt. Mit ihrer Hilfe lassen sich nicht nur die Energiewerte bestimmen, sondern man kann auch die Zustände mittels geeigneter Leiteroperatoren konstruieren, was wir hier aber nicht besprechen wollen.

# 14 Teilchen im elektromagnetischen Feld

Bislang haben wir die Quantenmechanik eines Teilchens in einem äußeren Potenzial einigermaßen verstanden. Ein geladenes Teilchen, das sich in einem Magnetfeld bewegt, verspürt jedoch die Lorentzkraft, zu der es kein Potenzial gibt. Wenn wir Phänomene wie den Diamagnetismus oder den Zeemaneffekt verstehen wollen, müssen wir unseren Formalismus erweitern. Die wichtigste Rolle spielt der Hamiltonoperator. Wir wollen uns nun den Hamiltonoperator für ein Teilchen im elektromagnetischen Feld beschaffen.

## 14.1 Hamiltonoperator

In der Elektrodynamik können wir die Feldstärken aus dem Vektorpotenzial $\vec{A}$ und dem skalaren Potenzial $\Phi$ gemäß

$$\vec{E} = -\frac{\partial}{\partial t}\vec{A} - \nabla\Phi$$
$$\vec{B} = \nabla \times \vec{A}$$

ableiten. In der klassischen Theorie lautet die Lorentzkraft auf ein Teilchen

$$\vec{F}_L = e\left(\vec{E} + \dot{\vec{r}} \times \vec{B}\right),$$

wobei $e$ die Ladung des Teilchens ist. Die Bewegungsgleichung ist

$$m\ddot{\vec{r}} = e\left(\vec{E} + \dot{\vec{r}} \times \vec{B}\right) = -e\nabla\Phi - e\frac{\partial}{\partial t}\vec{A} + e\dot{\vec{r}} \times \left(\nabla \times \vec{A}\right)$$

oder in Komponenten

$$m\ddot{x}_j = -e\frac{\partial\Phi}{\partial x_j} - e\frac{\partial A_j}{\partial t} + e\dot{x}_k\left(\frac{\partial A_k}{\partial x_j} - \frac{\partial A_j}{\partial x_k}\right).$$

Diese kann man aus der Lagrangefunktion

$$L(\vec{r},\dot{\vec{r}},t) = \frac{m}{2}\dot{\vec{r}}^{\,2} + e(\dot{\vec{r}} \cdot \vec{A} - \Phi)$$

erhalten. Hierzu rechnen wir die Euler-Lagrange-Gleichungen

$$\frac{d}{dt}\left(\frac{\partial L}{\partial \dot{x}_j}\right) = \frac{\partial L}{\partial x_j}$$

aus:

$$p_j \equiv \frac{\partial L}{\partial \dot{x}_j} = m\,\dot{x}_j + eA_j$$

$$\frac{\partial L}{\partial x_j} = -e\frac{\partial \Phi}{\partial x_j} + e\dot{x}_k\frac{\partial A_k}{\partial x_j}$$

$$\frac{d}{dt}p_j = m\,\ddot{x}_j + e\frac{d}{dt}A_j = m\,\ddot{x}_j + e\frac{\partial}{\partial t}A_j + e\frac{dx_k}{dt}\frac{\partial A_j}{\partial x_k}$$

und durch Gleichsetzen der beiden letzten Ausdrücke erhalten wir die obigen Bewegungsgleichungen.

Die Hamiltonfunktion geht aus der Lagrangefunktion durch eine Legendretransformation hervor:

$$H(\vec{p}, \vec{r}, t) = \vec{p}\cdot\dot{\vec{r}} - L.$$

Wir benutzen

$$\vec{p} = m\,\dot{\vec{r}} + e\vec{A}$$

und erhalten

$$H = \frac{1}{2m}\left(\vec{p} - e\vec{A}\right)^2 + e\Phi.$$

Wir prüfen das, indem wir die Hamiltongleichungen ausrechnen.

$$\dot{x}_j = \frac{\partial H}{\partial p_j}, \qquad\qquad\qquad \dot{p}_j = -\frac{\partial H}{\partial x_j}$$

$$\downarrow \qquad\qquad\qquad\qquad\qquad \downarrow$$

$$\dot{\vec{r}} = \frac{1}{m}\left(\vec{p} - e\vec{A}\right) \qquad\qquad \dot{\vec{p}} = -e\nabla\Phi + \frac{e}{m}(p_k - eA_k)\nabla A_k$$

$$\searrow \qquad\qquad\qquad \swarrow$$

$$m\ddot{\vec{r}} = -e\nabla\Phi - e\frac{\partial}{\partial t}\vec{A} + e\dot{\vec{r}}\times\left(\nabla\times\vec{A}\right),$$

was die korrekten Gleichungen sind.

In der Quantenmechanik machen wir den Ansatz

$$H = \frac{1}{2m}\left(\vec{P} - e\vec{A}\right)^2 + e\Phi.$$

Die Wirkung von $H$ auf eine Wellenfunktion ist

$$H\psi(\vec{r}, t) = \left[\frac{1}{2m}\left(\frac{\hbar}{i}\nabla - e\vec{A}\right)^2 + e\Phi\right]\psi(\vec{r}, t)$$

$$= \left(-\frac{\hbar^2}{2m}\Delta + e\Phi(\vec{r}, t)\right)\psi(\vec{r}, t) \qquad\qquad \longleftarrow \quad \text{wie vorher}$$

$$- \frac{\hbar e}{2im}\left(\nabla\cdot\vec{A} + \vec{A}\cdot\nabla\right)\psi(\vec{r}, t) + \frac{e^2}{2m}\vec{A}^2(\vec{r}, t)\psi(\vec{r}, t).$$

Achtung, hier steht wieder eine Falle bereit: es ist

$$\nabla \cdot \vec{A}\psi(\vec{r},t) = \left(\operatorname{div}\vec{A}(\vec{r},t)\right)\psi(\vec{r},t) + \vec{A}\cdot\nabla\psi(\vec{r},t).$$

In der Coulombeichung,

$$\operatorname{div}\vec{A} = 0\,,$$

verschwindet ein Term und wir halten fest:

$$H\psi = -\frac{\hbar^2}{2m}\Delta\psi + e\Phi\psi + \mathrm{i}\frac{\hbar e}{m}\vec{A}\cdot\nabla\psi + \frac{e^2}{2m}\vec{A}^2\psi\,.$$

## 14.2 Konstantes Magnetfeld

Betrachten wir zunächst den Fall eines konstanten homogenen Magnetfeldes $\vec{B}$. Man kann wählen

$$\vec{A} = -\frac{1}{2}\vec{r}\times\vec{B}.$$

Der Term in $H\psi$, der linear in $\vec{A}$ ist, lautet

$$\begin{aligned}
\frac{\mathrm{i}\hbar e}{m}\vec{A}\cdot\nabla\psi &= -\frac{\mathrm{i}\hbar e}{2m}(\vec{r}\times\vec{B})\cdot\nabla\psi = \frac{\mathrm{i}\hbar e}{2m}(\vec{r}\times\nabla)\cdot\vec{B}\psi \\
&= -\frac{e}{2m}\vec{L}\cdot\vec{B}\psi \\
&\hat{=} -\vec{m}\cdot\vec{B}\psi\,,
\end{aligned}$$

und entspricht der Energie eines magnetischen Momentes

$$\vec{m} = \frac{e}{2m}\vec{L}$$

im äußeren Magnetfeld. In der Tat ist für ein System von Punktteilchen

$$\vec{m} = \frac{1}{2}\int d^3r\,\vec{r}\times\vec{j}_e = \frac{e}{2m}\vec{L}\,.$$

Der obige Term liefert einen Beitrag zum Paramagnetismus von Atomen.

Der in $\vec{A}$ quadratische Beitrag ist

$$\frac{e^2}{2m}\vec{A}^2\psi = \frac{e^2}{8m}(\vec{r}\times\vec{B})^2\psi = \frac{e^2}{8m}\left(r^2B^2 - (\vec{r}\cdot\vec{B})^2\right)\psi\,.$$

Wählen wir speziell

$$\vec{B} = (0, 0, B),$$

so lautet er

$$\frac{e^2}{2m} \vec{A}^2 \psi = \frac{e^2 B^2}{8m}(x^2 + y^2)\psi.$$

Dieser Term, der quadratisch in $B$ ist, beschreibt ein induziertes magnetisches Moment und liefert einen Beitrag zum Diamagnetismus.

Sehen wir uns die Größenordnungen an:

1. Für Elektronen in Atomen mit $\langle L_z \rangle = \hbar$ und $\langle r^2 \rangle \approx a^2$ (bohrscher Radius) ist

$$\left( \frac{e_0^2 B^2 a^2}{8m} \right) \bigg/ \left( \frac{e_0}{2m} L_z B \right) = \frac{e_0 a^2 B}{4\hbar} = 1,1 \cdot 10^{-6} \frac{B}{1\frac{\text{V sec}}{\text{m}^2}}.$$

Im Labor ist typischerweise

$$B \leq 1\frac{\text{V sec}}{\text{m}^2} = 1\,\text{Tesla} \qquad (\hat{=} 10^4\,\text{Gauß})$$

und daher ist der $B^2$-Term normalerweise vernachlässigbar.

2. Der $B$-Term ist von der Größenordnung

$$\frac{e_0}{2m} L_z B \approx \frac{e_0}{2m} \hbar B = 4 \cdot 10^{-6} \tilde{R}_\infty \cdot \frac{B}{1\frac{\text{V sec}}{\text{m}^2}}$$

und kann als kleine Störung betrachtet werden.

## 14.3 Bewegung eines Teilchens im konstanten Magnetfeld

In diesem Abschnitt untersuchen wir die Bewegung eines geladenen Teilchens in einem konstanten Magnetfeld. Eine Anwendung betrifft das Verhalten von Metallelektronen. Die Leitungselektronen in Metallen lassen sich in guter Näherung als Gas von freien Teilchen beschreiben.

Das Magnetfeld sei

$$\vec{B} = (0, 0, B).$$

Wir können die elektromagnetischen Potenziale als

$$\vec{A} = B(0, x, 0), \qquad \Phi = 0$$

wählen. Der Hamiltonoperator lautet

$$H = \frac{1}{2m}\left(\vec{P} - e\vec{A}\right)^2$$
$$= \frac{P_3^2}{2m} + \frac{1}{2m}\left[P_1^2 + (P_2 - eBX)^2\right]$$
$$= H_\parallel + H_\perp,$$

wobei

$$H_\perp = \tfrac{1}{2m}(P_1^2 + P_2^2 - 2eBP_2X + e^2B^2X^2).$$

Wegen

$$[H_\parallel, H_\perp] = 0$$

können wir die Wellenfunktion separieren

$$\psi(\vec{r}) = \psi_\parallel(z)\psi_\perp(x, y)$$

und es gilt für stationäre Zustände

$$H_\parallel\psi_\parallel = E_\parallel\psi_\parallel, \qquad E_\parallel = \frac{p_3^2}{2m}, \qquad \psi_\parallel = \exp\left(i\frac{p_3z}{\hbar}\right).$$

In $z$-Richtung haben wir also eine freie Bewegung.

Die Bewegung in der Ebene senkrecht zu $\vec{B}$ ist hingegen nichttrivial. Wir erinnern uns, dass klassisch eine Kreisbewegung stattfindet mit dem Radius

$$r_0 = \frac{p}{|e|B} = \sqrt{\frac{L_z}{|e|B}}.$$

Die zugehörige Kreisfrequenz

$$\omega_c = \frac{|e|}{m}B$$

heißt *Zyklotronfrequenz*.

Was sagt die Quantenmechanik? Die stationäre Schrödingergleichung

$$H_\perp\psi_\perp(x, y) = E_\perp\psi_\perp(x, y)$$

lässt sich mit dem Ansatz

$$\psi_\perp = e^{ik_2y}\varphi(x), \qquad p_2 \equiv \hbar k_2$$

lösen. Es folgt

$$H_\perp \psi_\perp = \frac{1}{2m} \left[ P_1^2 + e^2 B^2 \left( x - \frac{p_2}{eB} \right)^2 \right] \varphi(x) \mathrm{e}^{\mathrm{i}k_2 y}$$
$$= E_\perp \varphi(x) \mathrm{e}^{\mathrm{i}k_2 y},$$

woraus wir für $\varphi(x)$ die Gleichung

$$\left\{ \frac{1}{2m} P_1^2 + \frac{m}{2} \omega_c^2 (x - x_0)^2 \right\} \varphi(x) = E_\perp \varphi(x)$$

mit

$$x_0 = \frac{p_2}{eB}$$

erhalten. Dies ist die Schrödingergleichung eines harmonischen Oszillators. Die Lösungen sind uns bekannt:

$$E_\perp = \hbar \omega_c \left( n + \tfrac{1}{2} \right),$$
$$\varphi(x) = \varphi_n(x - x_0).$$

Die kompletten Ausdrücke für Energie und Wellenfunktion sind somit

$$\boxed{E = \frac{p_3^2}{2m} + \hbar \omega_c \left( n + \tfrac{1}{2} \right)}$$

$$\psi(\vec{r}) = \mathrm{e}^{\mathrm{i}k_3 z} \mathrm{e}^{\mathrm{i}k_2 y} \varphi_n \left( x - \frac{\hbar k_2}{eB} \right).$$

Diese Zustände heißen *Landauniveaus* nach dem sowjetischen Physiker L.D. Landau. Sie sind nicht in der Koordinaten $y$ lokalisiert. Die Energie $E$ hängt nicht von $k_2$ ab, so dass eine unendlichfache Entartung vorliegt. Die allgemeine Eigenfunktion ist eine Superposition dieser Lösungen bezüglich $k_2$:

$$\psi(\vec{r}) = \mathrm{e}^{\mathrm{i}k_3 z} \int \frac{dk_2}{2\pi} \tilde{f}(k_2) \mathrm{e}^{\mathrm{i}k_2 y} \varphi_n \left( x - \frac{\hbar k_2}{eB} \right).$$

Wenn wir die gefundene Energie $E_\perp$ in der Form

$$E_\perp = -m_z B$$

schreiben, so ist das magnetische Moment

$$m_z = -\frac{|e|\hbar}{2m} (2n + 1).$$

Für Elektronen mit $e = -e_0$ ist

$$m_z = -\frac{e_0 \hbar}{2m}(2n + 1) = -\mu_B(2n + 1)$$

mit dem bohrschen Magneton $\mu_B$. Wir stellen somit fest, dass ein zusätzliches magnetisches Moment in Richtung von $-B$ auftritt. Dieses führt zum sogenannten landauschen Diamagnetismus, der in der Festkörperphysik behandelt wird.

## 14.4 Normaler Zeemaneffekt

Wie wirkt sich ein Magnetfeld auf das Spektrum des Wasserstoffatoms aus? Wir wählen $\vec{B} = (0, 0, B)$. Für nicht zu starke Magnetfelder können wir den in $B$ quadratischen Term vernachlässigen und haben den Hamiltonoperator

$$H = H_0 - \frac{e}{2m}BL_z,$$

wobei

$$H_0 = \frac{1}{2m}\vec{P}^2 - \frac{\gamma}{R}$$

der Hamiltonoperator ohne Magnetfeld ist. Die Eigenvektoren $|nlm_l\rangle$ von $H_0$ sind Eigenvektoren von $L_z$ und damit auch von $H$:

$$H|nlm_l\rangle = \left(-\frac{\tilde{R}_H}{n^2} - \frac{eB}{2m}\hbar m_l\right)|nlm_l\rangle.$$

Die Energie lautet daher

$$\boxed{E = E_n + \frac{e_0 B}{2m}\hbar \cdot m_l = E_n + \hbar\omega_L \cdot m_l,}$$

wobei wir $e = -e_0$ gesetzt haben und

$$\omega_L = \frac{e_0 B}{2m}$$

die *Larmorfrequenz* ist. Wir erkennen, dass das Magnetfeld eine $(2l + 1)$-fache Aufspaltung der Energieniveaus bewirkt. Es ist

$$\hbar\omega_L = 4 \cdot 10^{-6} \cdot \tilde{R}_\infty \cdot \frac{B}{1\frac{\text{Vsec}}{\text{m}^2}}$$

und für typische Laborfeldstärken ist die Aufspaltung klein.

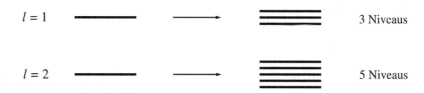

$2l+1$ Niveaus

Der experimentelle Befund ist allerdings ein anderer. Für das H-Atom beobachtet man zwar eine Aufspaltung der Terme im Magnetfeld, diese ist
aber anders als oben vorhergesagt. Die Ursache dafür ist der Spin, den wir
im Folgenden behandeln werden.

Das oben beschriebene Phänomen heißt *normaler Zeemaneffekt* und ist
nach seinem Entdecker P. Zeeman (1896) benannt. Es tritt bei einigen Atomen ohne resultierenden Gesamtspin auf. Der relevante Drehimpuls $\vec{L}$ ist
dann der Gesamtbahndrehimpuls. Beispiele sind die 2-Elektronen-Systeme:
He, Erdalkalien, Hg, Cd, Zn.

Für die Strahlung dieser Atome gilt die Auswahlregel $\Delta m_l = 0, \pm 1$. Die
Spektrallinien spalten daher im Magnetfeld in 3 Linien auf, die das Zee-
mantriplett bilden.

# 15 Spin

## 15.1 Experimentelle Hinweise

Der Spin ist eine Eigenschaft von Elektronen und anderen Teilchen, die im Rahmen der bisher betrachteten Schrödingergleichung nicht beschrieben werden kann. Mehrere experimentelle Tatsachen haben schon im ersten Viertel dieses Jahrhunderts auf die Existenz des Spins hingewiesen.

a) Dublettcharakter von Atomspektren

Bei Atomen mit ungerader Ordnungszahl $Z$, z.B. bei Alkaliatomen oder beim H-Atom, beobachtet man beim Zeemaneffekt eine Aufspaltung der Linien, die einer Aufspaltung der Spektralterme in eine gerade Anzahl von Niveaus entspricht. Dies würde formal eine halbzahlige Quantenzahl $m_3$ bedeuten. Auf dieser Grundlage formulierten Uhlenbeck und Goudsmit 1925 die Spinhypothese.

b) Stern-Gerlach-Experiment

Otto Stern und Walter Gerlach führten 1921 den berühmten Versuch (Nobelpreis 1943) durch, bei dem ein aus Silberatomen bestehender Atomstrahl durch ein inhomogenes Magnetfeld geschickt wurde. Das Magnetfeld war so beschaffen, dass eine Ablenkung der Atome proportional zur $z$-Komponente ihres magnetischen Momentes stattfand. Es zeigte sich eine Aufspaltung des Strahls in 2 Teilstrahlen. Unter der Annahme, dass das magnetische Moment proportional zum Drehimpuls ist, kann die $z$-Komponente des Drehimpulses in dem Experiment also nur 2 mögliche Werte zeigen. Dies deutet auf einen Drehimpuls mit $l = 1/2$ hin.

c) Einstein-de Haas-Effekt

Die durch eine Ummagnetisierung eines Magneten bewirkte Drehimpulsänderung ist mit dem Spin verknüpft.

## 15.2 Spin 1/2

Wir wollen nun die Hinweise auf einen halbzahligen Drehimpuls ernst nehmen und untersuchen, wie er theoretisch zu beschreiben wäre. Zum Bahndrehimpuls gehören bekanntlich nur ganzzahlige Quantenzahlen. Ein halbzahliger Drehimpuls muss daher eine neuartige Eigenschaft von Teilchen sein.

Sei $\vec{S}$ ein Drehimpulsoperator, d.h. seine Komponenten sollen die Vertauschungsrelationen

$$[S_j, S_k] = i\hbar\, \varepsilon_{jkl}\, S_l$$

erfüllen. Aus unserer allgemeinen Untersuchung dieser Algebra in Kapitel 9 wissen wir, dass sich gemeinsame Eigenzustände von $\vec{S}^2$ und $S_3$ finden lassen mit

$$\vec{S}^2|\ \rangle = s(s+1)\hbar^2|\ \rangle$$
$$S_3|\ \rangle = m_s\hbar|\ \rangle.$$

Sei nun

$$s = \frac{1}{2},$$

so dass für $m_s$ die beiden Werte

$$m_s = \pm\frac{1}{2}$$

möglich sind. Wir schreiben

$$S_3|+\rangle = \tfrac{\hbar}{2}|+\rangle, \quad S_3|-\rangle = -\tfrac{\hbar}{2}|-\rangle$$

und es sei

$$\langle +|-\rangle = 0, \quad \langle +|+\rangle = \langle -|-\rangle = 1.$$

Die beiden Eigenvektoren spannen einen zweidimensionalen komplexen Vektorraum $\mathcal{H}_2$ auf. Ein Vektor $|\chi\rangle$ kann zerlegt werden als

$$|\chi\rangle = \chi_+|+\rangle + \chi_-|-\rangle = \sum_{\sigma=\pm} \chi_\sigma|\sigma\rangle,$$

wobei

$$|\chi_+|^2 + |\chi_-|^2 = 1.$$

In der Komponentendarstellung schreiben wir die Vektoren in der Form

$$|\chi\rangle = \begin{pmatrix} \chi_+ \\ \chi_- \end{pmatrix}, \quad |+\rangle = \begin{pmatrix} 1 \\ 0 \end{pmatrix}, \quad |-\rangle = \begin{pmatrix} 0 \\ 1 \end{pmatrix}.$$

Zweikomponentige komplexe Vektoren dieser Art heißen *Spinoren*. Die Observable $S_3$ wurde als diagonal vorausgesetzt und hat in der Komponentendarstellung die Gestalt

$$S_3 = \frac{\hbar}{2}\begin{pmatrix} 1 & 0 \\ 0 & -1 \end{pmatrix}.$$

Wie sehen $S_1$ und $S_2$ aus? Dazu betrachten wir wieder die Leiteroperatoren

$$S_\pm = S_1 \pm i\, S_2,$$

deren Wirkung auf die Basisvektoren die Folgende ist:

$$S_+ \begin{pmatrix} 1 \\ 0 \end{pmatrix} = \begin{pmatrix} 0 \\ 0 \end{pmatrix}, \quad S_+ \begin{pmatrix} 0 \\ 1 \end{pmatrix} = \hbar \begin{pmatrix} 1 \\ 0 \end{pmatrix}$$

$$S_- \begin{pmatrix} 0 \\ 1 \end{pmatrix} = \begin{pmatrix} 0 \\ 0 \end{pmatrix}, \quad S_- \begin{pmatrix} 1 \\ 0 \end{pmatrix} = \hbar \begin{pmatrix} 0 \\ 1 \end{pmatrix}.$$

In Matrixform gilt somit

$$S_+ = \hbar \begin{pmatrix} 0 & 1 \\ 0 & 0 \end{pmatrix}, \quad S_- = \hbar \begin{pmatrix} 0 & 0 \\ 1 & 0 \end{pmatrix}$$

und hieraus erhalten wir

$$S_1 = \frac{\hbar}{2} \begin{pmatrix} 0 & 1 \\ 1 & 0 \end{pmatrix}, \quad S_2 = \frac{\hbar}{2} \begin{pmatrix} 0 & -i \\ i & 0 \end{pmatrix}.$$

Die drei Matrizen $S_1$, $S_2$ und $S_3$ fassen wir zusammen zu dem Vektor

$$\boxed{\vec{S} = \frac{\hbar}{2}\, \vec{\sigma}}$$

mit den drei *Paulimatrizen*

$$\sigma_1 = \begin{pmatrix} 0 & 1 \\ 1 & 0 \end{pmatrix}, \quad \sigma_2 = \begin{pmatrix} 0 & -i \\ i & 0 \end{pmatrix}, \quad \sigma_3 = \begin{pmatrix} 1 & 0 \\ 0 & -1 \end{pmatrix}.$$

Die Paulimatrizen erfüllen folgende Beziehungen, die man sich merken soll:

a)  $[\sigma_j, \sigma_k] = 2\, i\, \varepsilon_{jkl}\, \sigma_l$,  also  $[\sigma_1, \sigma_2] = 2\, i\, \sigma_3$  etc.

b)  $\sigma_j^2 = 1$

c)  $\sigma_j \sigma_k + \sigma_k \sigma_j = 2\delta_{kj}$.

Aus ihnen erhalten wir

$$\sigma_1 \sigma_2 = \frac{1}{2}(\sigma_1 \sigma_2 - \sigma_2 \sigma_1) = i\, \sigma_3, \quad \sigma_2 \sigma_3 = i\, \sigma_1, \quad \sigma_3 \sigma_1 = i\, \sigma_2,$$

was wir zusammenfassen in der Gleichung

$$\sigma_j \sigma_k = \delta_{jk} + i\, \varepsilon_{jkl}\, \sigma_l.$$

## 15.3 Wellenfunktionen mit Spin

Die Freiheitsgrade der räumlichen Bewegung werden beschrieben durch Funktionen $\vec{r} \mapsto \psi(\vec{r})$, die den Hilbertraum $\mathcal{H}_R$ bilden.

Da der Spin kein Bahndrehimpuls ist, muss er ein innerer Freiheitsgrad sein, der unabhängig von den räumlichen Freiheitsgraden ist. Wir beschreiben ihn durch Spinoren $\chi_\sigma$, die den Raum $\mathcal{H}_2$ bilden. Der gesamte Raum der Zustände ist das Tensorprodukt dieser beiden Räume:

$$\mathcal{H} = \mathcal{H}_R \otimes \mathcal{H}_2.$$

Eine Basis ist gegeben durch die Elemente

$$|\vec{r}\rangle|\sigma\rangle \equiv |\vec{r}\rangle \otimes |\sigma\rangle.$$

Die Zerlegung eines beliebigen Zustandes in dieser Basis wird in der Form

$$|\psi\rangle = \sum_\sigma \int d^3r \; \psi_\sigma(\vec{r}) \; |\vec{r}\rangle|\sigma\rangle$$

geschrieben. Hier treten zwei Wellenfunktionen

$$\psi_\sigma(\vec{r}), \qquad \sigma = \pm$$

auf, die wir zur *Spinorwellenfunktion*

$$\psi(\vec{r}) = \left( \begin{array}{c} \psi_+(\vec{r}) \\ \psi_-(\vec{r}) \end{array} \right)$$

zusammenfassen. Diese tritt nun an die Stelle der bisherigen schrödinger-schen Wellenfunktion. Wir definieren

$$\psi^\dagger(\vec{r}) = \left( \psi_+^*(\vec{r}), \; \psi_-^*(\vec{r}) \right).$$

Das innere Produkt von Spinorwellenfunktionen wird wie folgt gebildet:

$$\langle \psi | \chi \rangle = \int d^3r \; \psi^\dagger(\vec{r})\chi(\vec{r}) = \sum_\sigma \int d^3r \; \psi_\sigma^*(\vec{r})\chi_\sigma(\vec{r})$$

$$= \int d^3r \left( \psi_+^* \chi_+ + \psi_-^* \chi_- \right).$$

Die Norm eines Zustandes lautet entsprechend

$$\langle \psi | \psi \rangle = \sum_\sigma \int d^3r \; |\psi_\sigma(\vec{r})|^2 = \int d^3r \left( |\psi_+|^2 + |\psi_-|^2 \right) \equiv 1.$$

Für die Aufenthaltswahrscheinlichkeitsdichte gilt also

$$\rho(\vec{r}) = \psi^{\dagger}(\vec{r})\psi(\vec{r}) = |\psi_+|^2 + |\psi_-|^2.$$

Die Erwartungswerte für die Komponenten des Spins berechnet man gemäß

$$\langle\psi|\vec{S}|\psi\rangle = \int d^3r \, \psi^{\dagger}(\vec{r})\vec{S}\,\psi(\vec{r})$$
$$= \int d^3r \, (\psi_+^*(\vec{r}), \, \psi_-^*(\vec{r})) \, \vec{S} \begin{pmatrix} \psi_+(\vec{r}) \\ \psi_-(\vec{r}) \end{pmatrix}$$
$$= \sum_{\sigma,\sigma'} \int d^3r \, \psi_\sigma^*(\vec{r}) \left(\vec{S}\right)_{\sigma\sigma'} \psi_{\sigma'}(\vec{r}),$$

z. B.

$$\langle\psi|S_3|\psi\rangle = \int d^3r \, \frac{\hbar}{2} \left(|\psi_+|^2 - |\psi_-|^2\right).$$

Wir erkennen, wie die Komponenten der Spinorwellenfunktionen zu interpretieren sind:

$$\psi_\sigma(\vec{r}) = \langle\sigma|\langle\vec{r}|\psi\rangle$$

ist eine Wahrscheinlichkeitsamplitude, und das zugehörige

$$|\psi_\sigma(\vec{r})|^2$$

ist die Wahrscheinlichkeitsdichte dafür, dass das Teilchen am Ort $\vec{r}$ mit Spin $\sigma$ gefunden wird.

## 15.4 Pauligleichung

Wie lautet der Hamiltonoperator für ein Teilchen mit Spin 1/2, z.B. ein Elektron? Für ein freies Teilchen ist

$$H = \frac{1}{2m}\vec{P}^2.$$

Nun betrachten wir den Fall, dass das Teilchen sich im elektromagnetischen Feld bewegt. Wir wissen schon, dass der Bahndrehimpuls $\vec{L}$ mit einem magnetischen Moment $\vec{m} = \frac{e}{2m}\vec{L}$ verknüpft ist und es einen zugehörigen Term

$$H_m = -\vec{m}\cdot\vec{B} = -\frac{e}{2m}\vec{L}\cdot\vec{B}$$

im Hamiltonoperator gibt. Wir können erwarten, dass zum Spin ebenfalls ein magnetisches Moment gehört, und schreiben dieses als

$$\vec{m}_{\text{Spin}} = g \frac{e}{2m} \vec{S}.$$

Der hier eingeführte Proportionalitätsfaktor $g$ heißt gyromagnetischer Faktor bzw. *Landéfaktor*. Sein Wert kann im Rahmen unserer Überlegungen nicht vorhergesagt werden, denn der Spin ist keine klassische Eigenschaft. Er wurde experimentell mittels des Zeemaneffektes und des Einstein– de Haas–Versuches bestimmt und man fand den „anormalen $g$-Faktor"

$$g = 2.$$

Der magnetische Beitrag des Spins zum Hamiltonoperator ist somit

$$H_{\text{Spin}} = -g \frac{e}{2m} \vec{S} \cdot \vec{B} = -\frac{e}{m} \frac{\hbar}{2} \, \vec{\sigma} \cdot \vec{B} = \mu_B \, \vec{\sigma} \cdot \vec{B}$$

und der gesamte Beitrag proportional zu $\vec{B}$ lautet

$$H_1 = -\frac{e}{2m} \left( \vec{L} + 2\vec{S} \right) \cdot \vec{B}.$$

Der Wert von $g$ ist nicht exakt gleich 2, sondern wurde experimentell und theoretisch in der Quantenelektrodynamik zu

$$g = 2{,}002\,319\,304\,386\,(20)$$

bestimmt.

Noch eine Bemerkung zum Landéfaktor: die relativistische Wellengleichung für das Elektron, die Diracgleichung, liefert im nichtrelativistischen Grenzfall den Hamiltonoperator

$$H = \frac{1}{2m} \left[ \left( \vec{P} - e\vec{A} \right) \cdot \vec{\sigma} \right]^2 + e\Phi.$$

Hierin ist

$$\left[ \left( \vec{P} - e\vec{A} \right) \cdot \vec{\sigma} \right]^2 = \left( \vec{P} - e\vec{A} \right)^2 + \mathrm{i}\,\vec{\sigma} \cdot \left( \vec{P} - e\vec{A} \right) \times \left( \vec{P} - e\vec{A} \right)$$

$$= \left( \vec{P} - e\vec{A} \right)^2 - \mathrm{i}\,e\,\vec{\sigma} \cdot \left[ \vec{P} \times \vec{A} + \vec{A} \times \vec{P} \right].$$

Mit

$$\vec{P} \times \vec{A} + \vec{A} \times \vec{P} = \frac{\hbar}{\mathrm{i}} (\mathrm{rot}\,\vec{A}) = \frac{\hbar}{\mathrm{i}} \vec{B}$$

folgt

$$H = \frac{1}{2m}\left(\vec{P} - e\vec{A}\right)^2 - \frac{e\hbar}{2m}\vec{\sigma} \cdot \vec{B} + e\Phi$$

und dies bedeutet $g = 2$.

Das Analogon zur zeitabhängigen Schrödingergleichung mit obigem Hamiltonoperator ist die

### Pauligleichung

$$i\hbar\frac{\partial}{\partial t}\begin{pmatrix} \psi_+(\vec{r},t) \\ \psi_-(\vec{r},t) \end{pmatrix} =$$
$$\left\{\frac{1}{2m}\left(\vec{P} - e\vec{A}(\vec{r},t)\right)^2 + e\Phi(\vec{r},t) - \frac{e\hbar}{2m}\vec{\sigma}\cdot\vec{B}(\vec{r},t)\right\}\begin{pmatrix} \psi_+(\vec{r},t) \\ \psi_-(\vec{r},t) \end{pmatrix}.$$

In dem speziellen Fall eines konstanten kleinen Magnetfeldes finden wir unter Vernachlässigung des in $\vec{B}$ quadratischen Terms

$$H = \frac{1}{2m}\vec{P}^2 + e\Phi - \frac{e}{2m}\left(\vec{L} + \hbar\vec{\sigma}\right) \cdot \vec{B}.$$

### 15.4.1 Spinpräzession

Als Beispiel für die Dynamik des Spins betrachten wir ein Teilchen mit Spin 1/2 in einem konstanten homogenen Magnetfeld. Wir nehmen das Teilchen als ruhend an und beschränken uns auf die Diskussion des Spinfreiheitsgrades, d.h. die Abhängigkeit der Wellenfunktion vom Ort wird nicht betrachtet. Die zeitliche Änderung des Spinors

$$\psi(t) = \begin{pmatrix} \psi_+(t) \\ \psi_-(t) \end{pmatrix}$$

ist bestimmt durch

$$i\hbar\frac{d}{dt}\psi(t) = H\psi(t) \qquad \text{mit} \qquad H = -\frac{e\hbar}{2m}\vec{\sigma} \cdot \vec{B}.$$

Mit der speziellen Wahl

$$\vec{B} = (0, 0, B)$$

lautet dies explizit

$$i\hbar \frac{d}{dt}\begin{pmatrix} \psi_+(t) \\ \psi_-(t) \end{pmatrix} = -\frac{e\hbar B}{2m}\begin{pmatrix} \psi_+(t) \\ -\psi_-(t) \end{pmatrix}.$$

Diese Gleichung lässt sich leicht lösen. Mit der Larmorfrequenz $\omega_L = eB/2m$ schreiben wir die Lösung als

$$\begin{pmatrix} \psi_+(t) \\ \psi_-(t) \end{pmatrix} = e^{-\frac{i}{\hbar}Ht}\begin{pmatrix} \psi_+(0) \\ \psi_-(0) \end{pmatrix} = \begin{pmatrix} e^{i\omega_L t}\,\psi_+(0) \\ e^{-i\omega_L t}\,\psi_-(0) \end{pmatrix}.$$

Für

$$\psi(0) = \begin{pmatrix} a \\ b \end{pmatrix}, \quad a,b \in \mathbf{R}$$

hängt der Erwartungswert des Spins

$$\langle \vec{S} \rangle = \psi^\dagger(t)\tfrac{\hbar}{2}\vec{\sigma}\,\psi(t)$$

folgendermaßen von der Zeit ab:

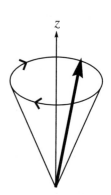

$$\langle S_1 \rangle = ab\hbar \cos(2\omega_L t)$$
$$\langle S_2 \rangle = -ab\hbar \sin(2\omega_L t)$$
$$\langle S_3 \rangle = (a^2 - b^2)\frac{\hbar}{2}.$$

Er führt also eine Präzessionsbewegung um die Achse des Magnetfeldes mit der Frequenz $2\omega_L$ aus. Diese sogenannte *Larmorpräzession* ist identisch mit derjenigen, die ein magnetisches Moment $\mu_B = e\hbar/2m$ in der klassischen Elektrodynamik vollführt.

## 15.5 Stern-Gerlach-Versuch

Wir werden jetzt den Stern-Gerlach-Versuch mit Hilfe der Pauligleichung beschreiben. Statt der Silberatome betrachten wir der Einfachheit halber Elektronen und setzen $e = -e_0$. Die Geometrie des Versuches ist in der nachfolgenden Abbildung skizziert.

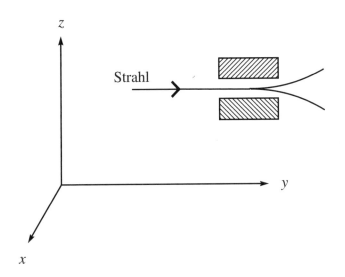

Das inhomogene Magnetfeld sei

$$\vec{B}(\vec{r}) = (-B_1 x, 0, B_1 z)$$

und als Vektorpotenzial wählen wir

$$\vec{A} = (0, B_1 x z, 0).$$

Unter Vernachlässigung des $A^2$-Terms lautet der Hamiltonoperator

$$H = \frac{1}{2m}\vec{P}^2 - \frac{e}{m}XZ\,P_y - \mu_B \sigma_1 B_1 X + \mu_B \sigma_3 B_1 Z.$$

Den zweiten Term können wir ebenfalls vernachlässigen, wenn das Wellenpaket in der Nähe der $y$-Achse konzentriert ist. Dann separiert der Hamiltonoperator in drei Teile: $H = H_x + H_y + H_z$, und bezüglich der $z$-Komponente erhalten wir den Hamiltonoperator

$$H_z = \frac{1}{2m}P_3^2 + \mu_B \sigma_3 B(Z)$$

mit $B(z) = B_1 z$. Die Pauligleichung für $\psi(z,t)$ lautet

$$i\hbar\frac{\partial}{\partial t}\begin{pmatrix} \psi_+(z,t) \\ \psi_-(z,t) \end{pmatrix} = \left\{\frac{1}{2m}P_3^2 + \mu_B B(z)\begin{pmatrix} 1 & 0 \\ 0 & -1 \end{pmatrix}\right\}\begin{pmatrix} \psi_+(z,t) \\ \psi_-(z,t) \end{pmatrix}$$

oder in Spinorkomponenten

$$i\hbar\frac{\partial}{\partial t}\psi_\pm = \left(\frac{1}{2m}P_3^2 \pm \mu_B B(z)\right)\psi_\pm.$$

Diese Gleichungen sind identisch mit der Schrödingergleichung für den frei-
en Fall mit der Beschleunigung $\mp \mu_B B_1/m$ in $z$-Richtung:

$$i\hbar \frac{\partial}{\partial t}\psi_\pm = \left(-\frac{\hbar^2}{2m}\frac{\partial^2}{\partial z^2} \pm \mu_B B_1 z\right)\psi_\pm\,.$$

Der Anfangszustand zur Zeit $t = 0$ sei ein Eigenvektor von $S_x$ und werde
beschrieben durch

$$\psi_\pm(z,0) = f(z),$$

wobei $f(z)$ um $z = 0$ konzentriert sei. Es ist dann

$$S_x\psi = \frac{\hbar}{2}\psi.$$

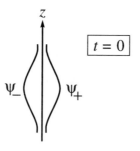

Zu einer Zeit $t > 0$ hat der „freie Fall" auf die Komponenten $\psi_+$ und $\psi_-$
gewirkt mit dem Resultat

$$\psi_+(z,t) \approx f\left(z + \frac{\mu_B B_1}{2m}t^2\right)$$
$$\psi_-(z,t) \approx f\left(z - \frac{\mu_B B_1}{2m}t^2\right).$$

Durch die Funktionen $\psi_\pm(z)$ werden die beiden in $z$-Richtung auseinander
laufenden Teilstrahlen dargestellt.

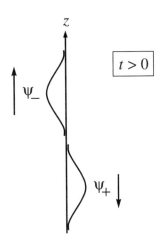

Betrachte den lokalen z-abhängigen Erwartungswert von $S_z$, der proportional ist zu

$$\psi^\dagger(z)\sigma_3\psi(z) = |\psi_+|^2 - |\psi_-|^2.$$

Für $t = 0$ ist er überall gleich 0, während er zu späteren Zeiten den folgenden Verlauf hat:

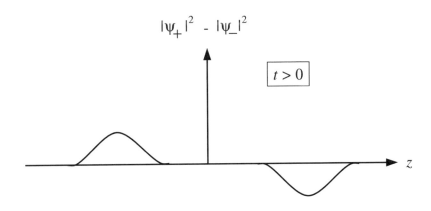

Für Zeiten $t > 0$ sehen wir:

für $z > 0$ : wahrscheinlicher Messwert $S_z = -\dfrac{\hbar}{2}$

für $z < 0$ : wahrscheinlicher Messwert $S_z = +\dfrac{\hbar}{2}$ .

Die Spinorwellenfunktion beschreibt also die Aufspaltung in zwei Teilstrahlen, die in die positive bzw. negative $z$-Richtung laufen und zu entgegengesetzten Eigenwerten von $S_z$ gehören, wie es der Beobachtung entspricht.

## 15.6 Drehung von Spinoren

### 15.6.1 Eigenspinoren zu beliebigen Richtungen

Wir haben die Eigenvektoren von $S_z$, nämlich $|+\rangle$ („Spin up") und $|-\rangle$ („Spin down"), kennengelernt. Wenn nun die Messapparatur die $x$-Komponente $S_x$ des Spins misst, sind wir an den Eigenvektoren von

$$S_x = \frac{\hbar}{2}\sigma_x = \frac{\hbar}{2}\begin{pmatrix} 0 & 1 \\ 1 & 0 \end{pmatrix}$$

interessiert. Die Eigenwerte sind $\pm\frac{\hbar}{2}$. Wir schreiben die Eigenwertgleichung als

$$S_x|X_\pm\rangle = \pm\tfrac{\hbar}{2}|X_\pm\rangle,$$

bzw.

$$\sigma_x\begin{pmatrix} \chi_+ \\ \chi_- \end{pmatrix} = \pm\begin{pmatrix} \chi_+ \\ \chi_- \end{pmatrix}, \qquad |\chi_+|^2 + |\chi_-|^2 = 1.$$

Die Lösung ist (bis auf einen konstanten Faktor vom Betrag 1)

$$|X_+\rangle = \frac{1}{\sqrt{2}}\begin{pmatrix} 1 \\ 1 \end{pmatrix}, \qquad |X_-\rangle = \frac{1}{\sqrt{2}}\begin{pmatrix} 1 \\ -1 \end{pmatrix}.$$

Noch mutiger fragen wir nun nach den Eigenvektoren für eine beliebige Spinkomponente. Eine beliebige Richtung sei spezifiziert durch den Vektor $\vec{e}$, $|\vec{e}| = 1$:

$$\vec{e} = (\sin\vartheta\,\cos\varphi,\ \sin\vartheta\,\sin\varphi,\ \cos\vartheta).$$

Wir definieren die zugehörige Spinkomponente

$$S_{\vec{e}} = \vec{e}\cdot\vec{S} = \frac{\hbar}{2}\,\vec{e}\cdot\vec{\sigma} = \frac{\hbar}{2}\begin{pmatrix} \cos\vartheta & \sin\vartheta\,e^{-i\varphi} \\ \sin\vartheta\,e^{i\varphi} & -\cos\vartheta \end{pmatrix}.$$

Die Eigenwertgleichung ist

$$S_{\vec{e}}|\vec{e}_\pm\rangle = \pm\tfrac{\hbar}{2}|\vec{e}_\pm\rangle$$

und hat die Lösungen

$$|\vec{e}_+\rangle = \begin{pmatrix} \cos\frac{\vartheta}{2} \\ \sin\frac{\vartheta}{2}\,\mathrm{e}^{\mathrm{i}\varphi} \end{pmatrix}$$

$$|\vec{e}_-\rangle = \begin{pmatrix} -\sin\frac{\vartheta}{2}\,\mathrm{e}^{-\mathrm{i}\varphi} \\ +\cos\frac{\vartheta}{2} \end{pmatrix},$$

die bis auf einen Phasenfaktor $\mathrm{e}^{\mathrm{i}\gamma}$ eindeutig sind.

Jetzt stellen wir die umgekehrte Frage. Es sei ein beliebiger Spinor gegeben:

$$\chi = \begin{pmatrix} \chi_+ \\ \chi_- \end{pmatrix}.$$

Ist $\chi$ Eigenvektor zu einer geeigneten Spinkomponente? Wegen

$$|\chi_+|^2 + |\chi_-|^2 = 1$$

können wir schreiben

$$\chi_+ = \cos\frac{\vartheta}{2}\,\mathrm{e}^{\mathrm{i}\alpha_+}, \quad \chi_- = \sin\frac{\vartheta}{2}\,\mathrm{e}^{\mathrm{i}\alpha_-}$$

und folglich

$$\chi \sim \begin{pmatrix} \cos\frac{\vartheta}{2} \\ \sin\frac{\vartheta}{2}\,\mathrm{e}^{\mathrm{i}\varphi} \end{pmatrix}, \qquad \text{mit} \quad \varphi = \alpha_- - \alpha_+.$$

Durch Vergleich mit obigem Ausdruck für $|\vec{e}_+\rangle$ sehen wir, dass $\chi$ Eigenvektor zu einer Spinkomponente $\vec{S}_{\vec{e}} = \vec{e} \cdot \vec{S}$ ist, wobei die Richtung durch

$$\vec{e} = \chi^\dagger \vec{\sigma} \chi$$

gegeben ist. Salopp gesagt: „Ein Spinor ist die Quadratwurzel aus einem Vektor".

Zusammengefasst: zu jedem Zustand in $\mathcal{H}_2$, d.h zu jedem Spinor $\chi$ modulo Phasenfaktor, gehört eineindeutig ein Einheitsvektor $\vec{e}$, so dass $\chi$ einen Spin beschreibt, der in Richtung von $\vec{e}$ zeigt.

## 15.6.2 Drehungen

Ein Spinor ist ein zweikomponentiger komplexer Vektor aus $\mathcal{H}_2$. Das ist aber noch nicht die ganze Wahrheit. Nicht jeder zweikomponentige komplexe Vektor hat die Ehre, sich Spinor nennen zu dürfen. Er muss sich auch richtig unter Drehungen transformieren. Was das heißt, wollen wir nun betrachten.

Eine räumliche Drehung wird beschrieben durch

$$\vec{r} \to \vec{r}' = R(\vec{\alpha}) \cdot \vec{r}.$$

Wie transformiert sich ein Spinor $\chi \to \chi'$ unter der Drehung? Auf jeden Fall muss für den Spinor $\chi = |\vec{e}_+\rangle$ die Drehung zu $\chi' = |\vec{e}'_+\rangle$ führen, wobei $\vec{e}' = R(\vec{\alpha}) \cdot \vec{e}$ ist.

**Behauptung:**  $\vec{S}$ erzeugt Drehungen von Spinoren,

$$\text{d.h.} \quad \chi' = \mathrm{e}^{-\frac{\mathrm{i}}{\hbar}\vec{\alpha}\cdot\vec{S}}\chi \equiv U_S(\vec{\alpha})\chi.$$

Beweis: Sei

$$\chi^\dagger \vec{\sigma} \chi = \vec{e},$$

dann ist zu zeigen

$$\chi'^\dagger \vec{\sigma} \chi' = \vec{e}',$$

was dasselbe ist wie

$$\chi^\dagger \mathrm{e}^{+\frac{\mathrm{i}}{\hbar}\vec{\alpha}\cdot\vec{S}}\, \vec{\sigma}\, \mathrm{e}^{-\frac{\mathrm{i}}{\hbar}\vec{\alpha}\cdot\vec{S}}\chi = R(\vec{\alpha})\chi^\dagger \vec{\sigma} \chi.$$

Es genügt also zu zeigen:

$$\mathrm{e}^{\frac{\mathrm{i}}{2}\vec{\alpha}\cdot\vec{\sigma}}\, \vec{\sigma}\, \mathrm{e}^{-\frac{\mathrm{i}}{2}\vec{\alpha}\cdot\vec{\sigma}} = R(\vec{\alpha}) \cdot \vec{\sigma}.$$

Für infinitesimale Drehungen lautet dies

$$\left\{ 1 + \tfrac{\mathrm{i}}{2}\delta\vec{\alpha}\cdot\vec{\sigma} \right\} \vec{\sigma} \left\{ 1 - \tfrac{\mathrm{i}}{2}\delta\vec{\alpha}\cdot\vec{\sigma} \right\} = \vec{\sigma} + \vec{\delta\alpha} \times \vec{\sigma}$$

bzw.

$$\vec{\sigma} + \tfrac{\mathrm{i}}{2}\left[ \delta\vec{\alpha}\cdot\vec{\sigma},\, \vec{\sigma} \right] = \vec{\sigma} + \delta\vec{\alpha} \times \vec{\sigma}$$

und folgt aus der Algebra der Paulimatrizen:

$$\tfrac{\mathrm{i}}{2}\left[ \delta\alpha_j\sigma_j, \sigma_k \right] = \tfrac{\mathrm{i}}{2}\delta\alpha_j\, 2\mathrm{i}\,\varepsilon_{jkl}\sigma_l = \varepsilon_{kjl}\delta\alpha_j\sigma_l.$$

Für endliche Drehungen mit $\vec{\alpha} = \alpha\cdot\vec{n}$ folgt unter Benutzung von $(\vec{n}\cdot\vec{\sigma})^2 = 1$ die Beziehung

$$U_S(\vec{\alpha}) = \mathrm{e}^{-\frac{\mathrm{i}}{2}\vec{\alpha}\cdot\vec{\sigma}} = \cos\tfrac{\alpha}{2}\cdot 1 - \mathrm{i}\sin\tfrac{\alpha}{2}\,\vec{n}\cdot\vec{\sigma},$$

mit deren Hilfe man den Beweis für endliche Drehungen führen kann. ∎

Die spezielle Drehung mit $\alpha = \vartheta$, $\vec{n} = (-\sin\varphi, \cos\varphi, 0)$ dreht $\vec{e}_3 = (0,0,1)$ nach $\vec{e} = (\sin\vartheta\cos\varphi, \sin\vartheta\sin\varphi, \cos\vartheta)$. Für diese Drehung ist

$$U_S(\vec{\alpha}) = \cos\tfrac{\vartheta}{2}\mathbf{1} + \mathrm{i}\sin\tfrac{\vartheta}{2}\left(\sin\varphi\,\sigma_1 - \cos\varphi\,\sigma_2\right) = \begin{pmatrix} \cos\tfrac{\vartheta}{2} & -\sin\tfrac{\vartheta}{2}\mathrm{e}^{-\mathrm{i}\varphi} \\ \sin\tfrac{\vartheta}{2}\mathrm{e}^{\mathrm{i}\varphi} & \cos\tfrac{\vartheta}{2} \end{pmatrix}$$

in Übereinstimmung mit

$$U_S(\vec{\alpha})\begin{pmatrix} 1 \\ 0 \end{pmatrix} = |\vec{e}_+\rangle$$

$$U_S(\vec{\alpha})\begin{pmatrix} 0 \\ 1 \end{pmatrix} = |\vec{e}_-\rangle.$$

Bei der Drehung von Spinoren tritt die Hälfte des Drehwinkels auf. („Ein Spinor ist die Quadratwurzel aus einem Vektor".) Dies führt zu einer bemerkenswerten Tatsache: bei Drehungen um den Winkel $2\pi$ ist $U_S(2\pi\vec{n}) = -\mathbf{1}$ und folglich

$$\chi' = -\chi,$$

so dass der Spinor sein Vorzeichen wechselt. Eine vollständige Drehung führt also bei Teilchen mit Spin $1/2$ nicht zum gleichen Vektor im Hilbertraum. Diese merkwürdige Eigenschaft wurde im Falle von Neutronen durch Experimente mit einem Neutroneninterferometer bestätigt.

Wir haben soweit die Transformation von Spinoren unter Drehungen betrachtet. Wie transformiert sich die gesamte Spinorwellenfunktion? Für schrödingersche Wellenfunktionen haben wir früher gefunden

$$\psi'(\vec{r}) = U_L(\vec{\alpha})\psi(\vec{r})$$
$$= \psi(R(-\vec{\alpha})\vec{r}).$$

Für die zweikomponentige Spinorwellenfunktion müssen wir sowohl die einzelnen Komponenten bezüglich ihrer Ortsabhängigkeit nach diesem Gesetz transformieren als auch den Spinor gemäß der oben gefundenen Regel:

$$\psi(\vec{r}) = \begin{pmatrix} \psi_+(\vec{r}) \\ \psi_-(\vec{r}) \end{pmatrix}$$

geht über in

$$\psi'(\vec{r}) = U_S(\vec{\alpha})\begin{pmatrix} U_L(\vec{\alpha})\psi_+(\vec{r}) \\ U_L(\vec{\alpha})\psi_-(\vec{r}) \end{pmatrix}$$
$$= U_S(\vec{\alpha})U_L(\vec{\alpha})\psi(\vec{r}) = \mathrm{e}^{-\frac{\mathrm{i}}{\hbar}\vec{\alpha}\cdot(\vec{L}+\vec{S})}\psi(\vec{r}).$$

Hier lesen wir ab:

> Der Gesamtdrehimpuls $\vec{J} = \vec{L} + \vec{S}$ erzeugt räumliche Drehungen.

### 15.7 Der Messprozess, illustriert am Beispiel des Spins, oder: „Die Mysterien der Quantenwelt"

Die Eigentümlichkeiten der Quantenphysik und des quantenphysikalischen Messprozesses lassen sich sehr gut am Beispiel des Spins verdeutlichen. Wir betrachten dazu Teilchen mit Spin 1/2, die einen Stern-Gerlach-Apparat durchlaufen. In den Abbildungen symbolisieren wir den Apparat durch einen Kasten. Die Aufschrift „Z" zeigt an, dass der Apparat in $z$-Richtung orientiert ist, d.h. er trennt die Teilchen nach der $z$-Komponente des Spins. Ein in $y$-Richtung eintretender Strahl von Teilchen wird durch den Apparat in zwei Teilstrahlen aufgespalten. Die Eigenschaft der Teilchen, zum oberen bzw. unteren Teilstrahl zu gehören, bezeichnen wir mit $Z_\pm$. Wir wissen, dass sie zum Wert der Spinkomponente $S_3$ korrespondiert.

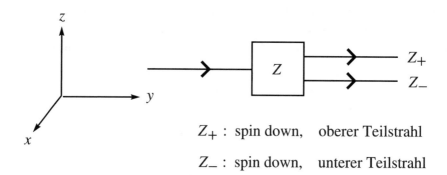

$Z_+$ : spin down,  oberer Teilstrahl

$Z_-$ : spin down,  unterer Teilstrahl

## a) Präparation

Mit dem Stern-Gerlach-Apparat können wir einen Zustand präparieren, indem wir einen Teilstrahl herausfiltern. Dazu wird einfach der andere Teilstrahl durch einen Verschluss zurückgehalten.

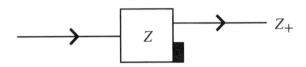

Vom Vorliegen der Eigenschaft $Z_+$ überzeugen wir uns durch eine Kontrollmessung:

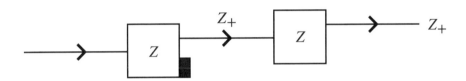

Ergebnis: der herausgefilterte Teilstrahl hat die Eigenschaft $Z_+$. Wir sprechen auch vom „Zustand $Z_+$". In der Notation der vorigen Abschnitte:

$$\text{Zustand } Z_+ \equiv |+\rangle = \begin{pmatrix} 1 \\ 0 \end{pmatrix}.$$

Wir wollen aber in diesem Abschnitt zunächst die quantenmechanische Zustandsbeschreibung noch nicht voraussetzen, sondern das Augenmerk auf die Phänomene richten.

## b) Zwei zueinander verdrehte Apparate

Die Teilchen im präparierten Zustand $Z_+$ schicken wir nun durch einen zweiten Apparat, der um $90°$ verdreht ist und in $x$-Richtung orientiert ist.

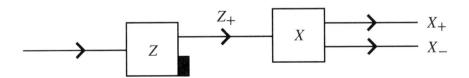

Resultat: eine erneute Aufspaltung in $X_+$ und $X_-$ mit gleichen Wahrscheinlichkeiten. In der quantenmechanischen Beschreibung sind dies die Zustände

$$|X_+\rangle = \frac{1}{\sqrt{2}}\begin{pmatrix} 1 \\ 1 \end{pmatrix}, \qquad |X_-\rangle = \frac{1}{\sqrt{2}}\begin{pmatrix} 1 \\ -1 \end{pmatrix}.$$

Dies nur zur Ergänzung. Wir wollen, wie gesagt, zunächst nicht auf die quantenmechanische Beschreibung zurückgreifen.

Da die beiden Teilstrahlen aus $Z_+$ hervorgegangen sind, stellen wir uns die

**Frage**: Haben die Elektronen in $X_+$ (oder in $X_-$) auch immer noch die Eigenschaft $Z_+$?

Die Antwort kann uns ein weiteres Experiment geben.

### c) Reihe von Apparaten

In Erweiterung des vorigen Experimentes filtern wir den Zustand $X_+$ heraus und schicken ihn durch einen Apparat, der in $z$-Richtung orientiert ist.

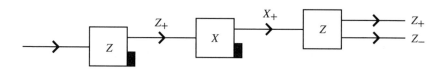

Resultat: eine Aufspaltung in $Z_+$ und $Z_-$ mit gleichen Wahrscheinlichkeiten.

Die Elektronen in $X_+$, und ebenso in $X_-$, erinnern sich nicht daran, dass sie vorher in $Z_+$ waren.

Verallgemeinerung: Statt des präparierten $Z_+$-Zustandes schicken wir von links Teilchen in beliebigen Zuständen in den $X$-Apparat.

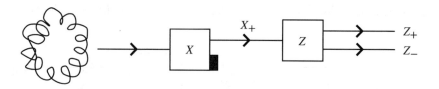

z.B. $Z_+, Z_-, Y_+, \ldots$

Resultat: die relativen Häufigkeiten sind unabhängig davon, was vor dem Apparat $X$ geschieht.

Wir bezeichnen $X_+$ als „reinen Zustand". Damit ist Folgendes gemeint: das Verhalten eines Systems in einem reinen Zustand hängt nur davon ab, um welchen reinen Zustand es sich handelt, und nicht von der Vorgeschichte oder sonstigen unbekannten Eigenschaften.

## Messung

Durch einen Stern-Gerlach-Apparat vom Typ $X$ kann an einem Teilchen die Eigenschaft $X_+$ oder $X_-$ gemessen werden.

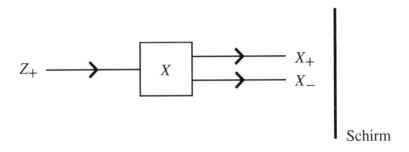

Durch eine Abschwächung des Strahls können wir erreichen, dass immer nur einzelne Elektronen durch den Apparat laufen. Diese kommen jeweils mit $X_+$ oder $X_-$ heraus. Es handelt sich also um eine Eigenschaft der einzelnen Teilchen.

Die vorher betrachteten Situationen erlauben uns, am vorliegenden Beispiel einige Merkmale des quantenmechanischen Messprozesses festzustellen.

Die Elektronen werden durch die Messung mit der Apparatur $X$ in den Zustand $X_+$ oder $X_-$ gebracht, die Eigenschaft $Z_+$ geht dabei verloren.

> Durch die Messung wird der Zustand des Systems im Allgemeinen geändert.
> Die Änderung folgt Wahrscheinlichkeitsgesetzen.

Nach der Messung hat das System Eigenschaften, die man ihm vorher weder zu- noch absprechen kann.

## Mathematische Beschreibung

Um den Anschluss an den formalen Apparat der Quantenmechanik herzustellen, betrachten wir nun die mathematische Beschreibung der beiden
diskutierten Funktionen des Stern-Gerlach-Apparates, nämlich Präparation
und Messung.

### 1. Präparation

Bei dieser Präparation wird ein beliebiger Zustand, der nicht orthogonal zu
$Z_+$ ist, in den Zustand $Z_+$, bzw. ein Vielfaches davon, übergeführt:

$$|\alpha\rangle \longrightarrow e^{i\delta}|Z_+\rangle$$

$$\begin{pmatrix} a_+ \\ a_- \end{pmatrix} \longrightarrow \begin{pmatrix} a_+ \\ 0 \end{pmatrix} \longrightarrow \frac{1}{|a_+|}\begin{pmatrix} a_+ \\ 0 \end{pmatrix} = e^{i\delta}\begin{pmatrix} 1 \\ 0 \end{pmatrix}.$$

Den Zustand vor der Normierung erhalten wir aus dem Ausgangszustand
$|\alpha\rangle$ durch Projektion auf $|Z_+\rangle$.

$$\text{Projektor} \qquad P_{(Z_+)} = |Z_+\rangle\langle Z_+| \cong \begin{pmatrix} 1 & 0 \\ 0 & 0 \end{pmatrix}$$

$$|\alpha\rangle \rightarrow P_{(Z_+)}|\alpha\rangle = |Z_+\rangle\langle Z_+|\alpha\rangle \cong \begin{pmatrix} a_+ \\ 0 \end{pmatrix}$$

Fazit: die Präparation wird durch einen Projektor beschrieben.

### 2. Messung

Fungiert der Apparat $Z$ als Messgerät, so wird an einem Teilchen das Vorliegen der Eigenschaft $Z_+$ bzw. $Z_-$ registriert. Der vor der Messung vorliegende Zustand sei

$$|\alpha\rangle = \begin{pmatrix} a_+ \\ a_- \end{pmatrix}.$$

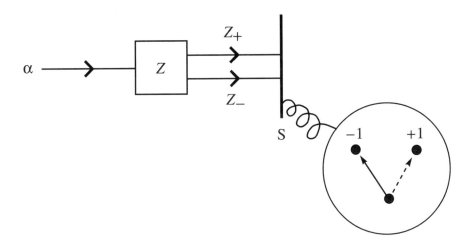

Durch die Messung von $Z$ wird das Teilchen in den zugehörigen Zustand $Z_-$ oder $Z_+$ übergeführt. Dies geschieht mit den Wahrscheinlichkeiten $p_- = |a_-|^2$ bzw. $p_+ = |a_+|^2$.

Vorher                                                    Nachher

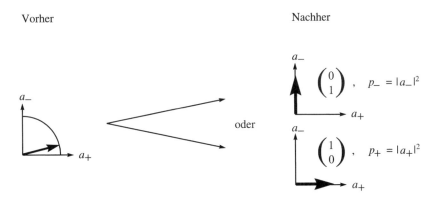

Die Observable $\sigma_z$ habe den Wert $+1$ im Zustand $Z_+$ und $-1$ im Zustand $Z_-$. Ihr Erwartungswert ist

$$\langle \sigma_z \rangle_\alpha = p_+ \cdot 1 + p_- \cdot (-1)$$

$$= |a_+|^2 - |a_-|^2 = (a_+^*, a_-^*) \begin{pmatrix} 1 & 0 \\ 0 & -1 \end{pmatrix} \begin{pmatrix} a_+ \\ a_- \end{pmatrix} = \langle \alpha | \sigma_z | \alpha \rangle.$$

Fazit: die zur Eigenschaft $Z$ gehörige Observable $\sigma_z$ wird durch die hermitesche Matrix $\begin{pmatrix} 1 & 0 \\ 0 & -1 \end{pmatrix}$ dargestellt.

## Interferenz und Superposition

Wir haben Charakteristika des quantenmechanischen Messprozesses festgehalten. Jedoch sind wir noch nicht zur eigentlich quantenphysikalischen Natur des Systems vorgestoßen, denn man kann sich auch klassische Systeme und Apparate vorstellen, die so funktionieren. (Auf die Erläuterung eines Beispiels möchte ich hier verzichten.)

Im Folgenden wollen wir uns einem Phänomen zuwenden, das typisch quantenhaft ist und aus dem Rahmen der klassischen Physik fällt. Dazu betrachten wir noch einmal einen Strahl von Teilchen im Zustand $Z_+$, der durch einen $X$-Apparat in zwei Teilstrahlen $X_+$ und $X_-$ aufgespalten wird.

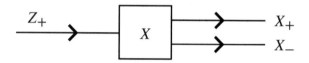

**Frage:** Könnte es sein, dass die Elektronen im Zustand $Z_+$ durch den $X$-Apparat sortiert werden, und zwar in eine Hälfte mit der Eigenschaft $X_+$ und die andere Hälfte mit der Eigenschaft $X_-$?

Zur Beantwortung dieser Frage betrachten wir folgendes Arrangement. Zunächst wird der Teilstrahl $X_+$ bzw. $X_-$ herausgefiltert, durch einen geeigneten Magneten wieder in die Mitte gebracht und anschließend durch einen $Z$-Apparat geschickt. Das Ergebnis kennen wir schon.

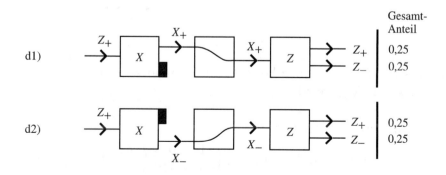

Durch die Filterung wird die Intensität halbiert und durch die nachfolgende Aufspaltung nochmals halbiert, so dass jeder Teilstrahl einen Anteil von einem Viertel der Teilchen enthält.

Nun werden bei gleicher Anordnung beide Klappen des $X$-Apparates geöffnet. Wenn die Antwort auf die obige Frage „ja" wäre, müssten sich die Intensitäten zu jeweils 0,5 addieren, wenn beide Klappen geöffnet sind.

Die Eigenschaft $Z_+$ würde dann bereits durch die Aufspaltung im Apparat $X$ vernichtet werden.

Das Ergebnis ist aber ein anderes!

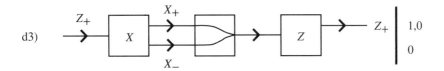

Es tritt *Interferenz* auf: durch das Öffnen einer Klappe verringert sich der Anteil der Teilchen im Teilstrahl $Z_-$ auf Null. Man beachte, dass immer nur einzelne Teilchen durch den Apparat laufen und somit kein Effekt irgendeiner Strahlwechselwirkung vorliegt.

Die Antwort auf obige Frage lautet also: „nein". Wenn die einzelnen Teilchen jeweils entweder oben oder unten durchgingen, könnte es keine Interferenz geben. Die Situation ist analog zu derjenigen beim Doppelspaltexperiment.

Weiterhin stellen wir fest, dass nicht die Aufspaltung im Apparat $X$, sondern die Filterung den Zustand verändert. Ohne Filterung können wir den ursprünglichen Zustand durch Superposition wiederherstellen.

Die Möglichkeit der Superposition von Teilchenzuständen, die zu Interferenzerscheinungen führen kann, ist eine typisch quantenphysikalische Eigenschaft.

Die oben vorliegende Superposition von Zuständen lautet im Formalismus so:

$$|Z_+\rangle = \begin{pmatrix} 1 \\ 0 \end{pmatrix} = \frac{1}{2}\begin{pmatrix} 1 \\ 1 \end{pmatrix} + \frac{1}{2}\begin{pmatrix} 1 \\ -1 \end{pmatrix} = \frac{1}{\sqrt{2}}|X_+\rangle + \frac{1}{\sqrt{2}}|X_-\rangle$$

und die drei Anordnungen entsprechen folgenden Übergängen:

d1) $\qquad \begin{pmatrix} 1 \\ 0 \end{pmatrix} \longrightarrow \dfrac{1}{2} \begin{pmatrix} 1 \\ 1 \end{pmatrix}$

d2) $\qquad \begin{pmatrix} 1 \\ 0 \end{pmatrix} \longrightarrow \dfrac{1}{2} \begin{pmatrix} 1 \\ -1 \end{pmatrix}$

d3) $\qquad \begin{pmatrix} 1 \\ 0 \end{pmatrix} \overset{=}{\longrightarrow} \dfrac{1}{2} \begin{pmatrix} 1 \\ 1 \end{pmatrix} + \dfrac{1}{2} \begin{pmatrix} 1 \\ -1 \end{pmatrix} \overset{=}{\longrightarrow} \begin{pmatrix} 1 \\ 0 \end{pmatrix}.$

# 16 Addition von Drehimpulsen

## 16.1 Addition zweier Drehimpulse

Wenn in einem System zwei unabhängige Drehimpulse vorkommen, können sie zu einem Gesamtdrehimpuls zusammengefügt werden. Beispiele sind:

i) $\vec{J} = \vec{L} + \vec{S}$

   Bahndrehimpuls plus Spin

ii) $\vec{S} = \vec{S}^{(1)} + \vec{S}^{(2)}$

   Gesamtspin zweier Elektronen

Allgemein betrachten wir zwei Drehimpulse $\vec{J}^{(1)}$, $\vec{J}^{(2)}$ mit den Kommutatoren

$$\left[ J_j^{(a)}, J_k^{(a)} \right] = i\,\hbar\,\varepsilon_{jkl} J_l^{(a)}$$
$$\left[ J_i^{(1)}, J_k^{(2)} \right] = 0.$$

Die Eigenzustände zum ersten Drehimpuls seien

$$\left. \begin{array}{l} (\vec{J}^{(1)})^2 |j_1, m_1\rangle = \hbar^2 j_1(j_1 + 1)|j_1, m_1\rangle \\ J_3^{(1)}|j_1, m_1\rangle = \hbar\,m_1|j_1, m_1\rangle \end{array} \right\} \; \mathcal{H}^{(1)} = \mathcal{H}_{j_1}$$

und entsprechend für $\vec{J}^{(2)}$. Die Dimensionen der jeweiligen Vektorräume sind

$$\dim \mathcal{H}^{(1)} = 2j_1 + 1, \quad \dim \mathcal{H}^{(2)} = 2j_2 + 1.$$

Die Berücksichtigung beider Drehimpulse führt zum gesamten Vektorraum $\mathcal{H}$, der als Tensorprodukt der einzelnen $\mathcal{H}_{j_i}$ gebildet wird:

$$\mathcal{H}_{j_1} \otimes \mathcal{H}_{j_2} \equiv \mathcal{H}, \quad \dim \mathcal{H} = (2j_1 + 1)(2j_2 + 1).$$

Er besitzt eine Basis bestehend aus den Vektoren

$$|j_1, m_1; \; j_2, m_2\rangle \equiv |j_1, m_1\rangle \otimes |j_2, m_2\rangle.$$

Hierbei sind $j_1$ und $j_2$ fest und

$$-j_1 \leq m_1 \leq j_1$$
$$-j_2 \leq m_2 \leq j_2.$$

Der Gesamtdrehimpuls

$$\vec{J} = \vec{J}^{(1)} + \vec{J}^{(2)}$$

erfüllt ebenfalls die Drehimpulsalgebra

$$[J_j, J_k] = i\hbar\,\varepsilon_{jkl}J_l.$$

Welches sind die Eigenwerte und Eigenvektoren von $\vec{J}^2$ und $\vec{J}_3$ in $\mathcal{H}$?

Die obige Basis diagonalisiert die Operatoren $(\vec{J}^{(1)})^2, J_3^{(1)}, (\vec{J}^{(2)})^2, J_3^{(2)}$.

Gesucht ist die Basis $|j, m;\ j_1;\ j_2\rangle$, die

$$\vec{J}^2, J_3, (\vec{J}^{(1)})^2, (\vec{J}^{(2)})^2$$

diagonalisiert. Insbesondere soll also gelten

$$\vec{J}^2|j, m;\ j_1;\ j_2\rangle = \hbar^2 j(j+1)|j, m;\ j_1;\ j_2\rangle, \qquad j \in \{0, \tfrac{1}{2}, 1, \dots\}$$
$$J_3|j, m;\ j_1;\ j_2\rangle = \hbar m|j, m;\ j_1;\ j_2\rangle, \qquad\qquad -j \leq m \leq j.$$

a) Wir betrachten zunächst die dritte Komponente

$$J_3 = J_3^{(1)} + J_3^{(2)}.$$

Wegen

$$J_3|j_1, m_1; j_2, m_2\rangle = \hbar(m_1 + m_2)|j_1, m_1; j_2, m_2\rangle$$

gilt

$$\boxed{m = m_1 + m_2\,.}$$

b) Nun wenden wir uns dem Quadrat des Gesamtdrehimpulses zu. Aufgrund von

$$\left[\vec{J}^2, J_3^{(a)}\right] \neq 0$$

müssen wir feststellen:

$|j_1, m_1; j_2, m_2\rangle$ ist im Allgemeinen kein Eigenvektor von $\vec{J}^2$.

Daher müssen wir geeignete Linearkombinationen mit verschiedenen Werten von $m_1$ und $m_2$ bei festem $m = m_1 + m_2$ bilden.

In der Figur sind für das Beispiel $j_1 = 4$ und $j_2 = 2$ alle Wertepaare $(m_1, m_2)$ eingetragen. Auf den Diagonalen liegen die Punkte mit konstantem $m$.

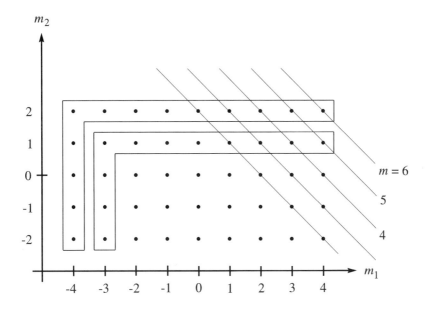

Das größte $m$ ist $m_{\max} = j_1 + j_2$. Der zugehörige Zustand ist eindeutig und lautet $|j_1, j_1;\ j_2, j_2\rangle$.

Daraus folgt: der größtmögliche Wert für $j$ ist $j = j_1 + j_2$ und es gilt

$$|\underbrace{j_1 + j_2}_{j}, \underbrace{j_1 + j_2}_{m};\ j_1;\ j_2\rangle = |j_1, j_1;\ j_2, j_2\rangle.$$

Das gesamte hierzu gehörige Multiplett ist

$$\left.\begin{array}{l} j = j_1 + j_2 \\ m = -(j_1 + j_2),\ \ldots,\ j_1 + j_2 - 1,\ j_1 + j_2 \end{array}\right\}\ \mathcal{H}_{j_1 + j_2}.$$

Im restlichen Raum ist das verbleibende größte $m$ gleich $j_1 + j_2 - 1$. Im gesamten Raum ist es zweifach entartet. In diesem zweidimensionalen Unterraum gehört ein Vektor zu $\mathcal{H}_{j_1+j_2}$. Der dazu orthogonale verbleibende Vektor liegt in $\mathcal{H}_{j_1+j_2-1}$.

Dieses Verfahren kann in gleicher Weise fortgesetzt werden. In der Figur ist die entsprechende Abzählung der Zustände durch die Einrahmungen symbolisiert. Hierbei ist zu beachten, dass die eingerahmten Zustände nicht die gesuchten Linearkombinationen sind, sondern lediglich zur Zählung der Dimensionen dienen.

Dieses Verfahren endet bei $j = |j_1 - j_2|$.

Ergebnis:

> Bei der Addition zweier Drehimpulse vom Betrag $j_1$ und $j_2$ kann der Gesamtdrehimpuls die Beträge
>
> $$j_1 + j_2, \quad j_1 + j_2 - 1, \quad \ldots, \quad |j_1 - j_2|$$
>
> annehmen.

Das heißt

$$\mathcal{H}_{j_1} \otimes \mathcal{H}_{j_2} = \sum_{j=|j_1-j_2|}^{j_1+j_2} \mathcal{H}_j.$$

Die Dimensionszählung

$$(2j_1 + 1)(2j_2 + 1) = \sum_{j=|j_1-j_2|}^{j_1+j_2} (2j + 1)$$

stimmt.

**Basistransformation:**

Die zu bestimmten Werten von $j$ und $m$ gehörigen Vektoren sind Linearkombinationen mit verschiedenen $m_1$ und $m_2$:

$$|j, m; \, j_1; j_2\rangle = \sum_{m_1+m_2=m} |j_1, m_1; \, j_2, m_2\rangle \langle j_1, m_1; \, j_2, m_2 | j, m; \, j_1; \, j_2\rangle.$$

Die auftretenden Koeffizienten heißen *Clebsch-Gordan-Koeffizienten*. Sie können mit Hilfe der Leiteroperatoren berechnet werden. Für konkrete Werte pflegt man allerdings geeignete Tabellen zu konsultieren.

Beispiel:

$$\langle j_1, j_1; \, j_2, j_2 | j_1 + j_2, j_1 + j_2; \, j_1; \, j_2\rangle = 1.$$

## 16.2  Zwei Spins $\frac{1}{2}$

Als wichtiges Beispiel betrachten wir die Addition zweier Spins.

$$j_1 = \tfrac{1}{2}, \; j_2 = \tfrac{1}{2}, \qquad \dim \mathcal{H} = 4.$$

Notation:

$$
\begin{aligned}
|\tfrac{1}{2},\tfrac{1}{2};\tfrac{1}{2},\tfrac{1}{2}\rangle &= |++\rangle = |\uparrow\uparrow\rangle \\
|\tfrac{1}{2},-\tfrac{1}{2};\tfrac{1}{2},\tfrac{1}{2}\rangle &= |-+\rangle = |\downarrow\uparrow\rangle \\
|\tfrac{1}{2},\tfrac{1}{2};\tfrac{1}{2},-\tfrac{1}{2}\rangle &= |+-\rangle = |\uparrow\downarrow\rangle \\
|\tfrac{1}{2},-\tfrac{1}{2};\tfrac{1}{2},-\tfrac{1}{2}\rangle &= |--\rangle = |\downarrow\downarrow\rangle.
\end{aligned}
$$

Für das Quadrat des Gesamtspins gilt

$$
\begin{aligned}
\vec{J}^2 &= (\vec{J}^{(1)})^2 + (\vec{J}^{(2)})^2 + 2\vec{J}^{(1)} \cdot \vec{J}^{(2)} \\
&= \tfrac{3}{2}\hbar^2 + 2J_3^{(1)}J_3^{(2)} + J_+^{(1)}J_-^{(2)} + J_-^{(1)}J_+^{(2)},
\end{aligned}
$$

und folglich

$$
\begin{aligned}
\vec{J}^2|++\rangle &= \left(\tfrac{3}{2}\hbar^2 + 2\tfrac{\hbar}{2}\tfrac{\hbar}{2}\right)|++\rangle = 2\hbar^2|++\rangle \\
\vec{J}^2|--\rangle &= \left(\tfrac{3}{2}\hbar^2 + 2\tfrac{\hbar}{2}\tfrac{\hbar}{2}\right)|--\rangle = 2\hbar^2|--\rangle.
\end{aligned}
$$

Mit $j(j+1) = 2$ erhalten wir für diese beiden Zustände

$$
j = 1, \qquad m = \pm 1.
$$

Die beiden verbleibenden Zustände erfüllen

$$
\begin{aligned}
\vec{J}^2|+-\rangle &= \left(\tfrac{3}{2}\hbar^2 - 2\tfrac{\hbar}{2}\tfrac{\hbar}{2}\right)|+-\rangle + \hbar^2|-+\rangle \\
&= \hbar^2(|+-\rangle + |-+\rangle), \\
\vec{J}^2|-+\rangle &= \hbar^2(|-+\rangle + |+-\rangle).
\end{aligned}
$$

Hieraus folgt sofort

$$
\vec{J}^2(|+-\rangle + |-+\rangle) = 2\hbar^2(|+-\rangle + |-+\rangle).
$$

Dies ist der $j = 1$, $m = 0$ Zustand.

Damit ist das erste Multiplett vollständig:

$$
\begin{aligned}
j = 1 : \qquad |1,1\rangle &= |++\rangle \\
|1,0\rangle &= \frac{1}{\sqrt{2}}(|+-\rangle + |-+\rangle) \\
|1,-1\rangle &= |--\rangle.
\end{aligned}
$$

Die verbleibende Linearkombination erfüllt

$$
\vec{J}^2(|+-\rangle - |-+\rangle) = 0
$$

und bildet das Multiplett

$$j = 0: \qquad\qquad |0,0\rangle = \frac{1}{\sqrt{2}}(|+-\rangle - |-+\rangle).$$

Merke:

$$\boxed{\text{antisymmetrisch} \longleftrightarrow \text{Gesamtspin } 0\,.}$$

Die Clebsch-Gordan-Koeffizienten $\langle \frac{1}{2}, m_1; \ \frac{1}{2}, m_1 | j, m; \ \frac{1}{2}; \ \frac{1}{2} \rangle$ können aus obigen Formeln leicht abgelesen werden.

## 16.3 Bahndrehimpuls und Spin $\frac{1}{2}$

Das zweite wichtige Beispiel ist die Addition von Bahndrehimpuls und Spin eines Teilchens zum Gesamtdrehimpuls. Hier gilt

$$j_1 = l \geq 1, \ j_2 = \tfrac{1}{2} \quad \Rightarrow \quad j \in \{l + \tfrac{1}{2}, \ l - \tfrac{1}{2}\}.$$

Eine einfache Rechnung mit Leiteroperatoren liefert

$$|l \pm \tfrac{1}{2}, m_j; \ l; \ \tfrac{1}{2}\rangle =$$

$$\sqrt{\frac{l + m_j + \frac{1}{2}}{2l+1}} \ |l, m_j \mp \tfrac{1}{2}; \ \tfrac{1}{2}, \pm\tfrac{1}{2}\rangle \pm \sqrt{\frac{l - m_j + \frac{1}{2}}{2l+1}} \ |l, m_j \pm \tfrac{1}{2}; \ \tfrac{1}{2}, \mp\tfrac{1}{2}\rangle.$$

Die Ausnahme hiervon ist der Fall

$$j_1 = l = 0, \quad j_2 = \tfrac{1}{2} \quad \Longrightarrow \quad j = \tfrac{1}{2},$$

für den einfach gilt

$$|\tfrac{1}{2}, \pm\tfrac{1}{2}; \ 0; \ \tfrac{1}{2}\rangle = |0,0; \ \tfrac{1}{2}, \pm\tfrac{1}{2}\rangle.$$

Ausgedrückt durch Spinorwellenfunktionen lautet die obige Additionsregel

$$\Psi_{l+\frac{1}{2},m_j;l}(\vec{r}) = \begin{pmatrix} \sqrt{\frac{l+m_j+\frac{1}{2}}{2l+1}} \ \psi_{l,m_j-\frac{1}{2}}(\vec{r}) \\[2ex] \sqrt{\frac{l-m_j+\frac{1}{2}}{2l+1}} \ \psi_{l,m_j+\frac{1}{2}}(\vec{r}) \end{pmatrix}$$

und analog für das andere Vorzeichen.

# 17 Zeitunabhängige Störungstheorie

## 17.1 Korrekturen zum Hamiltonoperator des Wasserstoffatoms

Das wahre Spektrum des Wasserstoffatoms stimmt nicht exakt mit der Vorhersage der Schrödingergleichung (Kap. 13) überein. Einige der Abweichungen lassen sich theoretisch durch Korrekturterme zum Hamiltonoperator beschreiben. Im Rahmen einer relativistischen Behandlung folgen diese aus der Diracgleichung.

a) Relativistische kinetische Energie

$$E = \sqrt{m^2c^4 + p^2c^2} = mc^2 + \frac{p^2}{2m} - \frac{1}{8}\frac{(p^2)^2}{m^3c^2} + \cdots$$

Die erste relativistische Korrektur zur kinetischen Energie berücksichtigen wir durch einen zusätzlichen Term $H_a$:

$$H_0 = \frac{1}{2m}\vec{P}^2 - \frac{\gamma}{R} \quad \longrightarrow \quad H = H_0 + H_a$$

$$H_a = -\frac{1}{8m^3c^2}\left(\vec{P}^2\right)^2 = -\frac{1}{2mc^2}\left(H_0 + \frac{\gamma}{R}\right)^2.$$

$H_a$ kann für atomare Verhältnisse als klein gegenüber $H_0$ betrachtet werden.

b) Spin-Bahn-Kopplung

Die Diracgleichung liefert einen Term, welcher Spin und Bahndrehimpuls koppelt:

$$H_b = \frac{1}{2m^2c^2}\,\vec{S}\cdot\vec{L}\,\frac{1}{R}V'(R)$$

$$= \frac{1}{2m^2c^2}\,\vec{S}\cdot\vec{L}\,\frac{\gamma}{R^3}.$$

Man kann diesen Term heuristisch dadurch erklären, dass im Ruhesystem des Elektrons der Kern ein Magnetfeld erzeugt, welches durch den Pauliterm $\vec{S}\cdot\vec{B}$ an den Spin des Elektrons koppelt.

c) Darwinterm

Ebenfalls aus der Diracgleichung folgt der Darwinterm (nicht von *dem* Darwin)

$$H_c = \frac{\hbar^2}{8m^2c^2}\nabla^2 V(R) = \frac{\pi\hbar^2\gamma}{2m^2c^2}\,\delta^{(3)}(\vec{Q}).$$

Gesucht sind nun die Eigenwerte von

$$H = H_0 + II_a + H_b + H_c.$$

Da $H_a$, $H_b$ und $H_c$ klein gegenüber $H_0$ sind, erwarten wir, dass die Energie-Eigenwerte ungefähr so groß wie diejenigen von $H_0$ sind: $E \approx E^{(0)}$. Zur Berechnung der Abweichungen gibt es die Methode der Störungstheorie.

## 17.2 Rayleigh-Schrödinger-Störungstheorie

Der gesamte Hamiltonoperator sei zusammengesetzt aus einem *ungestörten* Teil $H_0$ und einer *Störung* $\lambda H_1$. Dabei führen wir noch einen reellen Parameter $\lambda$ ein.

$$H = H_0 + \lambda H_1.$$

Das Spektrum von $H_0$ sei uns bekannt. Wir wollen nur die diskreten Eigenwerte betrachten:

$$H_0|n^0\rangle = E_n^0|n^0\rangle.$$

(Die hochgestellte Zahl ist hier keine Potenz sondern ein Index.) Gesucht sind die diskreten Eigenwerte und zugehörigen Eigenvektoren von $H$:

$$H|n\rangle = E_n|n\rangle.$$

Annahme: $|n\rangle$ und $E_n$ können nach Potenzen von $\lambda$ entwickelt werden:

$$E_n = E_n^0 + \lambda E_n^1 + \lambda^2 E_n^2 + \ldots$$
$$|n\rangle = |n^0\rangle + \lambda|n^1\rangle + \lambda^2|n^2\rangle + \ldots \qquad \text{(unnormiert).}$$

### 17.2.1 Nicht entartete Störungstheorie

Die ungestörten Eigenzustände $|n^0\rangle$ seien nicht entartet. Die zu lösende Eigenwertgleichung ist

$$(H_0 + \lambda H_1)(|n^0\rangle + \lambda|n^1\rangle + \ldots) = (E_n^0 + \lambda E_n^1 + \ldots)(|n^0\rangle + \lambda|n^1\rangle + \ldots).$$

Geordnet nach Potenzen von $\lambda$ lautet das

$$H_0|n^0\rangle + \lambda\left(H_0|n^1\rangle + H_1|n^0\rangle\right) + \cdots = E_n^0|n^0\rangle + \lambda\left(E_n^0|n^1\rangle + E_n^1|n^0\rangle\right) + \ldots$$

Da die Gleichung für alle $\lambda$ erfüllt sein soll, müssen die Koeffizienten jeder Potenz von $\lambda$ für sich schon Null ergeben. In niedrigster Ordnung folgt daraus

$$H_0|n^0\rangle = E_n^0|n^0\rangle, \tag{I}$$

was wir ja schon voraussetzen. In den nächsten beiden Ordnungen finden wir

$$H_0|n^1\rangle + H_1|n^0\rangle = E_n^0|n^1\rangle + E_n^1|n^0\rangle,$$
$$H_0|n^2\rangle + H_1|n^1\rangle = E_n^0|n^2\rangle + E_n^1|n^1\rangle + E_n^2|n^0\rangle,$$

was wir umschreiben als

$$(H_0 - E_n^0)|n^1\rangle = -H_1|n^0\rangle + E_n^1|n^0\rangle, \tag{II}$$
$$(H_0 - E_n^0)|n^2\rangle = -H_1|n^1\rangle + E_n^1|n^1\rangle + E_n^2|n^0\rangle. \tag{III}$$

Wenn wir Gleichung (II) von links mit $\langle m^0|$ multiplizieren, erhalten wir

$$\langle m^0|H_0 - E_n^0|n^1\rangle = -\langle m^0|H_1|n^0\rangle + E_n^1\langle m^0|n^0\rangle$$
$$\implies \quad (E_m^0 - E_n^0)\langle m^0|n^1\rangle = -\langle m^0|H_1|n^0\rangle + E_n^1\delta_{mn}.$$

Für $m = n$ liefert das die erste Korrektur zur Energie:

$$\boxed{E_n^1 = \langle n^0|H_1|n^0\rangle.}$$

Für $m \neq n$ erhalten wir

$$\langle m^0|n^1\rangle = \frac{\langle m^0|H_1|n^0\rangle}{E_n^0 - E_m^0}.$$

Dies sind die Entwicklungskoeffizienten von $|n^1\rangle$ für $m \neq n$ in der Basis der ungestörten Eigenzustände. Es fehlt aber noch ein Koeffizient: wie groß ist $\langle n^0|n^1\rangle$?

Ist $|n^1\rangle$ Lösung zu (II), so auch $|n^1\rangle + \alpha|n^0\rangle$. Das bedeutet, dass $\langle n^0|n^1\rangle$ unbestimmt ist. Wir verfügen darüber derart, dass wir

$$\langle n^0|n^1\rangle = 0$$

wählen. Entsprechendes gilt für die nachfolgenden Gleichungen (III), ... für die höheren Ordnungen. Wir können

$$\langle n^0|n^k\rangle = 0 \qquad \text{für} \quad k \geq 1$$

festlegen. Damit liegt die erste Korrektur zum Eigenvektor fest und lautet

$$|n^1\rangle = \sum_{m \neq n} |m^0\rangle \langle m^0|H_1|n^0\rangle (E_n^0 - E_m^0)^{-1}.$$

Wir wollen uns noch der Gleichung (III) zuwenden. Aus ihr folgt

$$\underbrace{\langle n^0|H_0 - E_n^0|n^2\rangle}_{0} = -\langle n^0|H_1|n^1\rangle + E_n^1 \underbrace{\langle n^0|n^1\rangle}_{0} + E_n^2 \underbrace{\langle n^0|n^0\rangle}_{1},$$

woraus wir die Korrektur zweiter Ordnung zur Energie erhalten:

$$E_n^2 = \langle n^0|H_1|n^1\rangle = \sum_{m \neq n} \frac{|\langle m^0|H_1|n^0\rangle|^2}{E_n^0 - E_m^0}.$$

Dieses Verfahren lässt sich mit genügend Geduld zu beliebig höheren Ordnungen fortsetzen. Wir wollen uns aber mit den obigen Ergebnissen begnügen.

### 17.2.2 Störungstheorie für entartete Zustände

Oben haben wir vorausgesetzt, dass die ungestörte Energie nicht entartet ist. Falls dies aber doch so ist, müssen wir ein bisschen mehr tun.

Sei also $E_n^0$ entartet:

$$H_0|n_\alpha^0\rangle = E_n^0|n_\alpha^0\rangle, \qquad \alpha = 1, \ldots, k.$$

Die mit dem griechischen Index gekennzeichneten Eigenvektoren seien so gewählt, dass sie eine Orthonormalbasis in dem $k$-dimensionalen Eigenraum bilden:

$$\langle n_\alpha^0|n_\beta^0\rangle = \delta_{\alpha\beta}.$$

Zu niedrigster Ordnung in $\lambda$ haben wir natürlich

$$H_0|n^0\rangle = E_n^0|n^0\rangle$$

mit der allgemeinen Lösung

$$|n^0\rangle = \sum_\alpha |n_\alpha^0\rangle c_\alpha,$$

wobei die Koeffizienten $c_\alpha$ noch nicht festgelegt sind.

Multiplizieren wir die Gleichung II von links mit $\langle n_\beta^0|$, so finden wir

$$\underbrace{\langle n_\beta^0|H_0 - E_n^0|n^1\rangle}_{0} = -\langle n_\beta^0|H_1 - E_n^1|n^0\rangle$$

und folglich das Gleichungssystem

$$\sum_\alpha \langle n_\beta^0|H_1|n_\alpha^0\rangle c_\alpha = E_n^1 c_\beta.$$

Mit

$$H_{1\,\beta\alpha} \doteq \langle n_\beta^0|H_1|n_\alpha^0\rangle$$

lautet es

$$\sum_\alpha H_{1\,\beta\alpha} c_\alpha = E_n^1 c_\beta,$$

d.h. $E_n^1$ ist Eigenwert der $k \times k$-Matrix $(H_{1\,\beta\alpha}) \equiv \widehat{H}_1$. Wie aus der linearen Algebra bekannt, findet man die Lösungen für $E_n^1$ aus der *Säkulargleichung*

$$\det(\widehat{H}_1 - E_n^1) = 0.$$

Es existieren $k$ Lösungen $E_{n\gamma}^1$, $\gamma = 1, \ldots, k$. Diese sind im Allgemeinen nicht gleich. Die $k$-fache Entartung zu nullter Ordnung wird somit durch die Störung in erster Ordnung aufgehoben oder teilweise aufgehoben:

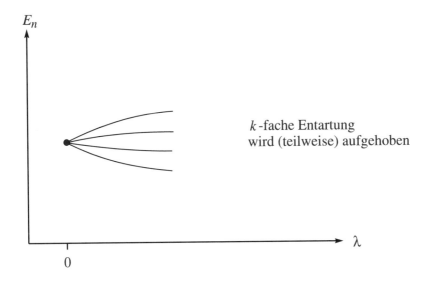

Die Lösungsvektoren $c_\alpha^{(\gamma)}$ des linearen Gleichungssystems liefern die richtigen Linearkombinationen für $|n^0\rangle$.

Analog zum nichtentarteten Fall lässt sich das Verfahren beliebig weit zu höheren Ordnungen fortsetzen.

## 17.3 Das Wasserstoffatom, Teil II

### 17.3.1 Feinstruktur des Spektrums

Jetzt haben wir das Werkzeug zur Hand, um Korrekturen zum Spektrum des Wasserstoffatoms zu berechnen. Wir gehen aus vom oben diskutierten Hamiltonoperator

$$H = H_0 + \underbrace{H_a + H_b + H_c}_{\text{kleine Störung}},$$

wobei die Konstante $\gamma$ im Potenzial gegeben ist durch

$$\gamma = \frac{e_0^2}{4\pi\varepsilon_0}.$$

In $H_b$ kommt der Spin vor, so dass Wellenfunktionen mit Spin zu verwenden sind.

Wir wenden nun die Störungstheorie bis zur ersten Ordnung an. Die Eigenwertgleichung nullter Ordnung

$$H_0|n^0\rangle = E_n^0|n^0\rangle$$

haben wir im Kapitel 13 gelöst mit dem Ergebnis

$$E_n^0 = -\tilde{R}_H \frac{1}{n^2} = -\frac{me_0^4}{2\hbar^2(4\pi\varepsilon_0)^2}\frac{1}{n^2} = -\frac{mc^2\alpha^2}{2}\frac{1}{n^2},$$

wobei

$$\alpha = \frac{e_0^2}{\hbar c(4\pi\varepsilon_0)} \approx \frac{1}{137{,}036}$$

die sommerfeldsche *Feinstrukturkonstante* ist. Die ungestörten Energien sind entartet. Die zugehörigen ungestörten Eigenzustände sind

$$|n^0\rangle = |n;\ l, m;\ m_s\rangle$$

oder Linearkombinationen davon. In den ket-Vektoren lassen wir den Eintrag $s$ für den Spin, der immer gleich 1/2 ist, fort. Die Spinquantenzahl $m_s$ kann die Werte

$$m_s = \pm \tfrac{1}{2}$$

annehmen. Durch Addition von Bahndrehimpuls und Spin gelangt man zu Eigenzuständen des Gesamtdrehimpulses. Diese Zustände

$$|n;\ j, m_j;\ l\rangle, \qquad j = l \pm \frac{1}{2}$$

bilden eine andere geeignete Basis, die wir im Folgenden verwenden.

$$H_a = -\frac{1}{2mc^2}\left(H_0 + \frac{\gamma}{R}\right)^2$$

ist in der gewählten Basis bereits diagonal wegen

$$[H_a, \vec{L}^2] = [H_a, \vec{J}^2] = [H_a, J_3] = 0.$$

Das benötigte Matrixelement ist

$$\langle n;\ j', m_j';\ l'|\ H_0^2 + 2\gamma H_0 \tfrac{1}{R} + \gamma^2 \tfrac{1}{R^2}\ |n;\ j, m_j;\ l\rangle$$

$$= (E_n^0)^2\, \delta_{jj'}\delta_{m_j m_j'}\delta_{ll'} + 2\gamma E_n^0\, \langle \tfrac{1}{r}\rangle_{nl}\, \delta_{jj'}\delta_{m_j m_j'}\delta_{ll'} + \gamma^2\, \langle \tfrac{1}{r^2}\rangle_{nl}\, \delta_{jj'}\delta_{m_j m_j'}\delta_{ll'}.$$

Die Erwartungswerte

$$\langle \frac{1}{r}\rangle_{nl} = \frac{1}{an^2}\,, \qquad \langle \frac{1}{r^2}\rangle_{nl} = \frac{1}{a^2 n^3 (l+\frac{1}{2})}$$

entnehmen wir dem Kapitel 13 und finden

$$\langle H_a\rangle = \langle n;\ j, m_j;\ l|\ H_a\ |n;\ j, m_j;\ l\rangle = E_n^0\, \frac{\alpha^2}{n^2}\left(\frac{n}{l+\frac{1}{2}} - \frac{3}{4}\right).$$

Kommen wir zum zweiten Term:

$$H_b = \frac{1}{2m^2 c^2}\, \vec{S}\cdot\vec{L}\, \frac{\gamma}{R^3}.$$

Aufgrund von

$$\vec{J}^2 = (\vec{L} + \vec{S})^2 = \vec{L}^2 + \vec{S}^2 + 2\vec{L}\cdot\vec{S}$$

können wir das Vektorprodukt umschreiben als

$$\vec{S} \cdot \vec{L} = \frac{1}{2}(\vec{J}^2 - \vec{L}^2 - \vec{S}^2)$$

und finden damit

$$\vec{S} \cdot \vec{L}|n; \ j, m_j; \ l\rangle = \frac{\hbar^2}{2}\left(j(j+1) - l(l+1) - \tfrac{3}{4}\right)|n; \ j, m_j; \ l\rangle.$$

$H_b$ ist also ebenfalls bereits diagonal und es ist

$$\langle H_b \rangle = \frac{1}{2m^2c^2} \frac{\hbar^2}{2} \left[j(j+1) - l(l+1) - \tfrac{3}{4}\right] \gamma \ \langle \frac{1}{r^3}\rangle_{nl}.$$

Für $l \geq 1$ gilt

$$\langle \frac{1}{r^3}\rangle_{nl} = \frac{2}{a^3 n^3 l(l+1)(2l+1)}$$

und in diesem Falle ergeben die ersten beiden Terme zusammen

$$\langle H_a + H_b \rangle = -E_n^0 \frac{\alpha^2}{n^2} \left(\frac{3}{4} - \frac{n}{j + \frac{1}{2}}\right), \qquad l \geq 1.$$

Im Falle $l = 0$ gilt

$$\vec{S} \cdot \vec{L}|n; \ \tfrac{1}{2}, m_j; \ 0\rangle = 0$$

und somit

$$\langle H_b \rangle = 0, \qquad l = 0.$$

Der dritte Term

$$H_c = \frac{\pi \hbar^2 \gamma}{2m^2c^2} \ \delta^{(3)}(\vec{Q})$$

ist auch diagonal und wir haben

$$\langle H_c \rangle = \frac{\pi \hbar^2 \gamma}{2m^2c^2} \ |f_{nl}(0)|^2 = \frac{mc^2\alpha^4}{2n^3} \ \delta_{l,0}.$$

Dies ist identisch mit dem Ausdruck für $\langle H_b \rangle$ für $j = \frac{1}{2}, l = 0$. Wir fassen nun alles zusammen und erhalten die gesamte Korrektur

$$\langle H_a + H_b + H_c \rangle = -E_n^0 \frac{\alpha^2}{n^2} \left(\frac{3}{4} - \frac{n}{j + \frac{1}{2}}\right).$$

Die Energien lauten somit

$$E_{nj} = -mc^2 \frac{\alpha^2}{2n^2} \left\{ 1 - \frac{\alpha^2}{n^2} \left( \frac{3}{4} - \frac{n}{j + \frac{1}{2}} \right) \right\}$$

in der Störungstheorie bis zur ersten Ordnung. Die Korrekturen zur Balmerformel verursachen die *Feinstruktur* des Spektrums.

*Diskussion:*

a) Die Korrekturen sind gegenüber dem ungestörten Term um einen Faktor $\alpha^2 = 5{,}3 \cdot 10^{-5}$ unterdrückt.

b) Die Diracgleichung liefert exakt

$$E_{nj} = mc^2 \left\{ 1 + \alpha^2 \left[ n - j - \frac{1}{2} + \sqrt{\left( j + \frac{1}{2} \right)^2 - \alpha^2} \right]^{-2} \right\}^{-1/2} - mc^2.$$

Die Entwicklung nach Potenzen von $\alpha$ ergibt wieder unseren obigen Ausdruck.

c) Das Termschema hat folgende Gestalt. Die Niveaus werden durch die Hauptquantenzahl $n$, den Bahndrehimpulsnamen $L = s, p, d, f, \ldots$ und den Gesamtdrehimpuls $j$ in der Form $nL_j$ bezeichnet.

d) $2s_{1/2}$ und $2p_{1/2}$ sind entartet in jeder Ordnung in $\alpha$.

e) Es gibt weitere Korrekturen zu den Energien, die wir nicht erfasst haben.

- Lambshift:
  wird durch die Quantenelektrodynamik erklärt,
  produziert eine Aufspaltung zwischen $2s_{1/2}$ und $2p_{1/2}$ von $4{,}3 \cdot 10^{-6}$ eV.

- Hyperfeinstruktur:
  entsteht durch die Wechselwirkung mit dem magnetischen Moment des Kerns,
  betrifft im Wesentlichen nur die $s$-Terme
  und bewirkt eine Aufspaltung $\sim 1/n^3$.
  Für $1s_{1/2}$ beträgt sie $5{,}8 \cdot 10^{-6}$ eV.

- endliche Kernabmessung:
  modifiziert das elektrostatische Potenzial,
  betrifft im Wesentlichen nur die $s$-Terme,
  verursacht eine Verschiebung $\sim 1/n^3$.
  Für $1s_{1/2}$ beträgt sie $\sim 4 \cdot 10^{-9}$ eV.

- Isotopie-Effekt.

## 17.4 Anormaler Zeemaneffekt

In unserer früheren Diskussion des Einflusses eines Magnetfeldes auf atomare Energieniveaus haben wir den Spin unberücksichtigt gelassen (normaler Zeemaneffekt). Für ein H-Atom in einem äußeren Magnetfeld ist auch die Kopplung des Spins an das Magnetfeld zu berücksichtigen. Der Hamiltonoperator für den Fall $\vec{B} = (0, 0, B)$ lautet

$$H = H_H + H_z,$$

wobei $H_H$ der Hamiltonoperator des H-Atoms ohne äußeres Feld ist und

$$H_z = -\tfrac{e}{2m}(L_3 + 2S_3)B$$
$$= -\tfrac{e}{2m}(J_3 + S_3)B.$$

Wenn das Feld schwach ist, können wir die Störungstheorie erster Ordnung verwenden. Die ungestörten Energien seien gegeben durch

$$H_H|n;\ j, m_j;\ l\rangle = E_{nj}|n;\ j, m_j;\ l\rangle, \qquad j = l \pm \tfrac{1}{2}.$$

Die Korrekturen aufgrund von $H_z$ sind in erster Ordnung

$$\Delta E_{n,l\pm\frac{1}{2}} = \langle n;\, l\pm\tfrac{1}{2}, m_j;\, l|\; H_z\; |n;\, l\pm\tfrac{1}{2}, m_j;\, l\rangle.$$

Aus Kapitel 16.3 über die Addition von Bahndrehimpuls und Spin wissen wir, dass

$$|n;\, l\pm\tfrac{1}{2}, m_j;\, l\rangle = \sqrt{\tfrac{l+m_j+\frac{1}{2}}{2l+1}}\, |l, m_j\mp\tfrac{1}{2};\, \tfrac{1}{2}, \pm\tfrac{1}{2}\rangle \pm \sqrt{\tfrac{l-m_j+\frac{1}{2}}{2l+1}}\, |l, m_j\pm\tfrac{1}{2};\, \tfrac{1}{2}, \mp\tfrac{1}{2}\rangle.$$

Damit können wir die Matrixelemente berechnen und erhalten

$$\langle J_3 \rangle = \hbar m_j$$
$$\langle S_3 \rangle = \pm\frac{\hbar m_j}{2l+1}.$$

Das Ergebnis für die Korrektur ist

$$\Delta E_{n,l\pm\frac{1}{2}} = \mu_B B m_j \left(1 \pm \frac{1}{2l+1}\right).$$

Zur Erinnerung: $\mu_B = -e\hbar/2m$.

Die Größe der Aufspaltung der entarteten Niveaus hängt von $l$ ab. Daher wird dieses Phänomen als *anormal* bezeichnet.

Im Spektrum beobachtet man demzufolge im Allgemeinen mehr als 3 Linien.

*Bemerkung:*

Im allgemeinen Fall eines Atoms mit mehreren Leuchtelektronen mit Gesamtspin $S$, Gesamtbahndrehimpuls $L$ und Gesamtdrehimpuls $J$ findet man

$$\Delta E = \mu_B B m_J \cdot g$$

mit dem Landéfaktor

$$g = 1 + \frac{J(J+1) - L(L+1) + S(S+1)}{2J(J+1)}.$$

In dem von uns betrachteten Spezialfall ist $S = \frac{1}{2}$, $L = l$, $J = j$.

# 18 Quantentheorie mehrerer Teilchen

## 18.1 Mehrteilchen-Schrödingergleichung

Die meisten Systeme, die wir bisher quantenmechanisch behandelt haben, bestehen aus nur einem Teilchen. Wir wollen uns nun den Systemen aus mehreren Teilchen zuwenden. Interessante Beispiele für Mehrteilchensysteme sind:

2 Teilchen: H-Atom; haben wir schon behandelt. Jedes Zwei-Teilchen-System lässt sich reduzieren auf ein Ein-Teilchen-Problem.

3 Teilchen: He-Atom, $^3$He-Kern

4 Teilchen: $H_2$-Molekül, $^4$He-Kern

etc.

Betrachten wir also ein System aus $N$ Teilchen, die wir mit $i = 1, \ldots, N$ nummerieren. Zu den Freiheitsgraden der einzelnen Teilchen gehören Hilberträume $\mathcal{H}_i$. Für spinlose Teilchen haben wir beispielsweise $\mathcal{H}_i = L_2(\mathbf{R}^3)$. Der quantenmechanische Hilbertraum des Gesamtsystems ist das Tensorprodukt dieser Räume:

$$\mathcal{H} = \mathcal{H}_1 \otimes \mathcal{H}_2 \otimes \cdots \otimes \mathcal{H}_N.$$

Die Tensorprodukte

$$|n_1\rangle \otimes \cdots \otimes |n_N\rangle$$

der Basisvektoren der einzelnen Hilberträume bilden eine Basis des gesamten Hilbertraumes $\mathcal{H}$. Z.B. ist in der Ortsdarstellung

$$|\vec{r}_1\rangle \otimes \cdots \otimes |\vec{r}_N\rangle \equiv |\vec{r}_1, \ldots, \vec{r}_N\rangle$$

eine Basis und ein beliebiger Zustand lässt sich zerlegen als

$$|\psi\rangle = \int d^3 r_1 \ldots d^3 r_N \, |\vec{r}_1, \ldots, \vec{r}_N\rangle\langle\vec{r}_1, \ldots, \vec{r}_N|\psi\rangle$$

$$= \int d^3 r_1 \ldots d^3 r_N \, \psi(\vec{r}_1, \ldots, \vec{r}_N) \, |\vec{r}_1, \ldots, \vec{r}_N\rangle.$$

Wir werden das Mehrteilchensystem folglich durch eine Wellenfunktion

$$\psi(\vec{r}_1, \ldots, \vec{r}_N)$$

beschreiben. Nehmen wir den Spin hinzu, so ist die $N$-Teilchen-Wellenfunktion von der Gestalt

$$\psi(\vec{r}_1, \sigma_1, \vec{r}_2, \sigma_2, \ldots, \vec{r}_N, \sigma_N), \qquad \sigma_i = \pm 1.$$

Der Hamiltonoperator hat in vielen physikalisch interessanten Fällen die Form

$$H = \sum_{i=1}^{N} \frac{1}{2m_i} \vec{P}^{(i)2} + V(\vec{Q}_1, \ldots, \vec{Q}_N)$$

mit

$$P_k^{(j)} = \frac{\hbar}{i} \frac{\partial}{\partial x_k^j}, \qquad k = 1, 2, 3, \qquad j = 1, \ldots, N.$$

Häufig lässt sich das $N$-Teilchen-Potenzial zerlegen als

$$V(\vec{r}_1, \ldots, \vec{r}_N) = \sum_{i<j} V_{ij}(|\vec{r}_i - \vec{r}_j|),$$

d.h. es wirken Zwei-Teilchen-Kräfte zwischen allen beteiligten Teilchen.

Die Schrödingergleichung mit obigem Hamiltonoperator lautet

$$i\hbar \frac{\partial}{\partial t} \psi(\vec{r}_1, \ldots, \vec{r}_N, t) =$$

$$\left\{ -\sum_{i=1}^{N} \frac{\hbar^2}{2m_i} \Delta_i \psi(\vec{r}_1, \ldots, \vec{r}_N, t) + V(\vec{r}_1, \ldots, \vec{r}_N) \psi(\vec{r}_1, \ldots, \vec{r}_N, t) \right\}.$$

Das Betragsquadrat der Wellenfunktion, $|\psi(\vec{r}_1, \ldots, \vec{r}_N)|^2$, ist die Wahrscheinlichkeitsdichte dafür, dass sich das erste Teilchen bei $\vec{r}_1$, das zweite Teilchen bei $\vec{r}_2$, etc. aufhält. Die Normierungsbedingung ist

$$\int d^3 r_1 \ldots d^3 r_N \, |\psi(\vec{r}_1, \ldots, \vec{r}_N)|^2 = 1.$$

## 18.2 Pauliprinzip

### 18.2.1 Ununterscheidbare Teilchen

In der klassischen Mechanik sind einzelne Teilchen anhand ihrer Bahn identifizierbar und unterscheidbar.

In der Quantenmechanik ist die Lage anders: wenn die Wellenfunktionen mehrerer Teilchen überlappen und alle Eigenschaften (Masse, Ladung, ...) gleich sind, sind die Teilchen nicht mehr identifizierbar.

Beispiel: $e - e$-Streuung

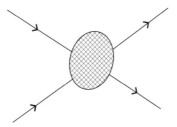

Es lassen sich hier keine Bahnen der Elektronen verfolgen und es ist nach dem Streuvorgang nicht möglich, ein herauskommendes Elektron eindeutig einem der beiden hereinlaufenden Elektronen zuzuordnen.

Wir wollen diesen Sachverhalt präzisieren. Dazu betrachten wir zwei Teilchen, die durch die Wellenfunktion $\psi(\vec{r}_1, \vec{r}_2)$ beschrieben werden. Eine Vertauschung der Teilchen wird bewirkt durch den Permutationsoperator

$$(P\psi)(\vec{r}_1, \vec{r}_2) = \psi(\vec{r}_2, \vec{r}_1).$$

Dieser erfüllt $P = P^{-1}$. Eine Observable $A$ transformiert sich unter dieser Transformation gemäß $A \to PAP$. Für den Kern des Operators in der Ortsdarstellung heißt das

$$\langle \vec{r}_1, \vec{r}_2 | A | \vec{r}_1, \vec{r}_2 \rangle \quad \to \quad \langle \vec{r}_2, \vec{r}_1 | A | \vec{r}_2, \vec{r}_1 \rangle$$

z.B. für den Hamiltonoperator

$$H(\vec{P}_1, \vec{Q}_1, \vec{P}_2, \vec{Q}_2) \quad \to \quad H(\vec{P}_2, \vec{Q}_2, \vec{P}_1, \vec{Q}_1).$$

Die Teilchen heißen ununterscheidbar, wenn $P^{-1}AP = A$ für alle Observablen des Gesamtsystems, d.h. die Observablen sind symmetrisch in den Freiheitsgraden beider Teilchen.

In diesem Falle gibt es keine Möglichkeit, durch physikalische Beobachtungen eine Vertauschung der Teilchen festzustellen.

Für $N$ Teilchen haben wir die Paarvertauschungen

$$(P_{ij}\psi)(\dots,\vec{r}_i,\dots,\vec{r}_j,\dots) = \psi(\dots,\vec{r}_j,\dots,\vec{r}_i,\dots).$$

Jede Permutation $P$ der $N$ Teilchen ist Produkt solcher Vertauschungen.

Die Teilchen sind ununterscheidbar genau dann, wenn $P^{-1}AP = A$ für alle Observablen $A$ und alle Permutationen $P$. Dann sind die Zustände $\psi$ und $P\psi$ physikalisch ununterscheidbar.

Nehmen wir an, der Hamiltonoperator sei symmetrisch unter Permutationen. Es gilt dann

$$[H, P_{ij}] = 0 \quad \text{für alle } i, j.$$

Folglich können $H$ und $P_{ij}$ gleichzeitig diagonalisiert werden. Wegen

$$P_{ij}^2 = 1$$

sind die Eigenwerte von $P_{ij}$ gegeben durch $\eta_{ij} = \pm 1$.

**Speziell:** Sei $\psi$ Eigenvektor zu allen $P_{ij}$.
Dann sind alle Eigenwerte $\eta_{ij}$ gleich: $\eta_{ij} = \eta$ für alle Paare $i, j$.

Beweis:

$$P_{ij} = P_{1i}P_{2j}P_{12}P_{1i}P_{2j}$$
$$\Rightarrow \eta_{ij} = \eta_{1i}^2\eta_{2j}^2\eta_{12} = \eta_{12}. \quad \blacksquare$$

Wir unterscheiden jetzt zwei Fälle:

$$\eta = 1: \qquad \text{total symmetrische Zustände}$$
$$\eta = -1: \qquad \text{total antisymmetrische Zustände.}$$

### 18.2.2 Pauliprinzip

Wir betrachten nun Atome mit mehreren Elektronen. Unter Vernachlässigung der Elektron-Elektron-Wechselwirkung ist

$$H = \sum_{i=1}^{N} H(i), \quad H(i) = \frac{1}{2m}\vec{P}^{(i)2} + V(\vec{Q}_i),$$

wobei wir die Notation $i \equiv (\vec{P}^{(i)}, \vec{Q}_i, \vec{S}^{(i)})$ verwenden. Da $H$ in $N$ unabhängige Summanden separiert, können wir die Eigenzustände separieren:

$$H\psi(1,\ldots,N) = E\psi(1,\ldots,N)\,, \quad \psi(1,\ldots,N) = \prod_{i=1}^{N} \varphi_{\alpha_i}(i)$$

$$H(i)\varphi_{\alpha_i}(i) = E_{\alpha_i}\varphi_{\alpha_i}(i)\,, \qquad E = \sum_{i=1}^{N} E_{\alpha_i}.$$

Dabei steht der Index $\alpha_i$ für die Kollektion aller Quantenzahlen eines Elektrons:

$$\alpha_i = (n_i, l_i, m_i, m_{si}).$$

Der niedrigste Zustand gehört zu $\alpha_i = \alpha = (1,0,0,\pm\frac{1}{2})$. (Die Elektron-Elektron-Wechselwirkung liefert zwar Korrekturen zur Energie, aber das grobe Schema der Terme sollte sich nicht ändern.) Die Erfahrung spricht jedoch dagegen. Insbesondere das periodische System der Elemente zeigt an, dass im Grundzustand die Elektronen nicht alle approximativ im Zustand $(1,0,0,\pm\frac{1}{2})$ sitzen, sondern unterschiedliche Zustände besetzen.

Dies wird ausgedrückt im

**Ausschließungsprinzip** (Pauliverbot):

Jeder Ein-Teilchen-Zustand $\varphi_\alpha$ kann höchstens von einem Elektron besetzt werden.

Für die Postulierung dieses Prinzips (1925), das sich als fundamental bedeutend für die Quantenphysik herausgestellt hat, und die Einführung der vierten Quantzahl $m_s$ vor der Entdeckung des Spins bekam Wolfgang Pauli 1945 den Nobelpreis für Physik zugesprochen.

Die Formulierung des Ausschließungsprinzips nimmt auf Zustände Bezug, die Produkte von Ein-Teilchen-Zuständen oder Linearkombinationen von Permutationen davon sind. Das sind spezielle Mehrteilchenzustände. Es wäre daher wünschenswert, eine allgemeineres Prinzip zu haben. Dieses wurde von Heisenberg und Dirac gefunden. Es ist das

**Pauliprinzip:**
Die Wellenfunktion eines Systems von Elektronen ist total antisymmetrisch.

Die totale Antisymmetrie der Wellenfunktion bedeutet, dass sie bei der Vertauschung zweier beliebiger Teilchen ihr Vorzeichen wechselt.

Jede beliebige Wellenfunktion kann folgendermaßen antisymmetrisiert werden. Die Permutationen von $N$ Elementen bilden die Permutationsgruppe $S_N$. Sei $\sigma(P) = sig(P)$ für $P \in S_N$ das Signum einer Permutation. Ein Antisymmetrisierungsoperator ist definiert durch

$$A = \frac{1}{N!} \sum_{P \in S_N} \sigma(P)P.$$

Für eine beliebige Wellenfunktion $\psi$ ist

$$(A\psi)(\vec{r}_1, \ldots, \vec{r}_N) = \frac{1}{N!} \sum_P \sigma(P)\psi(\vec{r}_{P(1)}, \ldots, \vec{r}_{P(N)})$$

total antisymmetrisch. Für $N = 2$ ist beispielsweise

$$(A\psi)(\vec{r}_1, \vec{r}_2) = \frac{1}{2}(\psi(\vec{r}_1, \vec{r}_2) - \psi(\vec{r}_2, \vec{r}_1)).$$

Es gilt

$$A^2 = A, \quad A^\dagger = A,$$

d.h. $A$ ist Projektionsoperator.

Das Pauliverbot lässt sich als Spezialfall aus dem Pauliprinzip ableiten. Dazu betrachten wir Produktwellenfunktionen

$$\psi(1, \ldots, N) = \prod_{i=1}^{N} \varphi_{\alpha_i}(i).$$

Diejenige Linearkombination solcher Wellenfunktionen, die dem Pauliprinzip gehorcht, erhalten wir durch Anwendung des Operators $A$:

$$A\psi(1, \ldots, N) = \frac{1}{N!} \det \begin{pmatrix} \varphi_{\alpha_1}(1) & \cdots & \varphi_{\alpha_1}(N) \\ \vdots & & \vdots \\ \varphi_{\alpha_N}(1) & \cdots & \varphi_{\alpha_N}(N) \end{pmatrix}.$$

Diese Wellenfunktion ist nur dann nicht identisch Null, wenn alle $\alpha_i$ verschieden sind. Dies ist das Pauliverbot.

Der Zustand $A\psi$ ist nicht richtig normiert. Der korrekt normierte Zustand ist

$$\psi_{\alpha_1, \ldots, \alpha_N}(1, \ldots, N) = \frac{1}{\sqrt{N!}} \det \begin{pmatrix} \varphi_{\alpha_1}(1) & \cdots & \varphi_{\alpha_1}(N) \\ \vdots & & \vdots \\ \varphi_{\alpha_N}(1) & \cdots & \varphi_{\alpha_N}(N) \end{pmatrix}.$$

Derartige Wellenfunktionen, die in der Quantenmechanik von Vielteilchen-systemen eine wichtige Rolle spielen, heißen *Slaterdeterminanten*.

Beispiel: $N = 2$, $\alpha_i = (n_i, l_i, m_i, m_{si})$.

$$\psi_{\alpha_1\alpha_2}(\vec{r}_1, \sigma_1, \vec{r}_2, \sigma_2) = \frac{1}{\sqrt{2}} \det \begin{pmatrix} \varphi_{\alpha_1}(\vec{r}_1, \sigma_1) & \varphi_{\alpha_1}(\vec{r}_2, \sigma_2) \\ \varphi_{\alpha_2}(\vec{r}_1, \sigma_1) & \varphi_{\alpha_2}(\vec{r}_2, \sigma_2) \end{pmatrix}$$

$$= \frac{1}{\sqrt{2}} \left( \varphi_{\alpha_1}(\vec{r}_1, \sigma_1)\varphi_{\alpha_2}(\vec{r}_2, \sigma_2) - \varphi_{\alpha_2}(\vec{r}_1, \sigma_1)\varphi_{\alpha_1}(\vec{r}_2, \sigma_2) \right).$$

Man beachte jedoch: eine allgemeine antisymmetrische Wellenfunktion braucht natürlich nicht eine Slaterdeterminante zu sein.

## 18.3 Bosonen und Fermionen

Elektronen genügen dem Pauliprinzip.

Teilchensorten, die dem Pauliprinzip gehorchen, heißen allgemein *Fermionen*.

Der Grund dafür liegt darin, dass solche Teilchen in der Quantenstatistik der Fermi-Dirac-Statistik genügen.

Es gibt in der Natur auch Teilchensorten, die nicht dem Pauliprinzip gehorchen, sondern bei denen die Wellenfunktion total symmetrisch sein muss. Für diese gilt nicht das Ausschließungsprinzip. Sie heißen *Bosonen*, da sie der Bose-Einstein-Statistik genügen. Prominentestes Beispiel sind die Photonen.

Es gibt eine höchst bemerkenswerte Beziehung zwischen der Statistik von Teilchen und ihrem Spin:

**Spin-Statistik-Zusammenhang**

Bosonen $\longleftrightarrow$ ganzzahliger Spin

Fermionen $\longleftrightarrow$ halbzahliger Spin

Dieser Zusammenhang kann im Rahmen der relativistischen Quantentheorie als Theorem bewiesen werden. Der erste Beweis stammt wiederum von Pauli (1940).

## 18.4 Das Heliumatom

### 18.4.1 Ortho- und Parahelium

Einiges vom Gelernten werden wir jetzt auf die quantenmechanische Behandlung des Heliumatoms anwenden. Dazu betrachten wir zwei Elektronen im Feld eines Kerns mit der Ladungszahl $Z = 2$. Es handelt sich um ein Dreikörperproblem. Unter Vernachlässigung der Bewegung des 8000-mal schwereren Kerns lautet der Hamiltonoperator für die Elektronen

$$H = \frac{1}{2m}\vec{P}^{(1)2} - \frac{Ze^2}{4\pi\varepsilon_0}\frac{1}{R_1} \qquad \Big\} \quad H(1)$$

$$+ \frac{1}{2m}\vec{P}^{(2)2} - \frac{Ze^2}{4\pi\varepsilon_0}\frac{1}{R_2} \qquad \Big\} \quad H(2)$$

$$+ \frac{e^2}{4\pi\varepsilon_0}\frac{1}{|\vec{Q}_1 - \vec{Q}_2|} \qquad \Big\} \quad V.$$

Dieser wirkt auf Wellenfunktionen der Form

$$\Psi(\vec{r}_1, \sigma_1, \vec{r}_2, \sigma_2), \qquad \sigma_i = \pm 1.$$

Der Gesamtspin

$$\vec{S} = \vec{S}^{(1)} + \vec{S}^{(2)}$$

kommutiert mit $H$, so dass wir gleichzeitig mit $H$ die Operatoren $\vec{S}^2, S_3$ diagonalisieren können. Die Kopplung zweier Spins $1/2$ zu einem Gesamtspin haben wir im Kapitel 16.2 behandelt. Es gibt zwei Fälle:

Gesamtspin 1:

$$\begin{aligned}|1,1\rangle \quad &= |++\rangle, \\ |1,0\rangle \quad &= \tfrac{1}{\sqrt{2}}(|+-\rangle + |-+\rangle), \\ |1,-1\rangle \quad &= |--\rangle.\end{aligned}$$

Die Spinfunktion ist symmetrisch.

Gesamtspin 0:

$$|0,0\rangle = \frac{1}{\sqrt{2}}(|+-\rangle - |-+\rangle).$$

Die Spinfunktion ist antisymmetrisch.

Für die Gesamtwellenfunktion

$$\Psi(\vec{r}_1, \sigma_1, \vec{r}_2, \sigma_2) = \psi(\vec{r}_1, \vec{r}_2)\chi(\sigma_1, \sigma_2)$$

bedeuten diese beiden Fälle:

1. Fall

$$\chi = \chi_{1,m_s}\,,\qquad \text{Gesamtspin 1,}$$

$$\text{z.B.}\qquad \chi_{1,0} = \frac{1}{\sqrt{2}}(\chi^{(+)}\chi^{(-)} + \chi^{(-)}\chi^{(+)})$$

ist symmetrisch, so dass nach dem Pauliprinzip die Ortsfunktion $\psi(\vec{r}_1, \vec{r}_2)$ antisymmetrisch sein muss. Dieser Fall heißt *Orthohelium*. Zu ihm gehören Spintripletts.

2. Fall

$$\chi = \chi_{0,0} = \frac{1}{\sqrt{2}}(\chi^{(+)}\chi^{(-)} - \chi^{(-)}\chi^{(+)})\,,\qquad \text{Gesamtspin 0,}$$

ist antisymmetrisch und die Ortsfunktion $\psi(\vec{r}_1, \vec{r}_2)$ muss symmetrisch sein. Dies ist das *Parahelium* mit Spinsinguletts.

## 18.4.2 Störungstheorie

Wir werden nun versuchen, das Spektrum störungstheoretisch zu berechnen, wobei die elektrostatische Elektron-Elektron-Wechselwirkung als Störung betrachtet wird. In nullter Ordnung vernachlässigen wir $V$:

$$H_0 = H(1) + H(2),$$

und das Spektrum von $H(1)$ und $H(2)$ ist das gute alte Wasserstoffspektrum:

$$H(1)\psi_{n_1 l_1 m_1}(\vec{r}) = E_{n_1}\psi_{n_1 l_1 m_1}(\vec{r})\,,\qquad E_n = -Z^2 \tilde{R}_{\text{He}}\frac{1}{n^2}$$

und entsprechend für $H(2)$. Dabei ist

$$\tilde{R}_{\text{He}} = \tilde{R}_\infty \left(1 + \frac{m_e}{m_{\text{He}}}\right)^{-1} = 13{,}604\,\text{eV}.$$

Der Hamiltonoperator $H_0$ wird diagonalisiert durch Separation mit

$$E^{(0)}_{n_1 n_2} = E_{n_1} + E_{n_2} = -Z^2 \tilde{R}_{\text{He}}\left(\frac{1}{n_1^2} + \frac{1}{n_2^2}\right).$$

Für Parahelium ist

$$\psi(\vec{r}_1, \vec{r}_2) = N\left(\psi_{n_1 l_1 m_1}(\vec{r}_1)\psi_{n_2 l_2 m_2}(\vec{r}_2) + \psi_{n_2 l_2 m_2}(\vec{r}_1)\psi_{n_1 l_1 m_1}(\vec{r}_2)\right).$$

Der Grundzustand liegt vor für $n_1 = n_2 = 1$:

$$\psi(\vec{r}_1, \vec{r}_2) = \psi_{100}(\vec{r}_1)\psi_{100}(\vec{r}_2),$$

$$E_{11}^{(0)} = -2Z^2\tilde{R}_{\text{He}} = -8\tilde{R}_{\text{He}} = -108{,}8\,\text{eV}.$$

Für Orthohelium andererseits gilt

$$\psi(\vec{r}_1, \vec{r}_2) = \frac{1}{\sqrt{2}}\left(\psi_{n_1 l_1 m_1}(\vec{r}_1)\psi_{n_2 l_2 m_2}(\vec{r}_2) - \psi_{n_2 l_2 m_2}(\vec{r}_1)\psi_{n_1 l_1 m_1}(\vec{r}_2)\right).$$

Daher können die beiden Zustände nicht gleich sein:

$$(n_1, l_1, m_1) \neq (n_2, l_2, m_2).$$

Der niedrigste Zustand ist in diesem Falle gegeben durch $n_1 = 1, n_2 = 2$:

$$\psi = \frac{1}{\sqrt{2}}(\psi_{100}\psi_{2lm} - \psi_{2lm}\psi_{100}),$$

$$E_{12}^{(0)} = -\frac{5}{4}Z^2\tilde{R}_{\text{He}} = -5\tilde{R}_{\text{He}} = -68{,}0\,\text{eV}.$$

Durch das Pauliverbot liegt der niedrigste Zustand jetzt höher.

Jetzt berechnen wir die erste störungstheoretische Korrektur

$$\Delta E_{1n} = E_{1n}^{(1)}.$$

Für den Grundzustand beträgt sie

$$\Delta E_{11} = \langle 100; 100|V|100; 100\rangle$$

$$= \int d^3 r_1 d^3 r_2\; |\psi_{100}(\vec{r}_1)|^2|\psi_{100}(\vec{r}_2)|^2 \frac{\gamma}{|\vec{r}_1 - \vec{r}_2|}.$$

Dieser Ausdruck entspricht der Coulombenergie der Elektronen (Abstoßung). Mit

$$\psi_{100}(\vec{r}) = \frac{1}{\sqrt{\pi}}\left(\frac{Z}{a}\right)^{3/2} e^{-\frac{Zr}{a}}$$

findet man

$$\Delta E_{11} = \frac{5}{4}\frac{Ze^2}{2a(4\pi\varepsilon_0)} = \frac{5}{4}Z\frac{mc^2\alpha^2}{2} = \frac{5}{4}Z\tilde{R}_{\text{He}} = 34\,\text{eV},$$

$$E_{11} = -108{,}8\,\text{eV} + 34\,\text{eV} = -74{,}8\,\text{eV}.$$

Der experimentelle Wert ist $E_{11} = -78{,}975\,\text{eV}$. Die Abweichung zeigt, dass die erste Korrektur für hohe Ansprüche an die Genauigkeit ungenügend ist. Jedoch liefert die Störungstheorie ein erstes qualitatives Verständnis.

Für Zustände mit $n_1 = 1, n_2 = n$, mit $n \geq 2$,

$$\psi = \frac{1}{\sqrt{2}}(\psi_{100}\psi_{nlm} \pm \psi_{nlm}\psi_{100})\,,$$

ist die störungstheoretische Korrektur diagonal in $l$ und $m$ und beträgt

$$\Delta E_{1n} = \frac{1}{2}\int d^3r_1 d^3r_2 \, |\psi_{100}(\vec{r}_1)\psi_{nlm}(\vec{r}_2) \pm \psi_{nlm}(\vec{r}_1)\psi_{100}(\vec{r}_2)|^2 \frac{\gamma}{|\vec{r}_1 - \vec{r}_2|}$$

$$= \gamma \left\{ \int d^3r_1 d^3r_2 \, |\psi_{100}(\vec{r}_1)\psi_{nlm}(\vec{r}_2)|^2 \frac{1}{|\vec{r}_1 - \vec{r}_2|} \right.$$

$$\left. \pm \int d^3r_1 d^3r_2 \, \psi_{100}^*(\vec{r}_1)\psi_{nlm}^*(\vec{r}_2)\psi_{100}(\vec{r}_2)\psi_{nlm}(\vec{r}_1) \frac{1}{|\vec{r}_1 - \vec{r}_2|} \right\}$$

$$\equiv K_{nl} \pm A_{nl},$$

wobei $K_{nl}$ die *Coulombenergie* und $A_{nl}$ die *Austauschenergie* ist. Die Austauschenergie ist ein rein quantenmechanischer Effekt, der vom Pauliprinzip herrührt und klassisch nicht erklärbar ist. $K_{nl}$ und $A_{nl}$ hängen von $n$ und $l$ ab und es ist $K_{nl} \geq 0$, $A_{nl} \geq 0$. Speziell für $n_2 = 2$ ist

$$E_{12} = E_{12}^{(0)} + K_{2l} \pm A_{2l}\,, \qquad \left\{ \begin{array}{l} + : \text{Parahelium,} \\ - : \text{Orthohelium.} \end{array} \right.$$

Die Wechselwirkung hebt die Entartung auf. Die Berechnung ergibt

$$K_{21} = Z\tilde{R}_{\text{He}} \cdot \frac{118}{243} = 13{,}2\,\text{eV},$$

$$A_{21} = Z\tilde{R}_{\text{He}} \cdot \frac{7}{12} = 15{,}9\,\text{eV}, \quad A_{20} = Z\tilde{R}_{\text{He}} \cdot \frac{32}{729} = 0{,}60\,\text{eV}.$$

Das experimentell bestimmte He-Termschema sieht schematisch so aus:

Parahelium                          Orthohelium

Singuletts                           Tripletts

$^{2S+1}L_J$ :     $^1S_0$          $^1P_1$          $^1D_2$ ...          $^3S_1$          $^3P$          $^3D$

$\overline{\phantom{xxxx}}$ (1s)(3s)   $\overline{\phantom{xxxx}}$ (1s)(3p)   $\overline{\phantom{xxxx}}$ (1s)(3d)        $\overline{\phantom{xxxx}}$ (1s)(3s)   $\overline{\phantom{xxxx}}$ (1s)(3p)   $\overline{\phantom{xxxx}}$ (1s)(3d)

$\overline{\phantom{xxxx}}$ (1s)(2s)   $\overline{\phantom{xxxx}}$ (1s)(2p)        $\overline{\phantom{xxxx}}$ (1s)(2s)   $\overline{\phantom{xxxx}}$ (1s)(2p)

metastabil

$\overline{\phantom{xxxx}}$ (1s)(1s)

Bemerkung: Der niedrigste Orthoheliumzustand ist metastabil, d.h. die Wahrscheinlichkeit für ein Umklappen des Spins ist sehr klein. Die Lebensdauer beträgt $\tau = 10^4$ sec.

Die Störungstheorie zu erster Ordnung liefert noch keine sehr genauen Ergebnisse. Eine Möglichkeit, die Genauigkeit zu verbessern, besteht darin, höhere Ordnungen zu berechnen. Fleißige Physiker haben die Störungstheorie für das Heliumatom zu sehr hohen Ordnungen getrieben. Für die Grundzustandsenergie lauten die ersten fünf Ordnungen

$$E_0 = -2Z^2 \tilde{R}_{\text{He}} \sum_{n=0}^{\infty} e_n Z^{-n}$$

mit den Koeffizienten

$$
\begin{aligned}
e_0 &= & 1 \\
e_1 &= & -\frac{5}{8} \\
e_2 &= & 0{,}157\,666\,428 \\
e_3 &= & -\ 0{,}008\,699\,029 \\
e_4 &= & 0{,}000\,888\,705 \\
e_5 &= & 0{,}001\,036\,374.
\end{aligned}
$$

Setzt man $Z = 2$ ein, erhält man schon ein recht genaues Ergebnis.

Alternative, sehr effiziente Verfahren, die auch in vielen anderen Bereichen der theoretischen Physik erfolgreich angewandt werden, sind die Variationsverfahren.

### 18.4.3 Ritzsches Variationsverfahren

Der Hamiltonoperator $H$ sei nach unten beschränkt und es sei $E_0$ der kleinste Eigenwert. Dann gilt

$$
\langle \psi | H | \psi \rangle \geq E_0 \| \psi^2 \|.
$$

Beweis:

$$
\langle \psi | H | \psi \rangle = \sum_n \langle \psi | n \rangle E_n \langle n | \psi \rangle \geq E_0 \sum_n \langle \psi | n \rangle \langle n | \psi \rangle = E_0 \langle \psi | \psi \rangle = E_0 \| \psi \|^2. \quad \blacksquare
$$

Insbesondere ist

$$
E_0 = \inf_\psi \frac{\langle \psi | H | \psi \rangle}{\langle \psi | \psi \rangle}.
$$

Dieser Sachverhalt ist die Grundlage des ritzschen Verfahrens. Man wähle eine Schar von Probefunktionen $\psi(\alpha_1, \ldots, \alpha_p)$, die von Parametern $\alpha_i$ abhängen, und berechne

$$
E(\alpha_1, \ldots, \alpha_p) \doteq \frac{\langle \psi(\alpha_1, \ldots, \alpha_p) | H | \psi(\alpha_1, \ldots, \alpha_p) \rangle}{\langle \psi(\alpha_1, \ldots, \alpha_p) | \psi(\alpha_1, \ldots, \alpha_p) \rangle}.
$$

Durch Variation der Parameter bestimme man

$$
E_V = \min_{\{\alpha_i\}} E(\alpha_1, \ldots, \alpha_p) \geq E_0.
$$

$E_V$ ist obere Schranke für $E_0$. Bei geeignet gewählten Probefunktionen liefert $E_V$ eine Approximation für $E_0$. In der Praxis kann man mit geschickt gewählten Probefunktionen ziemlich gute Näherungen erhalten.

**Anwendung auf das Heliumatom:**

Da wir den Spinanteil der Wellenfunktion für den Grundzustand schon kennen, müssen wir eine Probefunktion für den Ortsanteil $\psi(\vec{r}_1, \vec{r}_2)$ wählen. Diese muss symmetrisch sein. Wir nehmen den einparametrigen Ansatz

$$\psi(\vec{r}_1, \vec{r}_2, Z^*) = \psi_{100}(\vec{r}_1, Z^*)\psi_{100}(\vec{r}_2, Z^*)$$

mit den Wellenfunktionen des Wasserstoffgrundzustandes

$$\psi_{100}(\vec{r}, Z^*) = \frac{1}{\sqrt{\pi}} \left(\frac{Z^*}{a}\right)^{3/2} e^{-\frac{Z^* r}{a}},$$

wobei $Z^*$ der Parameter ist. Der Ansatz ist motiviert durch die Überlegung, dass die Elektronen sich grob betrachtet im Coulombfeld des Kerns bewegen, dessen Ladung $Z$ durch das jeweilige andere Elektron abgeschirmt ist. Der Parameter $Z^*$ ist die effektive Ladungszahl.

Wenn wir $H$ zerlegen in der Form

$$\left. \begin{aligned} H = {}& \frac{1}{2m}\vec{P}^{(1)2} - \frac{Z^* e^2}{4\pi\varepsilon_0}\frac{1}{R_1} - \frac{(Z-Z^*)e^2}{4\pi\varepsilon_0}\frac{1}{R_1} \\ {}+{}& \frac{1}{2m}\vec{P}^{(2)2} - \frac{Z^* e^2}{4\pi\varepsilon_0}\frac{1}{R_2} - \frac{(Z-Z^*)e^2}{4\pi\varepsilon_0}\frac{1}{R_2} \\ {}+{}& \frac{e^2}{4\pi\varepsilon_0}\frac{1}{|\vec{Q}_1 - \vec{Q}_2|} \end{aligned} \right\} V,$$

wobei $Z = 2$ ist, finden wir

$$\langle\psi|H|\psi\rangle = 2E_0(Z^*) - 2\frac{(Z-Z^*)e^2}{4\pi\varepsilon_0}\langle\frac{1}{r}\rangle_{10} + \langle\psi|V|\psi\rangle.$$

Einsetzen von

$$E_0(Z^*) = -Z^{*2}\tilde{R}_{\text{He}}, \qquad \langle\frac{1}{r}\rangle_{10} = \frac{Z^*}{a}, \qquad \langle\psi|V|\psi\rangle = \frac{5}{4}Z^*\tilde{R}_{\text{He}}$$

liefert

$$\langle\psi|H|\psi\rangle = \tilde{R}_{\text{He}}(2Z^{*2} - 4ZZ^* + \tfrac{5}{4}Z^*).$$

Diese Funktion besitzt ihr Minimum bei

$$Z^* = Z - \frac{5}{16} = \frac{27}{16} = 1{,}6875$$

und dort ist

$$E_V = -(Z - \tfrac{5}{16})^2 \, 2 \, \tilde{R}_{\mathrm{He}} = -\frac{729}{128} \tilde{R}_{\mathrm{He}} = -77{,}5 \, \mathrm{eV}.$$

Dieses Resultat ist schon recht gut für eine Probefunktion mit nur einem Parameter.

Durch mehrparametrige Funktionen kann man die Genauigkeit erhöhen. Nimmt man zum Beispiel die Probefunktion

$$\psi(\vec{r}_1, \vec{r}_2, Z^*, c) = \mathrm{e}^{-\frac{Z^*(r_1 + r_2)}{a}} \left[ 1 + \frac{c}{a} |\vec{r}_1 - \vec{r}_2| \right]$$

mit den beiden Parametern $Z^*$ und $c$, so findet man ein Minimum bei

$$Z^* = 1{,}8497, \qquad c = 0{,}3658$$

und

$$E_V = -5{,}7822 \, \tilde{R}_{\mathrm{He}} = -78{,}6 \, \mathrm{eV}.$$

Hylleraas hat 1930 mit bis zu 8 Parametern gearbeitet. Nachdem elektronische Rechner verfügbar waren, hat Pekeris 1962 die Rechnungen auf bis zu ca. 1000 Parametern ausgedehnt und

$$E_0 = -5{,}8074488 \, \tilde{R}_{\mathrm{He}} = -79{,}005 \, \mathrm{eV}$$

gefunden. Diese Zahl liegt tiefer als der experimentelle Wert. Das widerspricht aber nicht der obigen Ungleichung, sondern zeigt an, dass man bessere Hamiltonoperatoren verwenden muss, die z.B. auch die Spin-Bahn-Kopplung berücksichtigen. Auch das ist natürlich gemacht worden.

## 18.5 Atombau

### 18.5.1 Zentralfeldmodell

Wenn man den Atombau quantenmechanisch behandeln möchte, steht man vor einem schwierigen Problem. Das gesamte System, bestehend aus dem Kern und der Hülle aus $Z$ Elektronen, ist viel zu kompliziert, um gelöst werden zu können. Daher ist man gezwungen, auf eine Reihe von Approximationen zurückzugreifen. In diesem Abschnitt sollen ein paar grobe Approximationen skizziert werden, die zum *Zentralfeldmodell* führen. Da dieses Thema auch in der Atomphysik behandelt wird, bleibt die Skizze knapp.

1. statischer Kern: das Problem wird reduziert auf $Z$ Elektronen im Zentralpotenzial $V(r) = -\frac{Z\gamma}{r}$ mit $\gamma = e^2/4\pi\varepsilon_0$.

2. Vernachlässigung von spinabhängigen Kräften:

$$H = \sum_{i=1}^{Z} H(i) + \sum_{i<j} V_{ij}$$

mit

$$H(i) = \frac{1}{2m}\vec{P}^{(i)2} + V(R_i)$$
$$V_{ij} = +\frac{e^2}{4\pi\varepsilon_0}\frac{1}{|\vec{Q}_i - \vec{Q}_j|}.$$

3. Zentralfeldapproximation: die Elektron-Elektron-Wechselwirkungen $\sum_{i<j} V_{ij}$ werden ersetzt durch Zentralfelder. Hierbei macht man zwei Näherungen:

   a) Elektron $i$ bewegt sich im gemittelten Potenzial $V_i(\vec{Q}_i)$ der übrigen Elektronen und des Kerns:

   $$H_0 = \sum_i \left\{\frac{1}{2m}\vec{P}^{(i)2} + V_i(\vec{Q}_i)\right\},$$

   wobei $V_i$ geeignet zu wählen ist.

   b) Man betrachtet Zentralpotenziale

   $$V_i(\vec{r}_i) = W(r_i).$$

   Dies ist eine gute Näherung für den Fall, dass das Atom aus vollen Schalen und wenigen Leuchtelektronen besteht. Die Spezifikation der Potenziale lassen wir hier offen.

Mit diesen Approximationen separiert $H_0$ in $Z$ Zentralpotenzialprobleme

$$\left\{\frac{1}{2m}\vec{P}^{(i)2} + W(R_i)\right\}\varphi^{(i)}(\vec{r}_i) = E^{(i)}\varphi^{(i)}(\vec{r}_i)$$

und die Lösung kann geschrieben werden in der Form

$$\varphi(\vec{r}) = \frac{1}{r}u_{nl}(r)\,Y_{lm}(\vartheta,\varphi)\,\chi_{m_s}.$$

Auf diese Weise ordnen wir den Elektronen wie beim Wasserstoffatom die Quantenzahlen $(n_i, l_i, m_i, m_{si})$ zu. Die diskreten Energien seien $E^{(i)}_{n_i, l_i}$. Diese werden wie beim H-Atom mit $n_i > l_i$ nummeriert. Die Gesamtenergie ist

$$E = \sum_i E^{(i)}.$$

Das Pauliprinzip verlangt nun, dass keine zwei Elektronen im gleichen Zustand sind, und die Gesamtwellenfunktion ist eine Slaterdeterminante. Die Besetzung der Niveaus ist dadurch stark eingeschränkt:

$E_{nl}$ kann maximal $2 \cdot (2l + 1)$-fach besetzt sein.

Die tiefsten Niveaus gehören zu

$$l = 0, n = 1 \; : \; 1s, \; 2 \text{ Elektronen}$$
$$l = 0, n = 2 \; : \; 2s, \; 2 \text{ Elektronen}$$
$$l = 1, n = 2 \; : \; 2p, \; 6 \text{ Elektronen}.$$

Für die weitere Abfolge der Besetzungen gibt es heuristische und empirische Regeln:

|          |    | Summe |    |
|----------|----|-------|----|
| $1s$        | 2  | 2     | He |
| $2s, 2p$    | 8  | 10    | Ne |
| $3s, 3p$    | 8  | 18    | Ar |
| $4s, 3d, 4p$ | 18 | 36    | Kr |
| $5s, 4d, 5p$ | 18 | 54    | Xe |
| $6s, 4f, 5d, 6p$ | 32 | 86 | Rn |

Die obigen Zeilen, die jeweils mit s-Elektronen beginnen, nennt man *Schalen*. Sie sind besonders stabil.

Die Bezeichnung der Elektronenkonfigurationen erfolgt durch Angabe der besetzten Niveaus mit hochgestellter Anzahl der Elektronen, z.B.

Cl (Chlor), $Z = 17$: $(1s)^2(2s)^2(2p)^6(3s)^2(3p)^5$

### 18.5.2 Hartree-Fock-Approximation

Eine systematischere Methode zur approximativen Behandlung quanten-mechanischer Vielteilchenprobleme ist die Hartree-Fock-Approximation. Es sei

$$H = \sum_i H(i) + \sum_{i<j} V_{ij}$$

der Hamiltonoperator eines Systems aus Fermionen. Gesucht ist der Grundzustand. Die unbekannte exakte Lösung sei $\psi_0$:

$$H\psi_0 = E_0\psi_0.$$

Aus der Diskussion des ritzschen Variationsverfahrens wissen wir

$$E_0 = \min_{\langle\psi|\psi\rangle=1} \langle\psi|H|\psi\rangle.$$

Eine approximative Lösung ist nun dadurch definiert, dass man verlangt, $\psi$ sei eine Slaterdeterminante. Das heißt

$$E_0' = \min_{\psi\in\text{SD}} \langle\psi|H|\psi\rangle,$$

wobei

$$\text{SD} = \{\psi \mid \psi \text{ ist Slaterdeterminante}\}.$$

Dies wollen wir genauer betrachten. Sei also

$$\psi(1,\ldots,N) = \frac{1}{\sqrt{N!}} \det \begin{pmatrix} \varphi_1(1) & \cdots & \varphi_1(N) \\ \vdots & & \vdots \\ \varphi_N(1) & \cdots & \varphi_N(N) \end{pmatrix}$$

mit

$$\varphi_i(j) = \varphi_i(\vec{r}_j)\chi_i(\sigma_j).$$

Als Nebenbedingungen können wir verlangen

$$\langle\varphi_i|\varphi_j\rangle = \delta_{ij}.$$

Begründung:

1. Orthogonalität

   Addition einer Linearkombination $\sum_{i\neq j} c_j\varphi_j$ zu $\varphi_i$ ändert die Determinante nicht ($\widehat{=}$ Addition von Zeilen). Deshalb kann man o.E.d.A. die $\varphi_i$ orthogonal wählen.

2. Normierung

$$1 = \langle \psi | \psi \rangle = \prod_{i=1}^{N} \langle \varphi_i | \varphi_i \rangle.$$

Eine Skalierung $\varphi_i \rightarrow \lambda_i \varphi_i$ mit $\prod_i \lambda_i = 1$ ändert die Determinante nicht. Deshalb kann man o.E.d.A. $\langle \varphi_i | \varphi_i \rangle = 1$ wählen.

Die zu minimierende Größe $\langle \psi | H | \psi \rangle$ muss jetzt berechnet werden.

$$\langle \psi | H | \psi \rangle = \sum_{i=1}^{N} \langle \varphi_i | H(i) | \varphi_i \rangle$$

$$+ \sum_{i<j} \langle \varphi_i | \otimes \langle \varphi_j | V_{ij} | \varphi_j \rangle \otimes | \varphi_i \rangle - \sum_{i<j} \langle \varphi_i | \otimes \langle \varphi_j | V_{ij} | \varphi_i \rangle \otimes | \varphi_j \rangle$$

$$= \sum_{i} \int d^3 r_i \, \varphi_i^*(\vec{r}_i) H(i) \varphi_i(\vec{r}_i)$$

$$+ \sum_{i<j} \int d^3 r_i \, d^3 r_j \, |\varphi_i(\vec{r}_i)|^2 \, |\varphi_j(\vec{r}_j)|^2 \, V_{ij}$$

$$- \sum_{i<j} \int d^3 r_i \, d^3 r_j \, \varphi_i^*(\vec{r}_i) \varphi_j^*(\vec{r}_j) \, V_{ij} \, \varphi_i(\vec{r}_j) \varphi_j(\vec{r}_i) \delta_{m_{si}, m_{sj}}.$$

Die Minimierung mit Nebenbedingungen $\langle \varphi_i | \varphi_j \rangle = \delta_{ij}$ wird mit Hilfe von Lagrangemultiplikatoren $\lambda_{ij}$ durchgeführt:

$$\delta \left[ \langle \psi | H | \psi \rangle - \sum_{i,j} \lambda_{ij} (\langle \varphi_i | \varphi_j \rangle - \delta_{ij}) \right] = 0.$$

Der Imaginärteil dieser Gleichung

$$\delta[\ ] - \delta[\ ]^* = -\sum_{i,j} (\lambda_{ij} - \lambda_{ji}^*) \delta \langle \varphi_i | \varphi_j \rangle = 0$$

zeigt uns, dass

$$\lambda_{ij} = \lambda_{ji}^*$$

gilt. Wir betrachten eine Variation

$$\varphi_i \rightarrow \varphi_i + \delta \varphi_i, \qquad \delta \varphi_i \text{ komplex}.$$

Die Variation des ersten Terms in $\langle \psi | H | \psi \rangle$ ist dann

$$\delta \int d^3 r_i \, \varphi_i^*(\vec{r}_i) H(i) \varphi_i(\vec{r}_i) = \int d^3 r_i \, \{ \delta \varphi_i^*(\vec{r}_i) H(i) \varphi_i(\vec{r}_i) + \delta \varphi_i(\vec{r}_i) [H(i) \varphi_i(\vec{r}_i)]^* \}.$$

Insgesamt erhalten wir einen Ausdruck der Form

$$\delta[\;\;] = \sum_i \int d^3 r_i \; \delta\varphi_i^*(\vec{r}_i) \left( M\varphi_i(\vec{r}_i) - \sum_{j=1}^{N} \lambda_{ij}\varphi_j(\vec{r}_i) \right) + \text{komplex konj.} = 0.$$

Da dies für beliebige $\delta\varphi(\vec{r}_i)$ erfüllt sein soll, folgt als Bestimmungsgleichung für die $\varphi_i$

$$M\varphi_i(\vec{r}_i) = \sum_{j=1}^{N} \lambda_{ij}\varphi_j(\vec{r}_i).$$

Hierbei ist

$$M\varphi_i(\vec{r}_i) = H(i)\varphi_i(\vec{r}_i) + \sum_{j\neq i} \int d^3 r_j \; |\varphi_j(\vec{r}_j)|^2 \, V_{ji} \, \varphi_i(\vec{r}_i)$$

$$- \sum_{j\neq i} \int d^3 r_j \; \varphi_j^*(\vec{r}_j)\varphi_j(\vec{r}_i) \, V_{ji} \, \varphi_i(\vec{r}_j)\delta_{m_{si},m_{sj}}$$

$$\equiv (H(i) + C_i - A_i)\varphi_i(\vec{r}_i)$$

mit dem *Coulomb-Energie-Operator* $C_i$ und dem *Austausch-Energie-Operator* $A_i$.

Die hermitesche Matrix $\lambda = (\lambda_{ij})$ kann diagonalisiert werden:

$$\lambda = u\varepsilon u^\dagger, \qquad \varepsilon = \begin{pmatrix} \varepsilon_1 & & \\ & \ddots & \\ & & \varepsilon_N \end{pmatrix}.$$

Die Transformation

$$\varphi_j \equiv \sum_i u_{ji}\varphi_i'$$

ist ein Basiswechsel und ändert nicht die Slaterdeterminante. Die Bestimmungsgleichungen für die $\varphi_i'$ lauten unter Fortlassung der Striche:

---

**Hartree-Fock-Gleichungen**

$$(H(i) + C_i - A_i)\varphi_i(\vec{r}_i) = \varepsilon_i\varphi_i(\vec{r}_i),$$

$$\langle\varphi_i|\varphi_j\rangle = \delta_{ij}.$$

---

Man kann zeigen, dass $C_i - A_i$ für alle $i$ gleich ist.

Bemerkungen:

1. Der Produktansatz $\psi = \prod_{i=1}^{N} \varphi_i$ anstelle einer Slaterdeterminanten würde zu den Hartreegleichungen

$$(H(i) + C_i)\varphi_i = \varepsilon_i \varphi_i$$

   führen. Diese entsprechen dem $H_0$ in der Zentralfeldapproximation.

2. Interpretation der Hartree-Fock-Gleichungen: das Elektron $i$ bewegt sich im Feld des Kerns und der restlichen Elektronen, deren Einfluss durch den Coulomb- und Austauschterm repräsentiert sind.

3. Das Potenzial $(C_i - A_i)$ hängt selbst wiederum von den Funktionen $\varphi_i$ ab und ergibt sich somit aus der Lösung der Gleichungen. Man spricht daher vom *selbstkonsistenten Feld*.

4. Lösungsverfahren: Iteration der Hartree-Fock-Gleichungen. Man beginnt mit geeigneten Funktionen $\varphi_i^{(0)}$ und berechnet damit $C_i^{(0)}, A_i^{(0)}$. Damit löst man

$$(H(i) + C_i^{(0)} - A_i^{(0)})\varphi_i^{(1)} = \varepsilon_i^{(1)} \varphi_i^{(1)}.$$

   Aus den Lösungen $\varphi_i^{(1)}$ berechnet man $C_i^{(1)}, A_i^{(1)}$ etc. Dieses Verfahren iteriert man so lange, bis $C_i^{(n)} \approx C_i^{(n+1)}$, $A_i^{(n)} \approx A_i^{(n+1)}$. Die Genauigkeit liegt typischerweise im Bereich von 5 %.

5. Die Hartree-Fock-Approximation und verbesserte Varianten davon werden erfolgreich angewandt auf Atome und Atomkerne.

Die Hartree-Fock-Gleichungen liefern eine approximative Wellenfunktion für den Grundzustand. Für die zugehörige Energie ergibt sich

$$E_0' = \langle \psi | H | \psi \rangle = \sum_{i=1}^{N} \langle \varphi_i | H(i) | \varphi_i \rangle + \frac{1}{2} \sum_{i=1}^{N} \langle \varphi_i | (C_i - A_i) | \varphi_i \rangle$$

$$= \sum_{i=1}^{N} \varepsilon_i - \frac{1}{2} \sum_{i=1}^{N} \langle \varphi_i | (C_i - A_i) | \varphi_i \rangle .$$

Dabei ist

$$\sum_i \langle \varphi_i | C_i | \varphi_i \rangle = \sum_{i \neq j} \int d^3 r_i \, d^3 r_j \, |\varphi_i(\vec{r}_i)|^2 \, |\varphi_j(\vec{r}_j)|^2 \, V_{ij}$$

$$\sum_i \langle \varphi_i | A_i | \varphi_i \rangle = \sum_{i \neq j} \int d^3 r_i \, d^3 r_j \, \varphi_i^*(\vec{r}_i) \varphi_j^*(\vec{r}_j) \, V_{ij} \, \varphi_i(\vec{r}_j) \varphi_j(\vec{r}_i) \delta_{m_{si}, m_{sj}}.$$

## 18.6 Austauschwechselwirkung

Beim Heliumatom haben wir in der Störungstheorie für die Energien

$$E_{1n} = E_{1n}^{(0)} + K_{nl} \pm A_{nl}$$

gefunden, wobei $A_{nl}$ die Austauschenergie ist. Ihr Vorzeichen korrespondiert zu den Fällen

$$
\begin{array}{llll}
+: & \text{Parahelium,} & \uparrow\downarrow, & \psi(\vec{r}_1, \vec{r}_2) \text{ symmetrisch,} \\
-: & \text{Orthohelium,} & \uparrow\uparrow, & \psi(\vec{r}_1, \vec{r}_2) \text{ antisymmetrisch.}
\end{array}
$$

Das Auftreten der Austauschenergie ist ein rein quantenmechanischer Effekt. Er lässt sich aber auch halbanschaulich deuten.

Dazu betrachten wir der Einfachheit halber zwei Teilchen in einer räumlichen Dimension. Die Teilchen befinden sich in zwei Zuständen, die durch die normierten Wellenfunktionen $\psi_a(x)$ und $\psi_b(x)$ beschrieben werden. Diese seien orthogonal zueinander. Wir wollen nun drei Fälle betrachten:

1. **unterscheidbare Teilchen:**
   Teilchen 1 sei in a und Teilchen 2 in b:

   $$\psi(x_1, x_2) = \psi_a(x_1)\psi_b(x_2),$$

2. **Bosonen:**

   $$\psi(x_1, x_2) = \frac{1}{\sqrt{2}} \left( \psi_a(x_1)\psi_b(x_2) + \psi_b(x_1)\psi_a(x_2) \right),$$

3. **Fermionen:**

   $$\psi(x_1, x_2) = \frac{1}{\sqrt{2}} \left( \psi_a(x_1)\psi_b(x_2) - \psi_b(x_1)\psi_a(x_2) \right).$$

Nun wollen wir das mittlere Abstandsquadrat der Teilchen

$$d^2 \doteq \langle (x_1 - x_2)^2 \rangle = \langle x_1^2 \rangle + \langle x_2^2 \rangle - 2\langle x_1 x_2 \rangle$$

einmal untersuchen.

Für unterscheidbare Teilchen ist

$$\langle x_1^2 \rangle = \int dx_1 dx_2 \, |\psi(x_1, x_2)|^2 \, x_1^2 = \int dx_1 \, |\psi_a(x_1)|^2 \, x_1^2 \int dx_2 \, |\psi_b(x_2)|^2$$
$$= \langle a|x^2|a \rangle$$

und ebenso $\langle x_2^2 \rangle = \langle b|x^2|b \rangle$. Weiterhin

$$\langle x_1 x_2 \rangle = \int dx_1 dx_2 \, |\psi_a(x_1)|^2 \, |\psi_b(x_2)|^2 \, x_1 x_2 = \langle a|x|a \rangle \langle b|x|b \rangle,$$

und wir erhalten

$$d_c^2 = \langle a|x^2|a \rangle + \langle b|x^2|b \rangle - 2\langle a|x|a \rangle \langle b|x|b \rangle.$$

Für Bosonen bzw. Fermionen erhalten wir

$$\langle x_1^2 \rangle = \frac{1}{2} \int dx_1 dx_2 \, x_1^2 \left\{ |\psi_a(x_1)|^2 \, |\psi_b(x_2)|^2 + |\psi_b(x_1)|^2 \, |\psi_a(x_2)|^2 \right.$$
$$\pm \psi_a^*(x_1)\psi_b(x_1) \, \psi_b^*(x_2)\psi_a(x_2)$$
$$\left. \pm \psi_b^*(x_1)\psi_a(x_1) \, \psi_a^*(x_2)\psi_b(x_2) \right\}$$
$$= \frac{1}{2} \left\{ \langle a|x^2|a \rangle + \langle b|x^2|b \rangle \right\}$$

und ebenso

$$\langle x_2^2 \rangle = \frac{1}{2} \left\{ \langle b|x^2|b \rangle + \langle a|x^2|a \rangle \right\}$$
$$\langle x_1 x_2 \rangle = \frac{1}{2} \left\{ \langle a|x|a \rangle \langle b|x|b \rangle + \langle b|x|b \rangle \langle a|x|a \rangle \pm 2\langle a|x|b \rangle \langle b|x|a \rangle \right\}$$

mit

$$\langle a|x|b \rangle = \int dx \, \psi_a^*(x)\psi_b(x) \, x = \langle b|x|a \rangle^*.$$

Zusammen gibt das

$$d^2 = \langle a|x^2|a \rangle + \langle b|x^2|b \rangle - 2\langle a|x|a \rangle \langle b|x|b \rangle \mp 2|\langle a|x|b \rangle|^2 = d_c^2 \mp 2|\langle a|x|b \rangle|^2.$$

Wir stellen fest:

- Bosonen tendieren dazu, näher zusammen zu sein,

- Fermionen tendieren dazu, weiter voneinander entfernt zu sein.

Bei diesem Effekt spricht man auch von der „Austauschkraft" bzw. „Austauschwechselwirkung". Hierbei gilt es zu beachten, dass keine wirkliche Kraft im üblichen Sinne am wirken ist, sondern dass es sich um einen Effekt der Symmetrie der Wellenfunktion handelt.

Bemerkung: $\langle a|x|b\rangle \neq 0$, falls $\psi_a$ und $\psi_b$ eine nichtverschwindende Überlappung haben. Für weit voneinander entfernte Teilchen ist $\langle a|x|b\rangle$ praktisch Null und die Teilchen können als unterscheidbar betrachtet werden.

Nach dieser eindimensionalen Betrachtung kehren wir in den dreidimensionalen Raum zurück und betrachten Elektronen, deren Spin wir mit berücksichtigen. In den beiden möglichen Fällen mit definiertem Gesamtspin haben wir:

$$\begin{array}{llll} \text{Triplett,} & \uparrow\uparrow, & \psi(\vec{r}_1, \vec{r}_2) \text{ antisymmetrisch,} & d^2 > d_c^2 \\ \text{Singulett,} & \uparrow\downarrow, & \psi(\vec{r}_1, \vec{r}_2) \text{ symmetrisch,} & d^2 < d_c^2. \end{array}$$

Im Heliumatom stoßen sich die Elektronen elektrisch ab. Daher ist ihre Energie geringer bei größerem Abstand und wir erwarten

$$\begin{array}{llll} \text{Orthohelium,} & \uparrow\uparrow, & d \text{ größer}: & E \text{ niedriger,} \\ \text{Parahelium,} & \uparrow\downarrow, & d \text{ kleiner}: & E \text{ größer,} \end{array}$$

was ja auch tatsächlich zutrifft.

## 18.7 Das Wasserstoffmolekül

Das $H_2$-Molekül besteht aus zwei Protonen und zwei Elektronen, die insgesamt gebunden sind. Die chemische Bindung zwischen Atomen kann klassisch nicht erklärt werden, sondern ist ein quantenphysikalisches Phänomen. In diesem Abschnitt sollen die Grundzüge der Theorie der chemischen Bindung exemplarisch vorgestellt werden.

Wir betrachten die beiden Atomkerne wiederum als statisch. Ihr Abstand $R$ kann dabei noch variiert werden. Die beiden Elektronen befinden sich im Coulombfeld der beiden Kerne. Sie bilden ein Zwei-Teilchen-System, dessen Grundzustand gesucht ist.

Zunächst stellen wir eine heuristische Überlegung an. Falls die Kerne nicht zu nahe beieinander sind, nehmen wir an, dass sich ein Elektron näherungsweise im atomaren Grundzustand beim ersten Kern und das andere Elektron näherungsweise im atomaren Grundzustand beim zweiten Kern befindet. Die bekannten Fälle für den Gesamtspin sind:

a) Singulett, $\uparrow\downarrow$, $\psi(\vec{r}_1, \vec{r}_2)$ symmetrisch, Abstand $d$ kleiner.

Die vermehrte negative Ladung zwischen den Kernen bewirkt eine Anziehung der Kerne. Dies führt zur kovalenten chemischen Bindung.

b) Triplett, $\uparrow\uparrow$, $\psi(\vec{r}_1, \vec{r}_2)$ antisymmetrisch, Abstand $d$ größer.

Die negative Ladung der Elektronen befindet sich jetzt mehr außen und bewirkt eine Abstoßung der Kerne. Es gibt keine chemische Bindung.

Um zu sehen, ob dieses halbanschauliche Bild zutrifft, wollen wir das System mehr quantitativ untersuchen.

Die Orte der Kerne seien $\vec{R}_a$ und $\vec{R}_b$ und es sei $R_{ab} \equiv R = |\vec{R}_a - \vec{R}_b|$. Die Ortsoperatoren der Elektronen sind wie üblich mit $\vec{Q}_1$ und $\vec{Q}_2$ bezeichnet und wir benutzen die Abkürzungen

$$R_{1a} = |\vec{Q}_1 - \vec{R}_a|, \ R_{1b} = |\vec{Q}_1 - \vec{R}_b|,$$
$$R_{2a} = |\vec{Q}_2 - \vec{R}_a|, \ R_{2b} = |\vec{Q}_2 - \vec{R}_b|, \ R_{12} = |\vec{Q}_1 - \vec{Q}_2|.$$

Der gesamte Hamiltonoperator lautet

$$
H = \frac{1}{2m}\vec{P}^{(1)2} - \frac{e^2}{4\pi\varepsilon_0}\frac{1}{R_{1a}} \quad \left.\right\} \quad H(1)
$$

$$
+ \frac{1}{2m}\vec{P}^{(2)2} - \frac{e^2}{4\pi\varepsilon_0}\frac{1}{R_{2b}} \quad \left.\right\} \quad H(2)
$$

$$
+ \frac{e^2}{4\pi\varepsilon_0}\left(-\frac{1}{R_{1b}} - \frac{1}{R_{2a}} + \frac{1}{R_{12}} + \frac{1}{R_{ab}}\right).
$$

Der Anteil

$$
H_0 = H(1) + H(2)
$$

beschreibt zwei nichtwechselwirkende Atome. Die zugehörige Schrödingergleichung separiert in die beiden Gleichungen

$$
H(1)\psi_a(\vec{r}) = E_a\psi_a(\vec{r}), \quad H(2)\psi_b(\vec{r}) = E_b\psi_b(\vec{r}),
$$

wobei $\psi_a(\vec{r})$ und $\psi_b(\vec{r})$ Wasserstoffwellenfunktionen sind.

**Heitler-London-Verfahren:**

Zur Beschreibung der Gesamtwellenfunktion haben Heitler und London den
Ansatz

$$
\psi_\pm(\vec{r_1},\vec{r_2}) = \frac{1}{N_\pm}\left[\psi_a(\vec{r_1})\psi_b(\vec{r_2}) \pm \psi_b(\vec{r_1})\psi_a(\vec{r_2})\right]
$$

gemacht. Es handelt sich um eine Linearkombination atomarer Orbits und
wird mit LCAO bezeichnet. Das Pauliprinzip ist durch die Symmetrisie-
rung bzw. Antisymmetrisierung berücksichtigt. Der Normierungsfaktor ist
gegeben durch

$$
(N_\pm)^2 = 2(1 \pm |S|^2)
$$

mit dem Überlappintegral

$$
S = \int d^3r \ \psi_a^*(\vec{r})\psi_b(\vec{r}).
$$

Für die obigen Zustände ist nun der Erwartungswert der Energie

$$
E_\pm = \langle\psi_\pm|H|\psi_\pm\rangle
$$

als Funktion von $R$ zu berechnen. Nach dem ritzschen Variationsprinzip
stellt $E_\pm$ eine obere Schranke für die Grundzustandsenergie dar. Außerdem

ist $E_\pm$ gleich der Energie in der ersten Ordnung der Störungstheorie. Es ist

$$
\begin{aligned}
E_\pm &= (1 \pm |S|^2)^{-1} \{ \int d^3r_1 d^3r_2 \ \psi_a^*(\vec{r}_1)\psi_b^*(\vec{r}_2) \, H \, \psi_a(\vec{r}_1)\psi_b(\vec{r}_2) \\
&\qquad \pm \int d^3r_1 d^3r_2 \ \psi_a^*(\vec{r}_1)\psi_b^*(\vec{r}_2) \, H \, \psi_b(\vec{r}_1)\psi_a(\vec{r}_2) \} \\
&= (1 \pm |S|^2)^{-1} \{ E_a + E_b + K_{ab} \pm [\, |S|^2(E_a + E_b) + A_{ab} ] \} \\
&= E_a + E_b + \frac{K_{ab} \pm A_{ab}}{1 \pm |S|^2}.
\end{aligned}
$$

Hierbei tritt die Coulombenergie

$$
\begin{aligned}
K_{ab} = \frac{e^2}{4\pi\varepsilon_0} \Big\{ \frac{1}{R} &- \int d^3r_1 \, |\psi_a(\vec{r}_1)|^2 \frac{1}{r_{1b}} - \int d^3r_2 \, |\psi_b(\vec{r}_2)|^2 \frac{1}{r_{2a}} \\
&+ \int d^3r_1 d^3r_2 \, |\psi_a(\vec{r}_1)|^2 |\psi_b(\vec{r}_2)|^2 \frac{1}{r_{12}} \Big\}
\end{aligned}
$$

auf, die als elektrostatische Energie interpretiert werden kann.

Dazu kommt die Austauschenergie

$$
\begin{aligned}
A_{ab} = \frac{e^2}{4\pi\varepsilon_0} \Big\{ &\frac{1}{R} |S|^2 \\
&- \mathrm{Re} \left[ S^* \int d^3r_1 \ \psi_a^*(\vec{r}_1)\psi_b(\vec{r}_1) \frac{1}{r_{1b}} + S \int d^3r_2 \ \psi_b^*(\vec{r}_2)\psi_a(\vec{r}_2) \frac{1}{r_{2a}} \right] \\
&+ \mathrm{Re} \left[ \int d^3r_1 d^3r_2 \ \psi_a^*(\vec{r}_1)\psi_b(\vec{r}_1)\psi_b^*(\vec{r}_2)\psi_a(\vec{r}_2) \frac{1}{r_{12}} \right] \Big\}.
\end{aligned}
$$

$K_{ab}(R)$ und $A_{ab}(R)$ sind Funktionen des Kernabstandes $R$.

Nun betrachten wir speziell den Fall, dass $\psi_a$ und $\psi_b$ die Wellenfunktion des Grundzustandes des Wasserstoffatoms ist. Die Integrale $K_{ab}(R)$, $A_{ab}(R)$ und $S(R)$ können analytisch oder aber auch numerisch berechnet werden. Es stellt sich heraus, dass das Überlappintegral $|S| \ll 1$ sehr klein ist und dass $A_{ab} < 0$, solange $R$ nicht allzu klein ist. Daraus folgt, dass der Singulettzustand niedriger liegt als der Triplettzustand: $E_+ < E_-$.

Weiterhin zeigt sich, dass $K_{ab} > 0$ klein ist. Qualitativ haben $E_+$ und $E_-$ als Funktion von $R$ folgenden Verlauf:

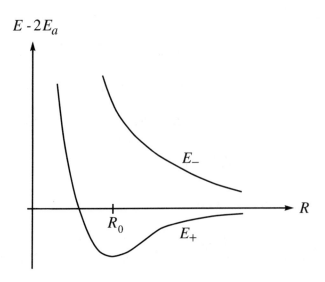

Man liest ab, dass es für den Singulettzustand ein Minimum gibt und eine chemische Bindung möglich ist. Für den zugehörigen Abstand $R_0$ und die Bindungsenergie findet man

|                 | $R_0$                    | $E_+ - 2E_a$ |
|-----------------|--------------------------|--------------|
| Heitler-London: | $0{,}869 \cdot 10^{-10}$m | $-3{,}14\,$eV |
| Experiment:     | $0{,}74 \cdot 10^{-10}$m  | $-4{,}73\,$eV |

Angesichts der doch recht groben Näherung ist das Ergebnis des Heitler-London-Verfahrens schon beachtlich genau.

# 19 Zeitabhängige Störungen

## 19.1 Zeitabhängige Störungstheorie

Es gibt physikalisch sehr wichtige Systeme, bei denen eine äußere zeitabhängige Störung zu berücksichtigen ist. Bei atomaren Strahlungsvorgängen z.B. können wir das Atom als System betrachten, auf welches das eingestrahlte Licht als zeitabhängige Störung wirkt.

Diese Störung bewirkt induzierte Emission und Absorption, d.h. Übergänge des Atoms in andere Zustände.

Betrachten wir also allgemein ein ungestörtes System mit Hamiltonoperator $H_0$. Das System befinde sich in einem Anfangszustand, dessen Zeitentwicklung z.B. durch

$$|\psi(t)\rangle = |n\rangle e^{-i\omega_n t} \qquad \text{mit} \quad \hbar\omega_n = E_n$$

gegeben ist. Eine zeitabhängige Störung erfolge nun durch einen Störterm $H_1(t)$:

$$H(t) = H_0 + H_1(t),$$

und wir wollen annehmen, dass

$$H_1(t) \neq 0 \quad \text{für} \quad t_a \leq t \leq t_e.$$

Die zeitliche Änderung des Zustandes folgt der Schrödingergleichung

$$i\hbar\frac{\partial}{\partial t}|\psi(t)\rangle = H(t)|\psi(t)\rangle$$

und führt zu einem Endzustand

$$|\psi(t)\rangle = \sum_k c_k(t)|k\rangle e^{-i\omega_k t} \qquad \text{für } t > t_e.$$

Die Übergangswahrscheinlichkeiten vom Zustand $|n\rangle$ in den Zustand $|k\rangle$ sind

$$p_{nk} = |c_k(t)|^2.$$

Um diese zu berechnen, studieren wir nun die Zeitentwicklung genauer. Für das ungestörte System wissen wir, dass die Lösung von

$$i\hbar \frac{\partial}{\partial t}|\psi\rangle = H_0|\psi\rangle$$

gegeben ist durch

$$|\psi(t)\rangle = e^{-\frac{i}{\hbar}H_0(t-t_0)}|\psi(t_0)\rangle \doteq U_0(t-t_0)|\psi(t_0)\rangle.$$

Das gestörte System genügt

$$i\hbar \frac{\partial}{\partial t}|\psi\rangle = (H_0 + H_1(t))|\psi\rangle.$$

Die Zeitentwicklung

$$|\psi(t_0)\rangle \quad \rightarrow \quad |\psi(t)\rangle$$

ist unitär und wir schreiben sie als

$$|\psi(t)\rangle = U(t, t_0)|\psi(t_0)\rangle.$$

Der Unterschied zwischen $U(t, t_0)$ und $U_0(t - t_0)$ stammt von der Störung.

Betrachte jetzt

$$|\psi_W(t)\rangle = U_0^{-1}(t - t_0)|\psi(t)\rangle = e^{\frac{i}{\hbar}H_0(t-t_0)}|\psi(t)\rangle.$$

Hierdurch ist das *Wechselwirkungsbild* definiert. Für $H_1 = 0$ ist $|\psi_W(t)\rangle = |\psi_H\rangle$ der Zustand im Heisenbergbild und hängt nicht von der Zeit ab. Für $H_1 \neq 0$ gilt jedoch

$$i\hbar \frac{\partial}{\partial t}|\psi_W(t)\rangle = e^{\frac{i}{\hbar}H_0(t-t_0)}(-H_0)|\psi(t)\rangle + e^{\frac{i}{\hbar}H_0(t-t_0)}i\hbar\frac{\partial}{\partial t}|\psi(t)\rangle$$

$$= e^{\frac{i}{\hbar}H_0(t-t_0)}H_1(t)|\psi(t)\rangle = e^{\frac{i}{\hbar}H_0(t-t_0)}H_1(t)e^{-\frac{i}{\hbar}H_0(t-t_0)}|\psi_W(t)\rangle,$$

bzw.

$$\boxed{i\hbar \frac{\partial}{\partial t}|\psi_W(t)\rangle = H_1^{(W)}(t)|\psi_W(t)\rangle.}$$

Explizit in einer diskreten Basis sieht das folgendermaßen aus.

$$|\psi(t)\rangle = \sum_k c_k(t)|k\rangle \, e^{-i\omega_k(t-t_0)} \qquad \text{(Schrödingerbild)},$$

$$|\psi_W(t)\rangle = \sum_k c_k(t)|k\rangle$$

$$c_k(t) = \langle k|\psi_W(t)\rangle$$

$$i\hbar\frac{\partial}{\partial t}c_k(t) = i\hbar\langle k|\frac{\partial}{\partial t}\psi_W(t)\rangle$$

$$= \langle k|H_1^{(W)}(t)|\psi_W(t)\rangle$$

$$= \sum_m \langle k|H_1^{(W)}(t)|m\rangle\langle m|\psi_W(t)\rangle$$

$$= \sum_m \langle k|H_1(t)|m\rangle e^{-i(\omega_m-\omega_k)(t-t_0)}c_m(t).$$

Dieses System von gekoppelten Differenzialgleichungen ist mit den Anfangsbedingungen

$$c_k(t_0) = \langle k|\psi(t_0)\rangle = \delta_{kn}$$

zu lösen.

Für kleine Störungen $H_1(t)$ kann es ausreichen, nur die erste Ordnung in $H_1$ zu kennen. Diese können wir sofort angeben. Für den Zustand lautet sie

$$|\psi_W(t)\rangle = |\psi(t_0)\rangle - \frac{i}{\hbar}\int_{t_0}^t dt' H_1^{(W)}(t')|\psi(t_0)\rangle$$

und für die Entwicklungskoeffizienten entsprechend

$$c_k(t) = c_k(t_0) - \frac{i}{\hbar}\sum_m \int_{t_0}^t dt'\langle k|H_1(t')|m\rangle e^{-i(\omega_m-\omega_k)(t'-t_0)}c_m(t_0).$$

Für $t_0 = 0$ und $c_m(0) = \delta_{mn}$ vereinfacht es sich zu

$$\boxed{c_k(t) = \delta_{kn} - \frac{i}{\hbar}\int_0^t dt'\langle k|H_1(t')|n\rangle e^{-i(\omega_n-\omega_k)t'}.}$$

Man kann auch eine geschlossene Lösung der Zeitentwicklung im Wechselwirkungsbild zu allen Ordnungen in $H_1$ angeben. Der unitäre Zeitentwicklungsoperator $W(t,t_0)$ im Wechselwirkungsbild ist definiert durch

$$|\psi_W(t)\rangle = U_0^{-1}(t-t_0)U(t,t_0)|\psi(t_0)\rangle \equiv W(t,t_0)|\psi(t_0)\rangle$$

und erfüllt

$$i\hbar\frac{\partial}{\partial t}W(t,t_0)=H_1^{(W)}(t)W(t,t_0)\,,\qquad t>t_0$$

mit der Anfangsbedingung

$$W(t_0,t_0)=\mathbf{1}.$$

Dies ist äquivalent zur Integralgleichung

$$W(t,t_0)=\mathbf{1}-\frac{i}{\hbar}\int_{t_0}^t dt'\,H_1^{(W)}(t')W(t',t_0).$$

Diese löst man durch Iteration

$$W_0(t,t_0)=\mathbf{1},$$

$$W_n(t,t_0)=\mathbf{1}-\frac{i}{\hbar}\int_{t_0}^t dt'\,H_1^{(W)}(t')W_{n-1}(t',t_0),$$

$$\text{z.B.}\qquad W_1(t,t_0)=\mathbf{1}-\frac{i}{\hbar}\int_{t_0}^t dt'\,H_1^{(W)}(t').$$

Die Iteration konvergiert, falls $\int_{-\infty}^{\infty}dt\|H_1^{(W)}(t)\|<\infty$.

Die formale Lösung der Iteration ist

$$W(t,t_0)=$$

$$\mathbf{1}+\sum_{n=1}^{\infty}\left(-\frac{i}{\hbar}\right)^n\int_{t_0}^t dt_n\int_{t_0}^{t_n}dt_{n-1}\ldots\int_{t_0}^{t_2}dt_1\,H_1^{(W)}(t_n)H_1^{(W)}(t_{n-1})\ldots H_1^{(W)}(t_1).$$

Im Integranden gilt für die Zeiten $t_0\le t_1\le t_2\le\ldots\le t_n\le t$. Wir können den Ausdruck auch in der Form

$$W(t,t_0)=$$

$$\mathbf{1}+\sum_{n=1}^{\infty}\left(-\frac{i}{\hbar}\right)^n\frac{1}{n!}\int_{t_0}^t dt_n\int_{t_0}^t dt_{n-1}\ldots\int_{t_0}^t dt_1\,TH_1^{(W)}(t_n)\ldots H_1^{(W)}(t_1)$$

schreiben. Dabei wird der Zeitordnungsoperator $T$ eingeführt, der die Operatoren $H_1^{(W)}(t_i)$ so anordnet, dass die Zeiten in absteigender Reihenfolge stehen:

$$TA(t_1)\ldots A(t_n)=A(t_{\pi(1)})\ldots A(t_{\pi(n)})$$

$$\text{mit }\pi\in S_n,\quad t_{\pi(n)}<\cdots<t_{\pi(2)}<t_{\pi(1)}.$$

Für $n = 2$ gilt z.B.

$$TA(t_1)A(t_2) = \begin{cases} A(t_1)A(t_2), & t_1 \geq t_2 \\ A(t_2)A(t_1), & t_2 \geq t_1. \end{cases}$$

Die Zeitordnung ist nötig, da die Operatoren $H_1^{(W)}(t_i)$ zu verschiedenen Zeiten nicht miteinander kommutieren.

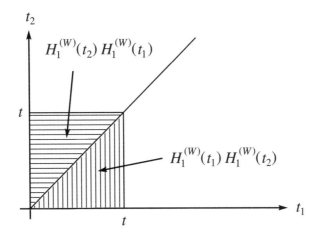

Obige Lösung können wir kompakt zusammenfassen in der *Dysonreihe*

$$W(t, t_0) = T \exp\left\{ -\frac{i}{\hbar} \int_{t_0}^{t} dt' H_1^{(W)}(t') \right\}.$$

Bis zur ersten Ordnung in $H_1$ ist

$$W_1(t, t_0) = 1 - \frac{i}{\hbar} \int_{t_0}^{t} dt' H_1^{(W)}(t'),$$

woraus wieder unsere obigen Formeln für $|\psi_W(t)\rangle$ und $c_k(t)$ in erster Ordnung folgen.

Die gesuchten Übergangswahrscheinlichkeiten sind nun gemäß

$$p_{nk}(t) = |c_k(t)|^2$$

zu berechnen.

## 19.2 Fermi's Goldene Regel

### 19.2.1 Zeitunabhängige Störungen

Sei $H_1(t) = \theta(t)H_1$ eine zeitunabhängige Störung, die bei $t = 0$ eingeschaltet wird. Für $m \neq n$ folgt in erster Ordnung

$$p_{nm}(t) = \frac{1}{\hbar^2} \left| \int_0^t dt' e^{i(\omega_m - \omega_n)t'} \right|^2 |\langle m|H_1|n\rangle|^2$$

$$= \frac{4}{\hbar^2} \frac{\sin^2(\frac{1}{2}(\omega_m - \omega_n)t)}{(\omega_m - \omega_n)^2} |\langle m|H_1|n\rangle|^2.$$

Der hier auftretende Faktor $4\sin^2(\frac{\omega}{2}t)/\omega^2$ vor dem Matrixelement hat für große Zeiten $t$ als Funktion von $\omega = \omega_m - \omega_n$ ein ausgeprägtes Maximum bei 0, wie die Abbildung zeigt.

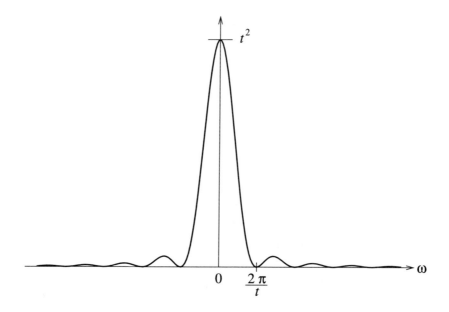

Die Breite der Funktion ist proportional zu $1/t$ und das Maximum wächst proportional zu $t^2$. Das bedeutet, dass mit überwiegender Wahrscheinlichkeit nur Übergänge zu Zuständen $|m\rangle$ stattfinden, für die $\omega_m \approx \omega_n$ ist.

Das Verhalten der Funktion für sehr große $t$ lässt sich durch die Relation

$$\lim_{t \to \infty} \frac{4\sin^2(\frac{\omega}{2}t)}{\omega^2 t} = 2\pi\delta(\omega)$$

quantifizieren.

Im Folgenden wollen wir annehmen, dass der Endzustand $|m\rangle$ im kontinuierlichen Spektrum liegt. Zur besseren Unterscheidung werden wir ihn ab jetzt $|\alpha\rangle$ nennen, wobei $\alpha$ kontinuierlich variiert. Dann ist $p_{n\alpha}(t)$ die Übergangswahrscheinlichkeitsdichte in der Energiedarstellung. Die gesamte Übergangswahrscheinlichkeit ins Kontinuum ist $\int p_{n\alpha}(t)d\alpha$. (Gegebenenfalls wird zusätzlich über diskrete Quantenzahlen summiert). Wir wissen, dass für große Zeiten nur Zustände $\alpha$ beitragen, deren Energie $E_\alpha$ dicht bei $E_n$ liegt.

Die Übergangswahrscheinlichkeit pro Zeiteinheit $W_{n\rightarrow\alpha} = \int d\alpha\, p_{n\alpha}(t)/t$ im Limes großer Zeiten berechnet sich mit Hilfe der obigen Relation zu

$$W_{n\rightarrow\alpha} = \int d\alpha\, \frac{2\pi}{\hbar^2}\delta(\omega_\alpha - \omega_n)\,|\langle\alpha|H_1|n\rangle|^2 = \int d\alpha\, \frac{2\pi}{\hbar}\delta(E_\alpha - E_n)\,|\langle\alpha|H_1|n\rangle|^2.$$

Durch die $\delta$-Funktion wird $E_\alpha = E_n$ erzwungen. Aus einer zeitunabhängigen Störung kann das System also keine Energie aufnehmen.

Nun führen wir noch die *Zustandsdichte*

$$\rho(E) = \int \delta(E_\alpha - E)d\alpha$$

ein. Sie gibt die Zahl der Zustände $d\alpha = \rho(E)dE$ in einem infinitesimalen Energie-Intervall $dE$ an.

Unter der Annahme, dass $\langle\alpha|H_1|n\rangle$ für alle Zustände zur Energie $E_\alpha$ konstant ist, erhalten wir

**„Fermi's goldene Regel"**

$$W_{n\rightarrow\alpha} = \frac{2\pi}{\hbar}\rho(E_n)|\langle\alpha|H_1|n\rangle|^2,$$

die aber nicht von Fermi sondern von Pauli stammt.

Wenn $m$ im diskreten Spektrum liegt, verschwindet $p_{nm}(t)/t$ im Limes großer Zeiten für $E_m \neq E_n$ und liefert keine sehr interessante Größe.

Zum Gültigkeitsbereich der goldenen Regel seien noch folgende Hinweise gegeben. Für $(\omega_\alpha - \omega_n)t \ll 1$ und große $t$ kann in dem Ausdruck zu Beginn dieses Abschnittes $p_{n\alpha}(t) > 1$ werden. Dann wird die Approximation ungültig. Für den Gültigkeitsbereich der goldenen Regel gilt:

- Die Breite $\Delta E$ der Verteilung der Endzustände muss größer sein als die Breite von $(\sin^2 \frac{1}{2}(\omega_\alpha - \omega_n)t)/(\omega_\alpha - \omega_n)^2$ und somit

$$\Delta E \gg \frac{h}{t}.$$

  Außerdem muss $\rho(E)$ in der Umgebung von $E_n$ glatt auf der Skala $2\pi\hbar/t$ sein.

- $t$ muss klein genug sein, damit die erste Ordnung gültig bleibt; insbesondere muss $p < 1$ bleiben. Daraus folgt

$$W_{n\to\alpha} \, t \ll 1$$

  als Kriterium.

### 19.2.2 Periodische Störungen

Für die Wechselwirkung von Atomen mit elektromagnetischer Strahlung ist der Fall wichtig, dass die Störung periodisch von der Zeit abhängt. Wir betrachten also eine periodische Störung

$$H_1(t) = H_\omega \mathrm{e}^{-\mathrm{i}\omega t} + H_\omega^\dagger \mathrm{e}^{\mathrm{i}\omega t}, \qquad \omega > 0,$$

die ab $t = 0$ wirken soll. Dann ist

$$c_m(t) - \delta_{mn} = -\frac{\mathrm{i}}{\hbar} \int_0^t dt' \left\{ \langle m|H_\omega|n\rangle \mathrm{e}^{\mathrm{i}(\omega_m - \omega_n - \omega)t'} + \langle m|H_\omega^\dagger|n\rangle \mathrm{e}^{\mathrm{i}(\omega_m - \omega_n + \omega)t'} \right\}$$

$$= -\frac{\mathrm{i}}{\hbar} \left\{ \langle m|H_\omega|n\rangle \, \frac{\sin\frac{1}{2}(\omega_m - \omega_n - \omega)t}{\frac{1}{2}(\omega_m - \omega_n - \omega)} \, \mathrm{e}^{\frac{\mathrm{i}}{2}(\omega_m - \omega_n - \omega)t} \right.$$

$$\left. + \langle m|H_\omega^\dagger|n\rangle \, \frac{\sin\frac{1}{2}(\omega_m - \omega_n + \omega)t}{\frac{1}{2}(\omega_m - \omega_n + \omega)} \, \mathrm{e}^{\frac{\mathrm{i}}{2}(\omega_m - \omega_n + \omega)t} \right\}.$$

Mit der Abkürzung $\omega_{mn} \equiv \omega_m - \omega_n$ ist

$$|c_m(t) - \delta_{mn}|^2 =$$

$$\frac{1}{\hbar^2} \left\{ |\langle m|H_\omega|n\rangle|^2 \left( \frac{\sin\frac{1}{2}(\omega_{mn} - \omega)t}{\frac{1}{2}(\omega_{mn} - \omega)} \right)^2 + |\langle m|H_\omega^\dagger|n\rangle|^2 \left( \frac{\sin\frac{1}{2}(\omega_{mn} + \omega)t}{\frac{1}{2}(\omega_{mn} + \omega)} \right)^2 \right.$$

$$\left. + \text{gemischte Terme} \right\}.$$

Dieser Ausdruck hat folgende Gestalt als Funktion von $\omega_m$:

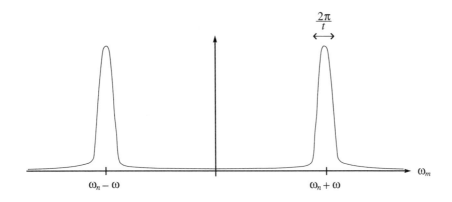

Für $\omega > \frac{2\pi}{t}$ sind die gemischten Terme sehr klein. Wesentliche Beiträge treten nur auf für

$$|\omega_{mn} + \omega| \leq \frac{2\pi}{t} \quad \text{und} \quad |\omega_{mn} - \omega| \leq \frac{2\pi}{t}.$$

Für wachsendes $t$ werden die Maxima immer schärfer.

Die Interpretation der dominanten Übergänge ist klar:

a)     $\omega_m = \omega_n + \omega, \qquad E_m = E_n + \hbar\omega$ : Absorption

b)     $\omega_m = \omega_n - \omega, \qquad E_m = E_n - \hbar\omega$ : Emission

Durch die äußere Störung mit der Kreisfrequenz $\omega$ werden Energie-Änderungen um $\pm\hbar\omega$ hervorgerufen.

Für Übergänge ins kontinuierliche Spektrum gelten die Überlegungen des vorigen Abschnittes analog mit folgenden Änderungen:

a) Absorption,

$$W_{n\to m} = \frac{2\pi}{\hbar}\rho(E_n + \hbar\omega)|\langle m|H_\omega|n\rangle|^2, \qquad E_m = E_n + \hbar\omega,$$

b) Emission,

$$W_{n\to m} = \frac{2\pi}{\hbar}\rho(E_n - \hbar\omega)|\langle m|H_\omega^\dagger|n\rangle|^2, \qquad E_m = E_n - \hbar\omega.$$

Dies sind die goldenen Regeln für den Fall einer periodischen Störung.

## 19.3 Absorption und Emission von Strahlung

Mit den uns nun zur Verfügung stehenden Formeln können wir die Emission und Absorption von Strahlung betrachten. Die Situation ist diese:

Ein Atom steht in Wechselwirkung mit dem äußerem Strahlungsfeld. Dieses stellt eine periodische Störung dar. Noch realistischer ist es, eine inkohärente Überlagerung von Störungen verschiedener Frequenzen anzunehmen.

Gesucht sind die Übergangsraten $W_{n\to m}$ im diskreten Spektrum des Atoms.

Im vorigen Abschnitt haben wir die Übergangswahrscheinlichkeiten $p_{n\to m}(t)$ in der ersten Ordnung der Störungstheorie für periodische Störungen berechnet. Wenn wir eine inkohärente Überlagerung von kontinuierlichen Frequenzen in der Störung mit einer Spektralverteilung $\hat{\rho}(\omega)$ annehmen, ist die Übergangsrate gegeben durch

$$W_{n\to m} = \frac{1}{t}\int_{-\infty}^{\infty} d\omega\ \hat{\rho}(\omega)p_{n\to m}(t)$$

$$\xrightarrow[t\to\infty]{}\quad \frac{2\pi}{\hbar^2}\ \hat{\rho}(\omega_{mn})|\langle m|H_{\omega_{mn}}|n\rangle|^2$$

für $\omega_m > \omega_n$, d.h. Absorption.

Für $\omega_m < \omega_n$ finden wir

$$W_{n\to m} = \frac{2\pi}{\hbar^2}\ \hat{\rho}(\omega_{nm})|\langle m|H_{\omega_{nm}}^{\dagger}|n\rangle|^2$$

$$= \frac{2\pi}{\hbar^2}\ \hat{\rho}(\omega_{nm})|\langle n|H_{\omega_{nm}}|m\rangle|^2 = W_{m\to n}.$$

Diese durch das äußere Feld angeregten Übergänge mit Energieverlust bezeichnet man als *induzierte Emission*.

Für das Atom im elektromagnetischen Feld wollen wir den speziellen Fall betrachten, dass ein Valenzelektron vorliegt, also z.B. das H-Atom. Der Wechselwirkungsterm ist

$$H_1 = -\frac{e}{m_e}\vec{A}(\vec{r},t)\cdot\vec{P}$$

in der Coulombeichung ($\text{div}\,\vec{A} = 0$). Eine ebene Welle lautet

$$\vec{A}(\vec{r}, t) = a\vec{e}\,\mathrm{e}^{\mathrm{i}\vec{k}\cdot\vec{r} - \mathrm{i}\omega t} + a^*\vec{e}\,\mathrm{e}^{-\mathrm{i}\vec{k}\cdot\vec{r} + \mathrm{i}\omega t} \quad \text{mit} \quad k = \frac{\omega}{c},\ |\vec{e}| = 1.$$

Nach den Regeln der Elektrodynamik ist die Intensität der Welle gegeben durch

$$I = \overline{|\vec{S}|}, \quad |\vec{S}| = \frac{1}{\mu_0}|\vec{E}||\vec{B}| = \frac{1}{\mu_0 c}\vec{E}^2 \implies I = 2\varepsilon_0 c\omega^2|a|^2$$

und die Energiedichte durch

$$u = \frac{1}{c}|\vec{S}| = 2\varepsilon_0\omega^2|a|^2.$$

Mit

$$H_\omega = -\frac{e}{m_e}\,\mathrm{e}^{\mathrm{i}\vec{k}\cdot\vec{r}}a\,\vec{e}\cdot\vec{P}$$

finden wir

$$|\langle m|H_\omega|n\rangle|^2 = \left(\frac{e}{m_e}\right)^2|a|^2|\langle m|\mathrm{e}^{\mathrm{i}\vec{k}\cdot\vec{r}}\vec{e}\cdot\vec{P}|n\rangle|^2$$

$$= \frac{e^2}{2m_e^2\omega^2\varepsilon_0}\,u\,|\langle m|\mathrm{e}^{\mathrm{i}\vec{k}\cdot\vec{r}}\vec{e}\cdot\vec{P}|n\rangle|^2.$$

Für eine inkohärente Überlagerung ersetzen wir die Energiedichte $u$ durch eine Verteilung $u(\omega)$ und erhalten

$$W_{n\to m} = \frac{\pi e^2}{m_e^2\omega_{mn}^2\hbar^2\varepsilon_0}\,u(\omega_{mn})\,|\langle m|\mathrm{e}^{\mathrm{i}\vec{k}\cdot\vec{r}}\vec{e}\cdot\vec{P}|n\rangle|^2.$$

Jetzt gilt es noch, das Matrixelement zu berechnen. Für Wellenlängen, die groß gegen den Durchmesser des Atoms sind,

$$\lambda = \frac{2\pi}{k} \gg \varnothing(\text{Atom}),$$

genügt es, in dem Matrixelement die Dipolnäherung

$$\mathrm{e}^{\mathrm{i}\vec{k}\cdot\vec{r}} \approx 1$$

zu verwenden. Dieses reduziert sich dadurch auf

$$\langle m|\vec{e}\cdot\vec{P}|n\rangle = \mathrm{i}\omega_{mn}m_e\langle m|\vec{e}\cdot\vec{Q}|n\rangle$$

wegen

$$[H_0, \vec{Q}] = \frac{\hbar}{\mathrm{i}} \frac{\vec{P}}{m_e}.$$

Mit dem Dipoloperator

$$\vec{d} \doteq e\vec{Q}$$

erhalten wir das Endergebnis

$$W_{n \to m} = \frac{4\pi^2}{\hbar^2 (4\pi\varepsilon_0)} \, u(\omega_{mn}) \, |\langle m|\vec{e} \cdot \vec{d}|n\rangle|^2 \,.$$

Das maßgebliche Matrixelement für die Übergänge ist $\langle m|\vec{e} \cdot \vec{d}|n\rangle$. Die Bedingung, dass es nicht Null ist, führt zu den verschiedenen Auswahlregeln, z.B.

$$\Delta l = \pm 1, \quad \Delta m = 0, \pm 1 \qquad \text{(elektrische Dipolstrahlung)}.$$

Es sei an dieser Stelle daran erinnert, dass wir Absorption und induzierte Emission behandeln. Die spontane Emission, bei der kein Licht von außen einstrahlt, wird durch den obigen Formalismus nicht erfasst. Zu seiner korrekten Beschreibung muss das elektromagnetische Feld ebenfalls quantisiert werden.

Das obige Resultat verallgemeinern wir jetzt noch auf den Fall einer inkohärenten Überlagerung von Wellenvektoren $\vec{k}$ und Polarisationen $\vec{e} \perp \vec{k}$. Das Quadrat des Matrixelements $\langle m|\vec{e} \cdot \vec{d}|n\rangle$ ist zu ersetzen durch

$$\frac{1}{4\pi} \int d\Omega_{\vec{e}} \, \langle n|\vec{d} \cdot \vec{e}|m\rangle \langle m|\vec{e} \cdot \vec{d}|n\rangle = \frac{1}{3} \langle n|\vec{d}|m\rangle \langle m|\vec{d}|n\rangle$$

wegen

$$\frac{1}{4\pi} \int d\Omega_{\vec{e}} \, e_i e_j = \frac{1}{3} \delta_{ij}.$$

Das ergibt

$$W_{n \to m} = \frac{4\pi^2}{3\hbar^2 (4\pi\varepsilon_0)} |\langle n|\vec{d}|m\rangle|^2 \, u(\omega_{mn})$$

$$\equiv B_{nm} \, u(\omega_{mn}),$$

wobei der *Einsteinkoeffizient* $B_{nm} = B_{mn}$ eingeführt wurde. Diese Formel ist das gesuchte Ergebnis für die Übergangsraten bei Absorption und induzierter Emission von Licht.

## 19.4 Spontane Emission

Die spontane Emission, bei der ein Atom, Molekül, Kern etc. von einem angeregten Zustand in einen niedrigeren Zustand übergeht unter gleichzeitiger Emission von Strahlung, ist natürlich von sehr großem Interesse. Die Übergangsrate $A_{nm}$ dafür können wir mit den bisherigen Methoden nicht berechnen. Für die quantentheoretische Beschreibung der spontanen Emission ist die Quantisierung des elektromagnetischen Feldes, z.B. im Rahmen der Quantenelektrodynamik, erforderlich.

Dennoch kann man schon aus allgemeinen Überlegungen eine Beziehung zwischen der Übergangsrate für spontane Emission und derjenigen für induzierte Emission bzw. Absorption herleiten. Diese Beziehung stammt von Einstein, der mit einer schlauen Gedankenführung das plancksche Strahlungsgesetz hergeleitet hat.

Einsteins Ableitung des planckschen Strahlungsgesetzes geht folgendermaßen.

Es sei $W_{n \to m} = A_{nm}$ die Übergangsrate für spontane Emission bei einem Übergang von $n$ nach $m$. Die Besetzungshäufigkeiten der beiden betrachteten Zustände seien $N_n$ und $N_m$.

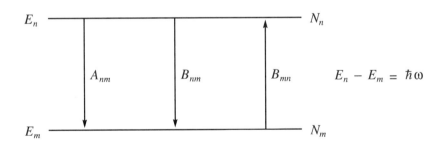

Die Leistung $W$ (Energie/Zeit) der verschiedenen Prozesse lautet

- spontane Emission:     $W_{SE} = N_n A_{nm} \hbar \omega,$

- induzierte Emission:     $W_{IE} = N_n u(\omega) B_{nm} \hbar \omega,$

- induzierte Absorption:     $W_{IA} = N_m u(\omega) B_{mn} \hbar \omega.$

Nun betrachtet man den Fall des Gleichgewichts, wie er beim schwarzen Körper mit Temperatur $T$ vorliegt. Die Leistungsbilanz erfordert

$$N_n A_{nm} + N_n u(\omega) B_{nm} = N_m u(\omega) B_{mn}.$$

Die Besetzungswahrscheinlichkeiten gehorchen der Maxwellverteilung:

$$N_n = C \mathrm{e}^{-\beta E_n}, \quad N_m = C \mathrm{e}^{-\beta E_m}, \quad \text{mit } \beta = \frac{1}{kT}.$$

Daraus folgt

$$A_{nm} \mathrm{e}^{-\beta E_n} + u(\omega) B_{nm} \mathrm{e}^{-\beta E_n} = u(\omega) B_{mn} \mathrm{e}^{-\beta E_m}$$

und weiterhin

$$u(\omega) = \frac{\frac{A_{nm}}{B_{nm}}}{\frac{B_{mn}}{B_{nm}} \, \mathrm{e}^{\beta \hbar \omega} - 1}.$$

Es ist aber $B_{mn} = B_{nm}$, wie wir vorher gefunden haben, und daher

$$u(\omega) = \frac{\frac{A_{nm}}{B_{nm}}}{\mathrm{e}^{\frac{\hbar \omega}{kT}} - 1}.$$

Dies ist das plancksche Strahlungsgesetz, wobei der Quotient $A_{nm}/B_{nm}$ noch nicht bestimmt ist.

Andererseits ist aus der planckschen Herleitung das Gesetz in der Form

$$u(\omega) = \frac{\hbar \omega^3}{\pi^2 c^3} \frac{1}{\mathrm{e}^{\frac{\hbar \omega}{kT}} - 1}$$

bekannt. Durch Vergleich lesen wir ab

$$\frac{A_{nm}}{B_{nm}} = \frac{\hbar \omega^3}{\pi^2 c^3}.$$

Mit dem oben berechneten Wert von $B_{nm}$ finden wir damit den gesuchten Einsteinkoeffizienten für spontane Emission:

$$\boxed{A_{nm} = \frac{4}{3} \frac{\omega^3}{\hbar c^3 (4\pi\varepsilon_0)} \, |\langle n|\vec{d}|m\rangle|^2 \,.}$$

# 20 Statistischer Operator

## 20.1 Gemische

Die bisher betrachteten quantenmechanischen Zustände sind sogenannte *reine Zustände*, die durch Vektoren im Hilbertraum beschrieben werden. Reine Zustände repräsentieren die maximale Kenntnis über das System. Sie lassen sich z.B. festlegen durch Messung aller Observablen eines vollständigen Satzes vertauschbarer Observabler. Wir stellen uns vor, dass die Streuung von Messwerten in einem reinen Zustand eine intrinsische quantenmechanische Eigenschaft ist, die sich nicht durch zusätzliche Information reduzieren lässt.

Außer den reinen Zuständen gibt es aber auch *statistische Gemische*. Ein statistisches Gemisch ist eine Wahrscheinlichkeitsverteilung über den reinen Zuständen. Das bedeutet, dass wir nicht genau wissen, welcher reine Zustand vorliegt, sondern nur gewisse Wahrscheinlichkeiten dafür angeben können.

Beispiel: Stern-Gerlach-Apparat

Wenn wir den aus dem Ofen kommenden Strahl durch einen Filter schicken, welcher die Elektronen im Zustand $Z_+$ herausfiltert, so haben wir bezüglich der Spinfreiheitsgrade einen reinen Zustand präpariert.

Ohne den Filter finden wir ein Gemisch aus $Z_+$ und $Z_-$ vor.

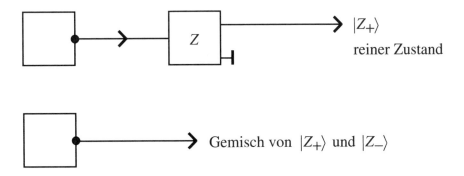

Ein statistisches Gemisch entspricht einer unvollständigen Kenntnis über den Zustand des Systems. Die Situation ist völlig analog zu derjenigen in der statistischen Mechanik, wo die Wahrscheinlichkeiten unsere Unkenntnis über den genauen Zustand widerspiegeln. Die hier vorkommenden Wahrscheinlichkeiten sind also keine quantenmechanischen sondern klassische Wahrscheinlichkeiten.

Wir beschreiben reine Zustände durch Vektoren in einem Hilbertraum $\mathcal{H}$. Wodurch sind Gemische zu beschreiben?

Ein System $S$ sei in einem statistischen Gemisch. Die Menge von möglichen Zuständen sei $\{|\alpha\rangle\}$. Sie muss im Allgemeinen keine Basis sein, sondern es dürfen auch linear abhängige Vektoren enthalten sein.

$S$ sei mit Wahrscheinlichkeit $p_\alpha$ im Zustand $|\alpha\rangle$, wobei

$$0 \leq p_\alpha \leq 1, \qquad \sum_\alpha p_\alpha = 1.$$

Der Erwartungswert einer Observablen $A$ ist dann zu berechnen gemäß

$$\overline{A} = \sum_\alpha p_\alpha \langle \alpha | A | \alpha \rangle.$$

In ihn gehen sowohl die quantenmechanischen Wahrscheinlichkeitsverteilungen in den Zuständen $|\alpha\rangle$ als auch die „klassischen" Wahrscheinlichkeiten $p_\alpha$ ein. Wir werden die Notation

$$\overline{A} \equiv \langle A \rangle$$

verwenden.

Mit dem Projektor

$$P_\alpha = |\alpha\rangle\langle\alpha|$$

gilt

$$\langle \alpha | A | \alpha \rangle = \mathrm{Sp}(P_\alpha A).$$

Beweis: Sei $\{|n\rangle\}$ Basis.

$$\mathrm{Sp}(P_\alpha A) = \sum_n \langle n | P_\alpha A | n \rangle = \sum_n \langle n | \alpha \rangle \langle \alpha | A | n \rangle = \sum_n \langle \alpha | A | n \rangle \langle n | \alpha \rangle$$

$$= \langle \alpha | A | \alpha \rangle. \quad \blacksquare$$

$\mathrm{Sp}(P_\alpha A)$ ist unabhängig von der Basis. Wir schreiben den Erwartungswert nun folgendermaßen um:

$$\langle A \rangle = \sum_\alpha p_\alpha \mathrm{Sp}(P_\alpha A) = \mathrm{Sp}\left(\sum_\alpha p_\alpha P_\alpha A\right).$$

Mit der Definition des *statistischen Operators*

$$\rho = \sum_\alpha p_\alpha P_\alpha$$

gilt somit für jede Observable $A$

$$\boxed{\langle A \rangle = \mathrm{Sp}(\rho A)\,.}$$

Der statistische Operator $\rho$ beschreibt den gemischten Zustand eindeutig.

Die reinen Zustände stellen einen Spezialfall dar. Zum reinen Zustand $|\beta\rangle$ gehört

$$p_\alpha = \delta_{\alpha\beta}\,, \qquad \rho = P_\beta\,, \qquad \langle A \rangle = \langle \beta|A|\beta\rangle.$$

Eigenschaften des statistischen Operators:

1.  $\rho^\dagger = \rho$

2.  $\mathrm{Sp}(\rho) = 1$,
    denn $\mathrm{Sp}(\rho) = \sum_\alpha p_\alpha = 1$

3.  $0 \le \langle \psi|\rho|\psi\rangle$,
    denn $\langle \psi|\rho|\psi\rangle = \sum_\alpha p_\alpha |\langle \psi|\alpha\rangle|^2 \ge 0$

4.  $\mathrm{Sp}(\rho^2) \le 1$,
    $\mathrm{Sp}(\rho^2) = 1 \quad \Leftrightarrow \quad \rho$ ist reiner Zustand.

Beispiel: Stern-Gerlach-Versuch

Angenommen, die Zustände $|Z_+\rangle$ und $|Z_-\rangle$ liegen vor mit den Wahrscheinlichkeiten $p_+$ und $p_-$, wobei $p_+ + p_- = 1$. In der Basis $\{|Z_+\rangle, |Z_-\rangle\}$ ist

$$P_+ = \begin{pmatrix} 1 & 0 \\ 0 & 0 \end{pmatrix}, \qquad P_- = \begin{pmatrix} 0 & 0 \\ 0 & 1 \end{pmatrix},$$

$$\rho = \begin{pmatrix} p_+ & 0 \\ 0 & p_- \end{pmatrix}, \qquad \mathrm{Sp}(\rho) = 1,$$

$$\langle S_z \rangle = \frac{\hbar}{2}\mathrm{Sp}(\rho \cdot \sigma_z) = \frac{\hbar}{2}\mathrm{Sp}\begin{pmatrix} p_+ & 0 \\ 0 & -p_- \end{pmatrix} = \frac{\hbar}{2}(p_+ - p_-).$$

Im speziellen Fall

$$p_+ = p_- = \tfrac{1}{2}, \qquad \rho = \tfrac{1}{2}\mathbf{1}$$

liegt ein isotropes Gemisch vor, in dem

$$\langle S_k \rangle = \tfrac{\hbar}{2}\,\tfrac{1}{2}\,\mathrm{Sp}(S_k) = 0$$

gilt.

## 20.2 Unterschied zwischen reinen und gemischten Zuständen

Den Unterschied zwischen reinen und gemischten Zuständen wollen wir noch genauer studieren. Wir bleiben im Beispiel des Stern-Gerlach-Versuches und betrachten folgende Superposition:

$$|\varphi\rangle = \frac{1}{\sqrt{2}}(|Z_+\rangle + \mathrm{e}^{\mathrm{i}\varphi}|Z_-\rangle) = \frac{1}{\sqrt{2}}\begin{pmatrix} 1 \\ \mathrm{e}^{\mathrm{i}\varphi} \end{pmatrix}.$$

Sie ist Eigenvektor zur Spinkomponente $S_{\vec{e}}$ mit $\vec{e} = (\cos\varphi, \sin\varphi, 0)$. Zu diesem reinen Zustand gehört der statistische Operator

$$\rho_\varphi = P_\varphi = |\varphi\rangle\langle\varphi| = \frac{1}{2}\begin{pmatrix} 1 & \mathrm{e}^{-\mathrm{i}\varphi} \\ \mathrm{e}^{\mathrm{i}\varphi} & 1 \end{pmatrix}.$$

Er erfüllt

$$\rho_\varphi^2 = \rho_\varphi, \qquad \mathrm{Sp}(\rho_\varphi^2) = 1.$$

Wenn wir einen Strahl von Elektronen, die sich im Zustand $|\varphi\rangle$ befinden, durch eine Stern-Gerlach-Apparatur schicken, so produziert sie zwei Teilstrahlen in den Zuständen $|Z_+\rangle$ und $\mathrm{e}^{\mathrm{i}\varphi}|Z_-\rangle$. Bringen wir diese zur Interferenz, so wird der Zustand $|\varphi\rangle$ wiederhergestellt.

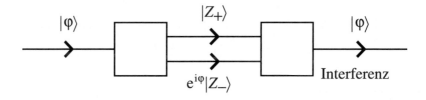

Sehen wir uns nun ein gleichgewichtiges Gemisch der beiden betrachteten Zustände an. Der Phasenfaktor $\exp(i\varphi)$ fällt heraus und der statistische Operator lautet

$$\rho_G = \frac{1}{2}(|Z_+\rangle\langle Z_+| + |Z_-\rangle\langle Z_-|) = \frac{1}{2}\begin{pmatrix} 1 & 0 \\ 0 & 1 \end{pmatrix}.$$

Er erfüllt

$$\rho_G^2 = \frac{1}{4}\begin{pmatrix} 1 & 0 \\ 0 & 1 \end{pmatrix}, \qquad \mathrm{Sp}(\rho_G^2) = \frac{1}{2} \neq 1.$$

Der Unterschied zu $\rho_\varphi$ besteht darin, dass die gemischten Terme außerhalb der Diagonalen fehlen. Diese sind wichtig für Interferenz, z.B.

$$\langle S_x\rangle_\varphi = \mathrm{Sp}(\rho_\varphi S_x) = \mathrm{Sp}\,\frac{1}{2}\begin{pmatrix} 1 & e^{-i\varphi} \\ e^{i\varphi} & 1 \end{pmatrix}\frac{\hbar}{2}\begin{pmatrix} 0 & 1 \\ 1 & 0 \end{pmatrix} = \frac{\hbar}{2}\cos\varphi,$$

$$\langle S_x\rangle_G = \mathrm{Sp}(\rho_G S_x) = \mathrm{Sp}\,\frac{1}{2}\begin{pmatrix} 1 & 0 \\ 0 & 1 \end{pmatrix}\frac{\hbar}{2}\begin{pmatrix} 0 & 1 \\ 1 & 0 \end{pmatrix} = 0.$$

Das Gemisch kann dadurch hergestellt werden, dass vor dem Zusammenbringen der Teilstrahlen die Phasenbeziehung zerstört wird, was ohne besondere experimentelle Vorkehrungen ohnehin leicht geschieht.

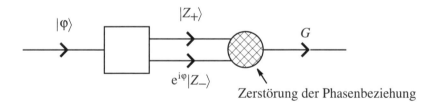

Zerstörung der Phasenbeziehung

Möglich wäre z.B., dass durch äußere Einflüsse die relative Phase $\varphi$ statistisch schwankt. Durch die statistische Mittelung über die Phasen wird das Gemisch erzeugt:

$$\rho_G = \frac{1}{2\pi}\int_0^{2\pi} d\varphi\,\rho_\varphi.$$

Allgemein können wir folgende Beziehung zwischen reinen Zuständen und Gemischen feststellen. Für einen reinen Zustand

$$|\psi\rangle = \sum_n c_n |n\rangle$$

enthält der statistische Operator Diagonalterme und „Interferenzterme":

$$\rho_\psi = |\psi\rangle\langle\psi| = \sum_{n,m} c_n c_m^* |m\rangle\langle n|$$

$$= \sum_n |c_n|^2 |n\rangle\langle n| + \underbrace{\sum_{m\neq n} c_n c_m^* |m\rangle\langle n|}_{\text{„Interferenzterme"}}.$$

In dem Gemisch mit $p_n = |c_n|^2$:

$$\rho_G = \sum_n |c_n|^2 |n\rangle\langle n|$$

fehlen die Interferenzterme.

# 21 Messprozess und Bellsche Ungleichungen

## 21.1 Messprozess

In diesem Kapitel werden wir uns den Vorgängen, die mit dem quanten-mechanischen Messprozess verbunden sind, eingehender zuwenden. Ange-nommen, es liegt ein präparierter Zustand $|\psi\rangle$ eines Systems $S$ vor und wir wollen an diesem Zustand die Observable $A$ messen. Der Einfachheit halber nehmen wir an, das Spektrum von $A$ sei diskret:

$$A|n\rangle = a_n|n\rangle.$$

Der Zustand kann nach den Eigenvektoren entwickelt werden:

$$|\psi\rangle = \sum_n c_n|n\rangle.$$

Nun erfolge eine Messung von $A$ durch eine Messapparatur $M$.

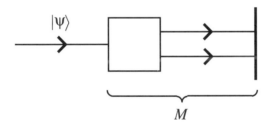

Wir haben schon gelernt, dass die möglichen Messergebnisse für $A$ die Ei-genwerte $a_n$ sind und dass sie mit den Wahrscheinlichkeiten $p_n = |c_n|^2$ auftreten. Betrachten wir nun die Zustände, die in den Messvorgang invol-viert sind.

Vor der Messung soll der reine Zustand $|\psi\rangle$ vorliegen, zu dem der statistische Operator $\rho_0 = |\psi\rangle\langle\psi|$ gehört.

Während der Messung tritt das betrachtete System $S$ mit der Messap-paratur $M$ in Wechselwirkung. Wenn dieser Vorgang beendet ist, wir das Messergebnis aber noch nicht an der Apparatur abgelesen haben, wissen wir nur, dass das System sich in irgendeinem der Zustände $|n\rangle$ befindet, und zwar mit Wahrscheinlichkeit $p_n$. Diesen Zustand vor der Ablesung beschreiben wir, wie wir es im vorigen Kapitel gelernt haben, durch das Gemisch mit dem statistischen Operator $\rho_I = \sum_n |c_n|^2 |n\rangle\langle n|$. Er drückt unsere Unkenntnis des Messergebnisses aus. Den Übergang von $\rho_0$ nach $\rho_I$ bezeichnet man auch als *Zustandsreduktion*.

Wenn wir schließlich das Messergebnis abgelesen haben, z.B. den Wert $a_n$, wissen wir, dass das System im reinen Zustand $|n\rangle$ ist, zu dem der statistische Operator $\rho_{II} = |n\rangle\langle n|$ gehört.

Zustände

| vor der Messung | nach der Messung ohne Ablesen | Ablesung |
|:---:|:---:|:---:|
| $\|\psi\rangle = \sum_n c_n \|n\rangle$ | | $\|n\rangle$ |
| $\rho_0 = \|\psi\rangle\langle\psi\|$ | $\rho_I = \sum_n \|c_n\|^2 \|n\rangle\langle n\|$ | $\rho_{II} = \|n\rangle\langle n\|$ |
| rein $\longrightarrow$ | Gemisch $\longrightarrow$ | rein |
| ? | Kenntnisnahme | |
| „Reduktion | wie in der | |
| des Zustandes" | klass. Statistik | |

Der Übergang von $\rho_I$ nach $\rho_{II}$ beschreibt unseren Informationsgewinn durch das Ansehen des Messergebnisses. Dies ist wie in der klassischen Statistik und stellt nichts Ungewöhnliches dar.

Der Übergang von $\rho_0$ nach $\rho_I$ ist jedoch problematischer. Wie kann er physikalisch beschrieben werden? Gehorcht er der Schrödingergleichung?

Behauptung:

Die unitäre Zeitentwicklung gemäß der Schrödingergleichung wandelt reine Zustände in reine Zustände und Gemische in Gemische.

Beweis:

Für einen reinen Zustand ist $|\psi(t)\rangle = U(t)|\psi(0)\rangle$ und $\rho_{\psi(t)} = |\psi(t)\rangle\langle\psi(t)|$ ist ein reiner Zustand für alle $t$.

Für ein Gemisch

$$\rho_G = \sum_k p_k \, |k\rangle\langle k|$$

lautet die Zeitentwicklung

$$\rho_G(t) = \sum_k p_k \, U(t)|k\rangle\langle k|U^\dagger(t) = U(t)\,\rho_G(0)\,U^\dagger(t)$$

und es ist

$$\mathrm{Sp}(\rho_G(t)^2) = \mathrm{Sp}(U(t)\rho_G(0)\rho_G(0)U^\dagger(t)) = \mathrm{Sp}(\rho_G(0)^2) < 1,$$

so dass es ein Gemisch bleibt für alle $t$. ■

Der fragliche Übergang, die Zustandsreduktion, kann also nicht durch eine Schrödingergleichung für das System $S$ beschrieben werden.

Aufgrund dieser Beobachtung hat J. v. Neumann zwei Arten zeitlicher Änderung postuliert:

1. unitär, gemäß der Schrödingergleichung,

2. Zustandsreduktion, nicht-unitär.

Genügt der Messprozess nicht der Schrödingergleichung? Ist sie nicht immer gültig?

Wir müssen beachten, dass wir nur die zeitliche Änderung des Zustandes von $S$ betrachtet haben. Das System $S$ ist aber mit der Messapparatur $M$ in Wechselwirkung getreten. Wir müssen also $M$ mit einbeziehen.

Die Messapparatur befinde sich vorher in einem Zustand $|M_0\rangle$. Dann erfolgt die Wechselwirkung mit dem System $S$. Diese wollen wir idealisiert beschreiben. Der Gesamtzustand von System und Apparat sei vorher

$$|\psi\rangle \otimes |M_0\rangle \equiv |\psi, M_0\rangle.$$

Wenn $M$ wirklich ein Messapparat für die Observable $A$ ist, verlangen wir Folgendes: Falls $S$ vorher im Zustand $|k\rangle$ ist, soll es darin bleiben und gleichzeitig soll $M$ in den Zustand übergehen, der das Messergebnis $k$ korrekt anzeigt. Diesen Zustand mit der „Zeigerstellung $k$" nennen wir $M_k$.

$$|k, M_0\rangle \quad \longrightarrow \quad |k, M_k\rangle = |k\rangle \otimes |M_k\rangle$$
$$\uparrow$$
$$\text{Zeigerstellung}$$

Für eine störungsfreie Messung fordern wir

$$\langle M_k | M_l \rangle = 0 \quad \text{für} \quad k \neq l.$$

Für das Gesamtsystem resultiert aufgrund des Superpositionsprinzips folgende Entwicklung:

$$|\psi, M_0\rangle = \sum_n c_n |n, M_0\rangle \quad \xrightarrow{\text{Messprozess}} \quad \underbrace{\sum_n c_n |n, M_n\rangle}_{\text{faktorisiert nicht mehr}}.$$

Während der Anfangszustand bezüglich System und Messapparat faktorisiert, ist dies nach dem Messvorgang nicht mehr der Fall. Für die zugehörigen statistischen Operatoren haben wir den Übergang

$$\tilde{\rho}_0 \quad \longrightarrow \quad \tilde{\rho}_R = \sum_{m,n} c_m^* c_n |m, M_m\rangle \langle n, M_n|$$

$$= \sum_n |c_n|^2 |n, M_n\rangle \langle n, M_n| \quad + \quad \text{Interferenzterme}.$$

Der resultierende Zustand ist aber nach wie vor ein reiner Zustand und enthält die Interferenzterme. Unsere Frage ist also immer noch offen:

Wie kommt man zum Gemisch

$$\tilde{\rho}_I = \sum_n |c_n|^2 |n, M_n\rangle \langle n, M_n| \quad ?$$

Oder liegt vielleicht gar kein Gemisch vor? Dann würde eine Superposition von makroskopisch verschiedenen Zuständen des Gesamtsystems vorliegen. Der Apparat wäre in einer Superposition von Zuständen mit verschiedenen Zeigerstellungen. Das wäre einigermaßen merkwürdig.

Erwin Schrödinger hat das Paradoxe an der Vorstellung, es liege eine Superposition der verschiedenen möglichen Ergebnisse anstelle eines Gemisches vor, mit seinem berühmten Beispiel der Katze illustriert, die mit gleicher Wahrscheinlichkeit tot und lebendig ist. Würde das Gesamtsystem aus Katze und Höllenmaschine sich zeitlich gemäß der Schrödingergleichung entwickeln, müsste sich die Katze nach einer Stunde in einem Zustand befinden, der eine Superposition von „tot" und „lebendig" ist. Das erscheint absurd.

Entscheidend für die Diskussion sind offenbar die Interferenzterme. Da wir das System aus $S$ und $M$ betrachten, haben wir es mit einem makroskopischen Gesamtsystem zu tun. Eine Betrachtung der Interferenzterme führt zu folgenden Ergebnissen:

a) Die Interferenzterme sind sehr klein, wenn $M$ makroskopisch ist. Interferenz makroskopischer Körper ist kaum beobachtbar:

$$\langle M_k|B|M_l\rangle \approx 0 \quad \text{für gewöhnliche Messgrößen } B, \text{ falls } k \neq l.$$

Könnte man Interferenz verschiedener Zustände des Messapparates erzeugen, so könnte man die Aufzeichnung der Messapparatur wieder rückgängig machen (siehe Stern-Gerlach-Apparatur). Dies wäre ein Umgehen der „Irreversibilität" der Aufzeichnung.

Aber: die Interferenzterme sind im Prinzip da, wenn das Gesamtsystem $S + M$ abgeschlossen ist und die Schrödingergleichung gilt.

b) In der Realität ist das Gesamtsystem $S + M$ nicht abgeschlossen. Die Wechselwirkung mit der Umgebung (Strahlungsfeld, ...), so klein sie auch sei, vernichtet die Interferenzterme (Phasenmittelung).

Wir halten also fest: nur für völlig abgeschlossene Systeme sind die Interferenzterme vorhanden. Das ist in diesem Zusammenhang aber eine unpassende Annahme, denn der Beobachter ist immer außerhalb des Systems.

Dies ist der heisenbergsche Schnitt: System / Beobachter. Die Beschreibung des Messprozesses erfordert, dass irgendwo die Trennlinie zwischen beobachtetem System und Beobachter gezogen wird. Der Schnitt ist allerdings verschiebbar. Zum Beispiel können wir den Apparat $M$ durch einen Roboter $M'$ ablesen lassen und dessen Aufzeichnungen ansehen. Es darf dann in der Praxis keinen Unterschied machen, ob wir $M'$ zum Beobachter oder zum System hinzuzählen:

$$S + M \quad / \quad M' + B \quad \cong \quad S + M + M' \quad / \quad B.$$

Kann man den Beobachter nicht doch mit in die quantenmechanische Beschreibung einbeziehen und auf diese Weise die Zustandsreduktion umgehen?

Dann müssten wir die gesamte Welt inklusive Beobachter durch Zustandsvektoren beschreiben. Ist das sinnvoll? Was wäre dann die Bedeutung der Wellenfunktion des gesamten Universums? Wie lautete ihre Wahrscheinlichkeitsinterpretation, wenn es keinen externen Beobachter gäbe? Eine derartige „realistische" Interpretation von $|\psi\rangle$ erscheint sehr problematisch und fragwürdig. Dennoch gibt es Versuche in dieser Richtung. Dazu gehört die Viel-Welten-Interpretation, in welcher der Gesamtzustand

$$|\psi_{\text{total}}\rangle = \sum_n c_n|n, M_n, \text{Gehirn}_n, \dots\rangle$$

alle möglichen Historien nebeneinander enthält. Die Wellenfunktion des Universums ist eine Superposition aller Zustände, die aus der Geschichte hätten resultieren können. Diese verschiedenen „Zweige" der Wellenfunktion können in der Praxis nicht miteinander in Kontakt treten oder sich beeinflussen.

Weiterhin gibt es Versuche mit verborgenen Parametern (Bohm, ...), welche den Ausgang der Messung in deterministischer Weise bestimmen sollen. Wenn die Vorhersagen solcher Modelle mit den Vorhersagen der Quantenmechanik übereinstimmen sollen, geht es jedoch nur mit nichtlokalen Wechselwirkungen, wie J. Bell mit seinen berühmten Ungleichungen gezeigt hat.

## 21.2 EPR-Paradoxon und Bellsche Ungleichungen

Im Jahre 1935 veröffentlichten Einstein, Podolski und Rosen (EPR) eine Arbeit, in der sie die Frage untersuchten, ob die Quantenmechanik vollständig sein kann? Die Quantenmechanik macht ja statistische Aussagen. Man kann sich fragen, ob die quantenmechanische Statistik nicht vielleicht auf klassische Statistik zurückgeführt werden könnte. Das würde heißen, dass der Ausgang einer Messung durch weitere, verborgene Parameter bestimmt wäre. Die Situation wäre dann ähnlich zur Statistischen Mechanik, wo die Anwendung statistischer Gesetze auf unserer Unkenntnis der genauen Werte aller mikroskopischen physikalischen Größen beruht. Einsteins Überzeugung, dass es keinen fundamentalen Zufall gebe, kommt in dem oft zitierten Spruch „Gott würfelt nicht" zum Ausdruck. Durch verborgene Parameter ließe sich eventuell der Determinismus retten.

In der genannten Arbeit versuchten EPR anhand eines Gedankenexperimentes zu zeigen, dass die Quantenmechanik nicht vollständig sein könne und durch weitere Elemente ergänzt werden müsse. Ich werde hier eine Version des Argumentes diskutieren, die auf D. Bohm zurückgeht.

Im Labor zerfalle ein ruhendes Teilchen mit Spin 0 in zwei Teilchen $A$ und $B$ mit Spin 1/2. Die Zerfallsprodukte befinden sich aufgrund der Drehimpulserhaltung in einem Singulettzustand.

$A$     $B$

Spin $\frac{1}{2}$     Spin 0     Spin $\frac{1}{2}$

Nach dem eine Weile vergangen ist und die Teilchen genügend weit voneinander entfernt sind, werden Messungen von Spinkomponenten vorgenommen. Eine Messung von $S_z$ bei $A$ würde beispielsweise in der Hälfte der Fälle das Ergebnis „spin up" $= +1$ in Einheiten von $\hbar/2$ und das Ergebnis „spin down" $= -1$ in der anderen Hälfte der Fälle liefern. Das Gleiche gilt für die anderen Komponenten.

Nun betrachten wir Korrelationen. Falls bei $A$ und $B$ die gleiche Komponente gemessen wird, so sind die Ergebnisse entgegengesetzt, z.B.

$$S_z^{(A)} = +1 \qquad \Longleftrightarrow \qquad S_z^{(B)} = -1$$

$$S_z^{(A)} = -1 \qquad \Longleftrightarrow \qquad S_z^{(B)} = +1 \, ,$$

da der Gesamtspin 0 ist. Das Gleiche gilt für $S_x$ und $S_y$.

Bei $A$ werde nun $S_z^{(A)} = +1$ zur Zeit $t_1$ gemessen. Dann wissen wir mit Sicherheit: falls bei $B$ die Komponente $S_z^{(B)}$ gemessen wird zur Zeit $t = t_1 + \epsilon$, so kommt das Ergebnis $-1$ heraus.

Das Ergebnis der Messung von $S_z^{(B)}$ kann also vorhergesagt werden, nachdem $S_z^{(A)}$ gemessen wurde.

In ihrer Arbeit haben EPR einen physikalischen Realitätsbegriff folgendermaßen eingeführt: „Kann man den Wert einer physikalischen Größe mit Sicherheit vorhersagen, ohne ein System zu stören, dann gibt es ein Element der physikalischen Realität, das dieser Größe entspricht." Dieser Realitätsbegriff ist mit großem Bedacht gewählt. Er ist operational, frei von metaphysischem Ballast, und setzt so wenig voraus, dass er wohl von den meisten Physikern akzeptiert werden würde.

Nach diesem Kriterium müssen wir für obiges Experiment folgern: $B$ hat die Eigenschaft $S_z^{(B)}$, denn es wurde durch die weit entfernte Messung an $A$ nicht gestört. Hierbei wird angenommen, dass die Entfernung so groß ist, dass keine Signale ausgetauscht werden können: $\Delta t < c\Delta x$.

Falls andererseits bei $A$ die Komponente $S_x^{(A)}$ gemessen wird, gilt die entsprechende Überlegung mit dem Resultat: die Eigenschaft $S_x^{(B)}$ liegt bei $B$ vor.

In der Quantenmechanik gilt $[S_x, S_z] \neq 0$ und folglich haben $S_x$ und $S_z$ nicht gleichzeitig einen scharfen Wert.

Nach dem obigen Argument von EPR aber haben $S_x$ und $S_z$ gleichzeitig einen bestimmten Wert. Daraus folgern sie, dass die Quantenmechanik unvollständig ist.

Jetzt stellt sich also die Frage: ist es möglich, die Quantenmechanik durch Hinzunahme weiterer, verborgener Variablen zu vervollständigen? Darunter würde man Größen verstehen, die mit den Systemen $A$ und $B$ verknüpft sind und den Ausgang der Messungen festlegen.

Es ist an dieser Stelle auf die von EPR gemachte Voraussetzung hinzuweisen, dass es keine Beeinflussung gibt, die sich mit Überlichtgeschwindigkeit ausbreitet. Dies ist die Annahme der

**Lokalität:** Die Messergebnisse am System $A$ hängen nur von den Parametern des Systems $A$ ab, und die Messergebnisse am System $B$ hängen nur von den Parametern des Systems $B$ ab.

Welche Konsequenzen haben diese Annahmen? Dies wurde von J. Bell untersucht und er fand 1964 seine berühmten Ungleichungen, die wir nun kennenlernen werden. Es sei betont, dass dazu die Quantenmechanik nicht vorausgesetzt wird.

**Bellsche Ungleichungen:**

Wir betrachten die gleiche experimentelle Situation wie oben. Es werden Messungen von Spinkomponenten vorgenommen, und zwar in Richtung $\vec{a}$ am Teilchen $A$ und in Richtung $\vec{b}$ am Teilchen $B$.

Im Geiste der Idee der verborgenen Parameter machen wir nun die

**Annahme:** Die Messergebnisse stehen unmittelbar vor der Messung schon für alle möglichen Richtungen $\vec{a}, \vec{b}$ fest.

Die Messergebnisse bezeichnen wir mit

$$M_A(\vec{a}) = \pm 1, \quad M_B(\vec{b}) = \pm 1.$$

Für den Fall gleicher Messrichtungen setzen wir wie oben voraus:

$$M_A(\vec{a}) = -M_B(\vec{a}),$$

was experimentell prüfbar ist.

Es werde eine Messreihe durchgeführt. Die Richtungen der beiden Messapparaturen werden jeweils aus insgesamt drei Möglichkeiten ausgewählt. Die Messergebnisse $M_A(\vec{a})$ und $M_B(\vec{b})$ für die jeweils gewählten Richtungen werden protokolliert. Aus dem Protokoll wird dann die Korrelationsfunktion

$$P(\vec{a},\vec{b}) \doteq \langle M_A(\vec{a})\, M_B(\vec{b})\rangle$$

ermittelt, die den Erwartungswert des Produktes der Messergebnisse für ein bestimmtes Paar von Richtungen $\vec{a}, \vec{b}$ angibt.

Aufgrund obiger Voraussetzung können wir schreiben

$$P(\vec{a},\vec{b}) = -\langle M_A(\vec{a})\, M_A(\vec{b})\rangle\,.$$

Behauptung: es gilt die

### bellsche Ungleichung

$$|P(\vec{a},\vec{b}) - P(\vec{a},\vec{c})| \le 1 + P(\vec{b},\vec{c})\,.$$

Beweis:
Sei $n(\alpha,\beta,\gamma)$ der relative Anteil der Fälle, bei denen $M_A(\vec{a}) = \alpha$, $M_A(\vec{b}) = \beta$ und $M_A(\vec{c}) = \gamma$ ist, wobei $\alpha, \beta, \gamma = \pm 1$ und

$$\sum_{\alpha,\beta,\gamma} n(\alpha,\beta,\gamma) = 1.$$

Damit gilt

$$P(\vec{a},\vec{b}) = -\sum_{\alpha,\beta,\gamma} n(\alpha,\beta,\gamma)\, \alpha \cdot \beta\,, \qquad \text{etc.}$$

und weiterhin

$$P(\vec{a},\vec{b}) - P(\vec{a},\vec{c}) = -\sum_{\alpha,\beta,\gamma} n(\alpha,\beta,\gamma)\, \alpha(\beta-\gamma) = -\sum_{\alpha,\beta,\gamma} n(\alpha,\beta,\gamma)\, \alpha\beta(1-\beta\gamma)$$

wegen $\beta^2 = 1$. Folglich

$$|P(\vec{a},\vec{b}) - P(\vec{a},\vec{c})| \le \sum_{\alpha,\beta,\gamma} n(\alpha,\beta,\gamma)\, (1-\beta\gamma) = 1 + P(\vec{b},\vec{c}). \quad \blacksquare$$

Diese Ungleichung muss gelten, wenn die Ergebnisse der Messungen für beliebige Richtungen $\vec{a}, \vec{b}, \vec{c}$

1. vorher feststehen (Realismus),

2. von der Messung am anderen Teilchen nicht beeinflusst werden (Lokalität).

Die Quantenmechanik wird nicht vorausgesetzt.

Betrachte nun folgende spezielle Wahl:

$$\vec{a} = (1,0,0), \quad \vec{b} = (0,1,0), \quad \vec{c} = \frac{1}{\sqrt{2}}(1,1,0),$$

so dass $\vec{a}$ und $\vec{b}$ senkrecht aufeinander stehen und $\vec{c}$ im Winkel von 45° dazwischen liegt. Für diese Anordnung sagt die Quantenmechanik vorher

$$P(\vec{a},\vec{b}) = \frac{4}{\hbar^2} \left\langle (\vec{S}^{(A)} \cdot \vec{a})(\vec{S}^{(B)} \cdot \vec{b}) \right\rangle_{\text{Singulett}} = -\vec{a} \cdot \vec{b}.$$

Für die obige Wahl der Richtungen ist damit

$$P(\vec{a},\vec{b}) = 0, \quad P(\vec{a},\vec{c}) = P(\vec{b},\vec{c}) = -\frac{\sqrt{2}}{2} = -0{,}707$$

$$|P(\vec{a},\vec{b}) - P(\vec{a},\vec{c})| = 0{,}707 \quad \text{und} \quad 1 + P(\vec{b},\vec{c}) = 0{,}293.$$

Die quantenmechanische Vorhersage ist nicht verträglich mit der bellschen Ungleichung!

Was stimmt nun? Das letzte Wort hat wie immer das Experiment. In optischen Experimenten wurden von Alain Aspect und Mitarbeitern (1982) und anderen Gruppen andere Versionen der bellschen Ungleichung überprüft. Das Ergebnis ist

- die bellsche Ungleichung ist verletzt,

- die Resultate sind verträglich mit der Quantenmechanik.

**Schlussfolgerung:**

Keine lokale realistische Theorie ist mit dem Experiment verträglich.

Die Auffassung von Einstein, Podolski und Rosen ist also nicht haltbar.

Wichtig ist hierbei zu beachten, dass die Argumentation nicht die Quantentheorie voraussetzt.

Die Verletzung der bellschen Ungleichung bedeutet, dass es langreichweitige Korrelationen gibt, die nicht lokal und realistisch interpretiert werden können. Sie werden „EPR-Korrelationen" genannt. Die Quantenmechanik sagt solche Korrelationen vorher.

Natürlich gibt es auch Korrelationen in der klassischen Physik. Wenn Sie einen Türschlüssel und zwei Mäntel besitzen, so ist die Anwesenheit des Schlüssels in dem einen Mantel antikorreliert zur Anwesenheit in dem anderen Mantel. Klassische Korrelationen genügen aber bellschen Ungleichungen. Die EPR-Korrelationen unterscheiden sich davon. Einstein sprach in diesem Zusammenhang von „spukhaften Fernwirkungen".

Einige Leute sind auf die Idee gekommen, EPR-Korrelationen zur Übertragung von Signalen mit Überlichtgeschwindigkeit zu verwenden. Dies geht aber nicht, wie sich zeigen lässt. Die einzelnen Messreihen bei $A$ oder bei $B$ lassen keine Rückschlüsse auf das Geschehen am anderen Ort zu. Erst die nachträgliche Bestimmung von $P(\vec{a}, \vec{b})$ aus beiden Messprotokollen zeigt die EPR-Korrelationen. Es gilt also zu unterscheiden:

Es gibt instantane Korrelationen, aber keine instantanen Wechselwirkungen.

# 22 Stationäre Streutheorie

## 22.1 Das stationäre Streuproblem

Ein sehr wichtiges Instrument der Physik sind Streuexperimente und ihre theoretische Auswertung. Mit Hilfe von Streuexperimenten bekommt man Aufschlüsse über

- Teilchenwechselwirkungen, z.B. Kernkräfte, Kräfte zwischen Molekülen etc.,

- elementare Wechselwirkungspotenziale,

- den Aufbau der Materie, z.B. Kristallstrukturen,

- etc.

Bisher haben wir uns hauptsächlich mit gebundenen Zuständen beschäftigt. Ihre Energien liegen im diskreten Spektrum.

Bei den Streuzuständen, denen wir uns jetzt zuwenden, liegen Anfangs- und Endzustand im kontinuierlichen Spektrum.

**Klassische Streuung:**

Zunächst betrachten wir die Streuung von Teilchen in der klassischen Physik. Ein Strahl von Teilchen bewege sich auf einen Streuer zu. Jedes einzelne Teilchen wird vom Kraftfeld des Streuers abgelenkt. Wir können den Streuvorgang in Relativkoordinaten betrachten. Dies entspricht dem Fall eines unendlich schweren Streuers.

Für sehr frühe und für sehr späte Zeiten ist das Teilchen weit vom Streuer entfernt und seine Bewegung geht asymptotisch in eine freie Bewegung über. Der asymptotische Ablenkungswinkel $\vartheta$ hängt vom Stoßparameter $b$ ab.

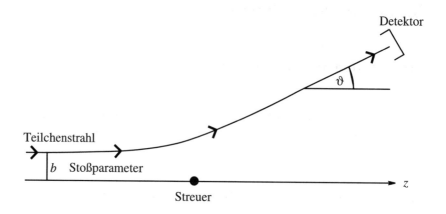

Der einlaufende Teilchenstrahl besitzt eine Stromdichte $\vec{j}_{\text{ein}}$. Für diejenigen, die es vergessen haben: die Stromdichte ist so definiert, dass die Anzahl $dN$ von Teilchen, die pro Zeitintervall $dt$ durch ein Flächenelement $d\vec{F}$ hindurchströmen, gegeben ist durch

$$dN = \vec{j} \cdot d\vec{F} \, dt \, .$$

Für einen homogenen Strom von Punktteilchen ist $\vec{j} = \rho \vec{v}$ mit der Teilchendichte $\rho$ und der Geschwindigkeit $\vec{v}$.

Die gestreuten Teilchen bewegen sich vom Streuzentrum fort. Ihre Stromdichte fällt asymptotisch proportional zu $1/r^2$ mit der Entfernung ab. Daher ist es sinnvoll, die Anzahl $dN$ der gestreuten Teilchen pro Raumwinkelelement $d\Omega$ und Zeit $dt$ zu betrachten.

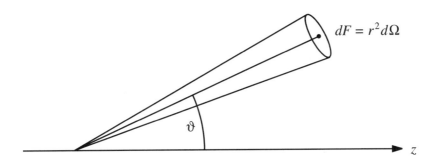

Diese Anzahl ist natürlich proportional zu $j_{\text{ein}}$. Der *differenzielle Wirkungs-querschnitt* oder *Streuquerschnitt* ist definiert durch

$$\frac{d\sigma}{d\Omega} = \frac{1}{j_{\text{ein}}} \frac{dN}{d\Omega\, dt} \qquad \text{für genügend große } r \,.$$

Diese Größe ist experimentell direkt zugänglich. Der differenzielle Wirkungsquerschnitt ist eine Funktion der Winkel $\vartheta$ und $\varphi$ und hängt nicht von $r$ ab.

Wegen $dF = r^2 d\Omega$ ist

$$\frac{d\sigma}{d\Omega} = \frac{r^2\, j_{\text{aus}}(r, \vartheta, \varphi)}{j_{\text{ein}}} \,,$$

wobei $j_{\text{aus}} \propto 1/r^2$ für genügend große $r$.

Beispiel: für die Rutherfordstreuung am Coulombpotenzial ($\alpha$-Teilchen auf Goldatome, 1911) ist

$$\frac{d\sigma}{d\Omega} \propto \frac{1}{\sin^4 \frac{\vartheta}{2}} \,.$$

Der totale Wirkungsquerschnitt ist gegeben durch

$$\sigma = \int d\Omega \, \frac{d\sigma}{d\Omega} \,.$$

Er besitzt die Dimension einer Fläche. Seine Bedeutung kann am Beispiel eines kurzreichweitigen Potenzials illustriert werden, das der Streuung an einer Scheibe $A$ entspricht.

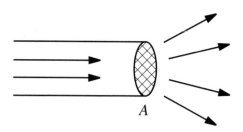

Hier ist

$$\sigma = \frac{dN}{j_{\text{ein}}\, dt} = \frac{1}{j_{\text{ein}}} \cdot (\text{Anzahl gestreuter Teilchen pro Zeit})$$

$$= \frac{1}{j_{\text{ein}}} \cdot (j_{\text{ein}} \cdot A) = A\,.$$

Der totale Wirkungsquerschnitt gibt in diesem Falle also den geometrischen Streuquerschnitt an, was seinen Namen erklärt.

**Quantenmechanische Streuung:**

In der Quantenmechanik tritt an die Stelle des Teilchenstromes der Wahrscheinlichkeitsstrom $\vec{j}$. Ein gestreutes Teilchen können wir uns durch ein Wellenpaket $\psi(\vec{r}, t)$ repräsentiert denken. Seine Zeitentwicklung wird geregelt durch die Schrödingergleichung

$$i\hbar \frac{\partial}{\partial t} \psi(\vec{r}, t) = H \psi(\vec{r}, t)\,.$$

Wir wollen annehmen, dass ein Streupotenzial mit Reichweite $R < \infty$ vorliegt. Vor der Streuung sieht die Situation so aus:

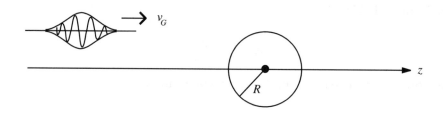

Das Wellenpaket ist fern vom Streuzentrum und verhält sich nahezu frei. Wir zerlegen es in der Form

$$\psi(\vec{r}, t) = \int \frac{d^3 k}{(2\pi)^3}\, A(\vec{k})\, e^{i(\vec{k}\cdot\vec{r} - \omega(\vec{k})t)}$$

mit

$$\omega(\vec{k}) = \frac{\hbar \vec{k}^2}{2m} \, .$$

Die Breite des Paketes sollte deutlich größer als die mittlere de Broglie-Wellenlänge $\lambda$ sein, aber andererseits nicht zu groß, damit es einigermaßen gut lokalisiert ist.

Wenn das Wellenpaket den Bereich des Potenzials erreicht, erfolgt der eigentliche Streuakt, während dessen die Wellenfunktion mannigfache Änderungen erleidet.

Nach hinreichend langer Zeit werden die Wellen den Bereich der Streuung verlassen haben. Wir haben dann folgende Situation:

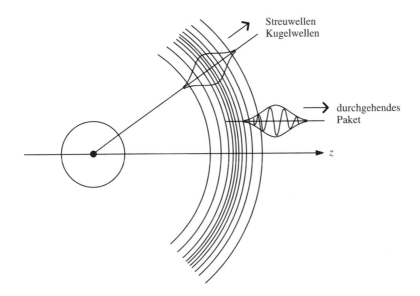

Das gestreute Paket entfernt sich in Form von Kugelwellen vom Streuzentrum. Dazu muss der Abstand $r$ hinreichend groß gegen $R$ und $\lambda$ sein, damit die gestreuten Wellen aus der Wechselwirkungszone heraus sind. Daneben gibt es noch ein durchgehendes Paket, das nicht gestreut wurde.

In den folgenden Betrachtungen wollen wir annehmen, dass

- es sich um **elastische** Streuung handelt, die sich in einem Streupotenzial $V(\vec{r})$ abspielt,

- das **Kugelsymmetrie** vorliegt, so dass wir das Potenzial als $V(r)$ schreiben können.

Der eben mit Hilfe eines Wellenpaketes beschriebene Streuvorgang entspricht zwar eher dem physikalischen Ablauf, ist aber schwierig durchzurechnen. Oben haben wir das einlaufende Paket als Superposition ebener Wellen dargestellt. Aufgrund des Linearität der Schrödingergleichung ist das gestreute Paket für große Zeiten $t$ von der Form

$$\psi_s(\vec{r}, t) = \int \frac{d^3 k}{(2\pi)^3} \, A(\vec{k}) \, \varphi_s(\vec{r}, \vec{k}) \, \mathrm{e}^{-\mathrm{i}\omega(\vec{k})t} \,.$$

Statt des gesamten Paketes betrachten wir nun die einzelnen Beiträge, d.h. wir stellen den einfallenden Strahl durch eine ebene Welle und den gestreuten Strahl durch eine Streuwelle dar:

$$\text{einfallender Strahl} \quad \longrightarrow \quad \varphi_0(\vec{r}) = \mathrm{e}^{\mathrm{i}\vec{k}_0 \cdot \vec{r}}$$

$$\text{gestreuter Strahl} \quad \longrightarrow \quad \varphi_s(\vec{r}) \,.$$

Diese Wellen sind zeitunabhängig. Wir haben es mit einem stationären Problem zu tun, das einfacher handzuhaben ist als das zeitabhängige Streuproblem. In Gedanken stellen wir uns immer vor, dass durch geeignete Superposition die Wellenpakete herzustellen sind. Dies wurde auch schon im Kapitel 3.2.3 für die Streuung in einer Dimension diskutiert.

Der einfallende Strahl ist also

$$\varphi_0(\vec{r}) = \mathrm{e}^{\mathrm{i}\vec{k}_0 \cdot \vec{r}} = \mathrm{e}^{\mathrm{i}k_0 z}$$

mit Impuls und Energie

$$\vec{p} = \hbar \vec{k}_0 = \hbar k \vec{e}_z \,, \qquad E = \frac{\hbar^2 k^2}{2m} \,, \qquad k \equiv k_0 \,.$$

Er genügt der freien stationären Schrödingergleichung

$$-\frac{\hbar^2}{2m} \Delta \varphi_0(\vec{r}) = E \varphi_0(\vec{r}) \,.$$

Die Wahrscheinlichkeitsdichte $\rho_0 = |\varphi_0|^2 = 1$ ist auf 1 normiert. Die physikalische Teilchendichte sei $n_0$ und muss als Faktor angefügt werden. Die Wahrscheinlichkeitsstromdichte beträgt

$$\vec{j}_0 = \frac{1}{2m} (\psi^* \vec{P} \psi - \psi \vec{P} \psi^*) = \frac{\hbar \vec{k}_0}{m} \,,$$

und der physikalische Teilchenstrom ist $n_0 \hbar \vec{k}_0 / m$.

Die gesamte Welle ist zusammengesetzt aus der einfallenden Welle und der Streuwelle:

$$\varphi(\vec{r}) = \varphi_0(\vec{r}) + \varphi_s(\vec{r}) \,.$$

Gesucht ist die Streuwelle $\varphi_s(\vec{r})$, denn in ihr steckt die Information über die Streuung.

Zu lösen ist somit das

**stationäre Streuproblem**

$$H\varphi(\vec{r}) = E\varphi(\vec{r}) \,, \quad E = \tfrac{\hbar^2 k^2}{2m} > 0,$$

$$H = \frac{\vec{P}^2}{2m} + V(r) \,,$$

$$\varphi(\vec{r}) = \mathrm{e}^{ikz} + \varphi_s(\vec{r}) \,.$$

Für $r \to \infty$ liegt eine kräftefreie Bewegung vor und die Streuwelle $\varphi_s(\vec{r})$ geht asymptotisch in eine auslaufende Kugelwelle über. Einlaufende Kugelwellen entsprechen nicht der physikalischen Problemstellung und werden daher ausgeschlossen. Wir schreiben also

$$\varphi_s(\vec{r}) \underset{r \to \infty}{\sim} f(\vartheta) \frac{\mathrm{e}^{ikr}}{r} \,.$$

Die rechte Seite ist unabhängig vom Winkel $\varphi$ aufgrund der Symmetrie um die $z$-Achse. Es ist nämlich $L_z \varphi_0 = 0$ und folglich $L_z \varphi_s = 0$.

Die Funktion $f(\vartheta)$ heißt **Streuamplitude**.

Die Stromdichte in der auslaufenden Kugelwelle beträgt

$$\vec{j}_s = \frac{\hbar k}{m} \frac{|f(\vartheta)|^2}{r^2} \hat{e}_r + \mathcal{O}\left(\frac{1}{r^3}\right) \,.$$

Für den differenziellen Wirkungsquerschnitt $d\sigma/d\Omega = r^2 j_s / j_0$ finden wir damit die wichtige Formel

$$\frac{d\sigma}{d\Omega} = |f(\vartheta)|^2 .$$

Der totale Wirkungsquerschnitt ist gegeben durch

$$\sigma = \int d\Omega \, \frac{d\sigma}{d\Omega} = 2\pi \int_0^\pi d\vartheta \, \sin\vartheta \, |f(\vartheta)|^2 .$$

In der Streuamplitude steckt also die gesuchte Information und daher ist es die zentrale Aufgabe der stationären Streutheorie, $f(\vartheta)$ zu berechnen.

Hier noch eine Warnungsmeldung: die asymptotische Form

$$\varphi(\vec{r}) \underset{r\to\infty}{\sim} e^{ikz} + f(\vartheta) \frac{e^{ikr}}{r}$$

erfüllt die Schrödingergleichung unter der Voraussetzung

$$\lim_{r\to\infty} r \, V(r) = 0 ,$$

die wir im Folgenden immer machen wollen. Für das Coulombpotenzial ist sie nicht erfüllt, so dass wir dort ein Problem haben.

## 22.2 Partialwellenentwicklung

Aufgrund der Kugelsymmetrie ist $[H, \vec{L}^2] = [H, L_z] = 0$. Es ist deshalb angebracht, Eigenfunktionen zu $\vec{L}^2, L_z$ zu betrachten. Bekanntlich ist

$$L_z = \frac{\hbar}{i} \frac{\partial}{\partial\varphi} .$$

In unserem Falle haben wir keine Abhängigkeit vom Winkel $\varphi$ und somit $L_z\varphi(r, \vartheta) = 0$. Die Eigenfunktionen kennen wir schon, es sind die Kugelflächenfunktionen $Y_{lm}(\vartheta, \varphi)$. Da der Eigenwert $m$ von $L_z$ Null ist, verbleiben die Funktionen

$$Y_{l0}(\vartheta) = \sqrt{\frac{2l+1}{4\pi}} \, P_l(\cos\vartheta) .$$

Die Wellenfunktion wird somit zerlegt als

$$\varphi(\vec{r}) = \sum_{l=0}^{\infty} \frac{u_l(r)}{r} P_l(\cos\vartheta) ,$$

mit den Radialfunktionen $u_l(r)$ wie in Kapitel 9.5. Die radiale Schrödinger-gleichung lautet

$$\left(-\frac{\hbar^2}{2m}\frac{\partial^2}{\partial r^2} + \frac{\hbar^2 l(l+1)}{2mr^2} + V(r)\right) u_l(r) = E\, u_l(r)$$

bzw.

$$u_l'' + \left(k^2 - \frac{l(l+1)}{r^2} - \frac{2m}{\hbar^2}\, V(r)\right) u_l = 0\,,$$

und die Radialfunktion muss die Randbedingung

$$u_l(0) = 0$$

erfüllen.

Für die Lösung gilt: $u_l(r)$ kann reell gewählt werden.
Begründung: Die Differenzialgleichung ist linear und besitzt reelle Koeffizienten. Für eine Lösung $u(r)$ ist auch $u^*(r)$ eine Lösung und damit auch die reellen Funktionen $\mathrm{Re}\, u(r)$ und $\mathrm{Im}\, u(r)$. Die Randbedingung $u(0) = 0$ legt die Lösung bis auf einen komplexen Normierungsfaktor eindeutig fest. Nach obiger Überlegung kann dann $u(r)$ reell gewählt werden.

Betrachten wir zunächst einmal ein freies Teilchen, d.h. $V(r) = 0$. Dies entspricht der einlaufenden ebenen Welle

$$\varphi_0(\vec{r}) = \mathrm{e}^{\mathrm{i}\vec{k}_0\cdot\vec{r}} = \mathrm{e}^{\mathrm{i}kz} = \mathrm{e}^{\mathrm{i}kr\cos\vartheta}\,.$$

Wir schreiben die Zerlegung nach Kugelflächenfunktionen als

$$\varphi_0(\vec{r}) = \sum_{l=0}^{\infty} \frac{u_l^{(0)}(r)}{r}\, P_l(\cos\vartheta)\,.$$

Die Radialfunktionen $u_l^{(0)}(r)$ können mit Hilfe der Orthogonalität der $P_l$,

$$\int_{-1}^{1} dt\, P_l(t)\, P_n(t) = \frac{2}{2l+1}\, \delta_{ln}\,,$$

bestimmt werden:

$$\int_{-1}^{1} dt\, \mathrm{e}^{\mathrm{i}krt} P_l(t) = \frac{2}{2l+1}\, \frac{u_l^{(0)}(r)}{r}\,.$$

Wir benötigen das Verhalten für große $r$, um daraus den Wirkungsquerschnitt zu berechnen. Durch partielle Integration erhalten wir

$$\int_{-1}^{1} dt \; e^{ikrt} P_l(t) = \frac{1}{ikr} \left[ e^{ikrt} P_l(t) \right]_{-1}^{+1} - \frac{1}{ikr} \int_{-1}^{1} dt \; e^{ikrt} P_l'(t) \, .$$

Das letzte Integral ist von der Ordnung $1/r$, wie man durch nochmalige partielle Integration sieht. Mit $P_l(1) = 1$ und $P_l(-1) = (-1)^l$ folgt

$$
\begin{aligned}
\int_{-1}^{1} dt \; e^{ikrt} P_l(t) &= \frac{1}{ikr} \left( e^{ikr} - (-1)^l e^{-ikr} \right) + \mathcal{O}\left( \frac{1}{r^2} \right) \\
&= \frac{1}{ikr} \, i^l \left( e^{i(kr - l\frac{\pi}{2})} - e^{-i(kr - l\frac{\pi}{2})} \right) + \mathcal{O}\left( \frac{1}{r^2} \right)
\end{aligned}
$$

und damit

$$u_l^{(0)}(r) \underset{r \to \infty}{\sim} (2l + 1) \, i^l \frac{1}{2ik} \left( e^{i(kr - l\frac{\pi}{2})} - e^{-i(kr - l\frac{\pi}{2})} \right) .$$

Unser Resultat lautet also

$$e^{ikz} \underset{r \to \infty}{\sim} \sum_{l=0}^{\infty} (2l + 1) \, i^l \frac{1}{2ikr} \left( e^{i(kr - l\frac{\pi}{2})} - e^{-i(kr - l\frac{\pi}{2})} \right) P_l(\cos \vartheta) \, .$$

Auf diese Weise haben wir die ebene Welle asymptotisch als Summe einlaufender und auslaufender Kugelwellen dargestellt.

Bemerkung: Es gilt exakt

$$u_l^{(0)}(r) = i^l \, (2l + 1) \, r \, j_l(kr) \, .$$

Beweis: Die Radialgleichung

$$u_l^{(0)\prime\prime} + \left( k^2 - \frac{l(l+1)}{r^2} \right) u_l^{(0)} = 0$$

wurde bereits in Kapitel 11 gelöst zu

$$u_l^{(0)} = C_l \, r \, j_l(kr)$$

mit

$$j_l(\rho) = (-\rho)^l \left( \frac{1}{\rho} \frac{d}{d\rho} \right)^l \frac{\sin \rho}{\rho} \, .$$

Das asymptotische Verhalten der sphärischen Besselfunktionen erhält man aus

$$\left(\frac{1}{\rho}\frac{d}{d\rho}\right)^l \frac{\sin\rho}{\rho} \underset{\rho\to\infty}{\sim} \frac{1}{\rho^{l+1}}\left(\frac{d}{d\rho}\right)^l \sin\rho = \frac{(-1)^l}{\rho^{l+1}}\sin(\rho - l\frac{\pi}{2}),$$

woraus sich

$$j_l(\rho) \underset{\rho\to\infty}{\sim} \frac{1}{\rho}\sin(\rho - l\frac{\pi}{2}) = \frac{1}{2i\rho}\left(e^{i(\rho - l\frac{\pi}{2})} - e^{-i(\rho - l\frac{\pi}{2})}\right)$$

ergibt. Der Vergleich mit der asymptotischen Entwicklung von $e^{ikz}$ liefert

$$C_l = i^l\,(2l+1). \quad \blacksquare$$

Jetzt wenden wir uns der gestreuten Welle $\varphi_s(\vec{r})$ des vollen Streuproblems zu. Für große $r$ besteht sie nur aus auslaufenden Kugelwellen $\propto \frac{1}{r}e^{ikr}$. Das asymptotische Verhalten der gesamten Lösung können wir daher schreiben als

$$\varphi(\vec{r}) \quad = \quad e^{ikz} + \varphi_s(\vec{r})$$

$$\underset{r\to\infty}{\sim} \quad \sum_{l=0}^{\infty}(2l+1)\,i^l\,\frac{1}{2ikr}\left(S_l\,e^{i(kr-l\frac{\pi}{2})} - e^{-i(kr-l\frac{\pi}{2})}\right)P_l(\cos\vartheta),$$

denn der Anteil der einlaufenden Kugelwellen kommt nur von der ebenen Welle. Die Vorfaktoren $S_l$ der auslaufenden Kugelwellen setzen sich zusammen aus den Beiträgen der ebenen Welle und der Streuwelle:

$$S_l = 1 + \text{Beitrag der gestreuten Welle.}$$

Wichtig ist folgende Beobachtung: es gilt

$$|S_l| = 1\,.$$

Begründung: Für die gesamte Welle soll

$$u_l(r) \sim S_l\,e^{i(kr-l\frac{\pi}{2})} - e^{-i(kr-l\frac{\pi}{2})}$$

überall reell sein. Mit einer kleinen Nebenrechnung folgt daraus die Behauptung.

$S_l$ hängt von der Wellenzahl $k$ ab. Wir können schreiben

$$S_l(k) = e^{2i\delta_l(k)}$$

mit den *Streuphasen* $\delta_l(k)$.

Damit lautet das asymptotische Verhalten unserer Wellenfunktion

$$\varphi(\vec{r}) \underset{r \to \infty}{\sim} \sum_{l=0}^{\infty} (2l+1)\, \mathrm{i}^l\, \frac{1}{kr}\, \mathrm{e}^{\mathrm{i}\delta_l} \sin(kr - l\frac{\pi}{2} + \delta_l)\, P_l(\cos\vartheta)\,.$$

Durch die Streuung wird also eine Phasenverschiebung um $\delta_l$ bewirkt. Der Anteil der gestreuten Welle ist

$$\varphi_s(\vec{r}) \underset{r \to \infty}{\sim} \sum_{l=0}^{\infty} (2l+1)\, \mathrm{i}^l\, \frac{1}{kr}\, \mathrm{e}^{\mathrm{i}\delta_l} \sin\delta_l\, \mathrm{e}^{\mathrm{i}(kr - l\frac{\pi}{2})}\, P_l(\cos\vartheta)$$

$$= \sum_{l=0}^{\infty} (2l+1)\, \frac{1}{kr}\, \mathrm{e}^{\mathrm{i}\delta_l} \sin\delta_l\, \mathrm{e}^{\mathrm{i}kr}\, P_l(\cos\vartheta)\,.$$

Hieraus lesen wir endlich die gesuchte Streuamplitude ab:

$$\boxed{\,f(\vartheta) = \frac{1}{k} \sum_{l=0}^{\infty} (2l+1)\, \mathrm{e}^{\mathrm{i}\delta_l} \sin\delta_l\, P_l(\cos\vartheta)\,.\,}$$

Den totalen Wirkungsquerschnitt

$$\sigma = 2\pi \int_{-1}^{1} |f(\vartheta)|^2\, d(\cos\vartheta)$$

berechnet man mit Hilfe der Orthogonalitätsrelation der $P_l$ zu

$$\boxed{\,\sigma = \frac{4\pi}{k^2} \sum_{l=0}^{\infty} (2l+1)\, \sin^2\delta_l\,.\,}$$

Wenn man die letzten Formeln scharf ansieht, erkennt man das sogenannte

optische Theorem:        $\sigma = \dfrac{4\pi}{k}\, \mathrm{Im}\, f(0)\,.$

Wir haben gesehen, dass die Information über die Streuung in den Streuphasen enthalten ist. Muss man in der Praxis alle Streuphasen $\delta_l(k)$ berechnen? Hierzu stellen wir eine Überlegung im Rahmen der klassischen Streuung an. Wenn das Potenzial die Reichweite $R$ besitzt, so findet für Werte des Stoßparameters $b \gg R$ praktisch keine Streuung statt.

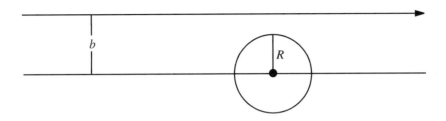

Der Drehimpuls beträgt

$$|\vec{L}| = |\vec{r} \times \vec{p}| = b \cdot p_0 = b\sqrt{2mE}$$

und somit gilt für Teilchen, die gestreut werden,

$$b \leq R \quad \Leftrightarrow \quad |\vec{L}| \leq R\sqrt{2mE}\,.$$

In der Quantenmechanik wird dies ersetzt durch

$$l \leq \sqrt{l(l+1)} \leq \frac{1}{\hbar} R\sqrt{2mE} = kR\,,$$

d.h. nur die $l$-Werte bis $l \approx kR$ tragen wesentlich bei. Dieses grobe Argument kann unter geeigneten Voraussetzungen mathematisch untermauert werden.

Für den Fall $l = 0$ spricht man von $s$-Wellen-Streuung. Für sie ist

$$\frac{d\sigma}{d\Omega} \approx \frac{1}{k^2} \, \sin^2 \delta_0(k)\,.$$

Analog gibt es für $l = 1$ die $p$-Wellen-Streuung etc.

**Beispiel: Streuung an der harten Kugel**

Das Potenzial der harten Kugel ist

$$V(r) = \left\{ \begin{array}{ll} \infty, & r \leq R \\ 0, & r > R \end{array} \right.$$

und die Wellenfunktion erfüllt

$$\varphi(\vec{r}) \equiv 0 \quad \text{für} \quad r \leq R\,.$$

Wir schreiben die Partialwellenentwicklung als

$$\varphi(\vec{r}) = \sum_{l=0}^{\infty} R_l(r) \, P_l(\cos \vartheta)\,.$$

Die allgemeine Lösung für $V = 0$ lautet

$$R_l(r) = a_l\, j_l(kr) + b_l\, n_l(kr)$$

mit den schon bekannten sphärischen Besselfunktionen

$$j_l(\rho) = (-\rho)^l \left(\frac{1}{\rho}\frac{d}{d\rho}\right)^l \frac{\sin\rho}{\rho}$$

und den sphärischen Neumannfunktionen

$$n_l(\rho) = (-\rho)^l \left(\frac{1}{\rho}\frac{d}{d\rho}\right)^l \frac{\cos\rho}{\rho}\,.$$

Die Asymptotik dieser Funktionen ist

$$j_l(\rho) \underset{\rho\to\infty}{\sim} \frac{1}{\rho}\,\sin\left(\rho - l\frac{\pi}{2}\right)$$

$$n_l(\rho) \underset{\rho\to\infty}{\sim} -\frac{1}{\rho}\,\cos\left(\rho - l\frac{\pi}{2}\right)\,.$$

Die einlaufende ebene Welle enthält die $j_l(kr)$. Die Streuwelle ist eine auslaufende Kugelwelle und verhält sich wie $\frac{1}{r}\,\mathrm{e}^{\mathrm{i}kr}$. Dies entspricht der Linearkombination

$$h_l^+(\rho) = j_l(\rho) + \mathrm{i}\, n_l(\rho) \underset{\rho\to\infty}{\sim} \frac{1}{\mathrm{i}\rho}\,\mathrm{e}^{\mathrm{i}(\rho - l\frac{\pi}{2})}\,.$$

Wir finden daher für die gesamte Lösung die Form

$$\varphi(\vec{r}) = \sum_{l=0}^{\infty}(2l + 1)\,\mathrm{i}^l\,\left[j_l(kr) + \gamma_l\, h_l^+(kr)\right] P_l(\cos\vartheta)\,.$$

Jetzt gilt es, die Koeffizienten $\gamma_l$ zu bestimmen. Dafür muss die Randbedingung $\varphi(\vec{r}) = 0$ für $r = R$ herhalten. Sie liefert

$$\gamma_l = -\frac{j_l(kR)}{h_l^+(kR)}\,.$$

Die Streuamplitude ist

$$\begin{aligned}
f(\vartheta) &= \sum_l (2l + 1)\,\mathrm{i}^l\,\gamma_l\,\frac{1}{\mathrm{i}k}\,\mathrm{e}^{-\mathrm{i}l\frac{\pi}{2}}\,P_l(\cos\vartheta)\\[2mm]
&= \frac{1}{k}\sum_l (2l + 1)(-\mathrm{i})\gamma_l\,P_l(\cos\vartheta)\,.
\end{aligned}$$

Andererseits ist allgemein

$$f(\vartheta) = \frac{1}{k} \sum_l (2l+1)\,\mathrm{e}^{\mathrm{i}\delta_l}\,\sin\delta_l\,P_l(\cos\vartheta)\,.$$

Durch Vergleich dieser Ausdrücke lesen wir ab

$$\gamma_l = \frac{1}{2}(\mathrm{e}^{2\mathrm{i}\delta_l}-1)\,.$$

Durch Umformung kann man dies auflösen in die Form

$$\tan\delta_l = \frac{j_l(kR)}{n_l(kR)}\,.$$

(Die zweite Lösung $\tan\delta_l = -n_l(kR)/j_l(kR)$ erfüllt nicht $\delta_l \to 0$ für $R \to 0$.) Somit haben wir einen exakten Ausdruck für die Streuphasen. Hieraus ergibt sich der totale Wirkungsquerschnitt

$$\sigma = \frac{4\pi}{k^2}\sum_{l=0}^{\infty}(2l+1)\frac{j_l^2(kR)}{n_l^2(kR)+j_l^2(kR)}\,.$$

Wir wollen noch die beiden Grenzfälle betrachten.

1. $kR \ll 1$

$$\tan\delta_l \approx -\frac{(kR)^{2l+1}}{(2l-1)!!(2l+1)!!}\,,$$

speziell

$$\tan\delta_0 \approx -kR \approx \sin\delta_0\,.$$

Die übrigen $\tan\delta_l$ für $l > 0$ sind noch viel kleiner. Daher handelt es sich praktisch um reine $s$-Wellen-Streuung und es ist

$$\sigma \approx 4\pi R^2\,.$$

Der totale Wirkungsquerschnitt ist gleich dem vierfachen geometrischen Kugelquerschnitt.

2) $kR \gg 1$

$$\tan\delta_l \approx -\tan\left(kR - l\frac{\pi}{2}\right)\,.$$

Es gibt nennenswerte Beiträge bis $l \approx kR$. Für den Wirkungsquerschnitt erhält man nach einer etwas trickreichen Rechnung

$$\sigma \approx 2\pi R^2\left\{1 + \mathcal{O}\left(\frac{1}{(kR)^{2/3}}\right)\right\}\,.$$

Für sehr kleine Wellenlängen sollte die Streuung der klassischen Streuung an einer undurchdringlichen Kugel entsprechen. Der Wirkungsquerschnitt ist aber doppelt so groß wie klassisch erwartet. Wie kommt das? Der Wirkungsquerschnitt enthält zwei Anteile. Der erste entspricht der echten Streuung und liefert den klassischen Querschnitt $\pi R^2$. Es gibt aber noch einen zweiten Anteil, denn der Schatten hinter der Kugel muss durch Interferenz der durchgehenden Welle mit der in Vorwärtsrichtung gestreuten Welle zustande kommen. Dieser Anteil der Vorwärtsstreuung liefert einen weiteren Beitrag $\pi R^2$ und beide zusammen ergeben $2\pi R^2$.

**Resonanzen:**

Der Beitrag $\sin^2 \delta_l(k)$ einer Streuphase zum Wirkungsquerschnitt wird maximal, wenn

$$\delta_l = (n + \frac{1}{2})\pi \quad \text{für } n \in \mathbf{Z}.$$

Der Betrag von

$$\frac{1}{2i}(S_l - 1) = e^{i\delta_l} \sin \delta_l = \frac{1}{\cot \delta_l - i}$$

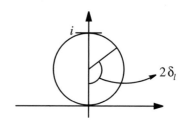

wird dort maximal und es ist dann $\cot \delta_l = 0$.

Eine Energie $E_R$, bei der dies auftritt, heißt *Resonanz*. Es ist also

$$\cot \delta_l(E_R) = 0.$$

Für Energien $E \approx E_R$ in der Nähe der Resonanz schreiben wir die ersten Terme der Taylorreihe als

$$\cot \delta_l(E) \approx -\frac{2}{\Gamma}(E - E_R).$$

Damit ist

$$e^{i\delta_l(E)} \sin \delta_l(E) \approx \frac{-\frac{\Gamma}{2}}{E - E_R + i\frac{\Gamma}{2}}$$

und der Beitrag zum Wirkungsquerschnitt $\sigma$ ist

$$\sigma_l(E) \approx \frac{4\pi}{k^2}(2l + 1)\frac{\left(\frac{\Gamma}{2}\right)^2}{(E - E_R)^2 + \left(\frac{\Gamma}{2}\right)^2}.$$

Dies ist die Breit-Wigner-Funktion, die uns schon im Kapitel 3.2.2 begegnet ist.

## 22.3 Bornsche Näherung

Die Schrödingergleichung des stationären Streuproblems

$$\left(-\frac{\hbar^2}{2m}\Delta + V(\vec{r})\right)\varphi(\vec{r}) = E\,\varphi(\vec{r})\,, \qquad E = \frac{\hbar^2 k^2}{2m}$$

schreiben wir in der Form

$$(\Delta + k^2)\varphi(\vec{r}) = \frac{2m}{\hbar^2}\,V(\vec{r})\,\varphi(\vec{r})\,.$$

Dies ist eine inhomogene Differenzialgleichung, deren zugehörige homogene (freie) Gleichung

$$(\Delta + k^2)\varphi_0(\vec{r}) = 0$$

lautet. In ihr kommt der Helmholtzoperator $\Delta + k^2$ vor. Seine greensche Funktion $G(\vec{r} - \vec{r}\,')$ erfüllt

$$(\Delta + k^2)G(\vec{r} - \vec{r}\,') = \delta(\vec{r} - \vec{r}\,')\,.$$

Entsprechend bezeichnen wir den inversen Operator mit

$$G = (\Delta + k^2)^{-1}\,.$$

Mit Hilfe der greenschen Funktion können wir für die Lösung der Schrödingergleichung schreiben

$$\varphi(\vec{r}) = \varphi_0(\vec{r}) + \int d^3r'\,G(\vec{r} - \vec{r}\,')\,\frac{2m}{\hbar^2}\,V(\vec{r}\,')\,\varphi(\vec{r}\,')\,.$$

Dies ist eine exakte Integralgleichung für das stationäre Streuproblem.

Die greensche Funktion kann mittels Fouriertransformation bestimmt werden.

$$G(\vec{r}) = \int \frac{d^3q}{(2\pi)^3}\,e^{i\vec{q}\cdot\vec{r}}\,\widetilde{G}(\vec{q})\,, \qquad (k^2 - q^2)\widetilde{G}(\vec{q}) = 1\,,$$

$$G(\vec{r}) = \int \frac{d^3q}{(2\pi)^3}\,\frac{e^{i\vec{q}\cdot\vec{r}}}{k^2 - q^2}\,.$$

Die Integration über den Pol mit Hilfe des Residuensatzes kann man auf verschiedene Weise ausführen, so dass es zwei linear unabhängige Lösungen gibt:

$$G^{(\pm)}(\vec{r}) = -\frac{1}{4\pi}\, \frac{e^{\pm ikr}}{r}\,.$$

Wir wählen $G^{(+)}$, denn es besitzt die gewünschte Asymptotik auslaufender Wellen. Somit gilt

$$\varphi(\vec{r}) = e^{ikz} - \frac{m}{2\pi\hbar^2} \int d^3r'\, V(\vec{r}\,') \frac{e^{ik|\vec{r}-\vec{r}\,'|}}{|\vec{r}-\vec{r}\,'|} \varphi(\vec{r}\,')\,.$$

Die Lösung dieser Integralgleichung gehen wir folgendermaßen an. In Operatorform schreiben wir

$$\varphi = \varphi_0 + \frac{2m}{\hbar^2}\, G V\, \varphi$$

bzw.

$$\left(1 - \frac{2m}{\hbar^2}\, G V\right) \varphi = \varphi_0$$

mit der Lösung

$$\varphi = \left(1 - \frac{2m}{\hbar^2}\, G V\right)^{-1} \varphi_0\,.$$

Der inverse Operator wird nun entwickelt und man erhält die *bornsche Reihe*

$$\varphi = \sum_{n=0}^{\infty} \left(\frac{2m}{\hbar^2}\, G V\right)^n \varphi_0 = \varphi_0 + \frac{2m}{\hbar^2}\, G V\, \varphi_0 + \left(\frac{2m}{\hbar^2}\right)^2 G V G V\, \varphi_0 + \cdots$$

Die ersten beiden Terme dieser Reihe bilden die *bornsche Näherung*

$$\varphi \approx \varphi_0 + \varphi^{(1)} = \varphi_0 + \frac{2m}{\hbar^2}\, G V\, \varphi_0\,.$$

Ausgeschrieben lautet sie

$$\varphi(\vec{r}) \approx e^{ikz} - \frac{m}{2\pi\hbar^2} \int d^3r'\, V(\vec{r}\,') \frac{e^{ik|\vec{r}-\vec{r}\,'|}}{|\vec{r}-\vec{r}\,'|} e^{ikz'}\,.$$

Die Streuamplitude erhalten wir ja aus dem asymptotischen Verhalten der Wellenfunktion für große $r$. Also entwickeln wir

$$|\vec{r}-\vec{r}\,'| = (r^2 + r'^2 - 2\vec{r}\cdot\vec{r}\,')^{\frac{1}{2}}$$

$$\approx r\left(1 - 2\frac{\vec{r}\cdot\vec{r}\,'}{r^2}\right)^{\frac{1}{2}} \approx r - \frac{\vec{r}\cdot\vec{r}\,'}{r} = r - \vec{e}_r\cdot\vec{r}\,'\,.$$

Damit erhalten wir

$$\varphi(\vec{r}) \underset{r \to \infty}{\sim} e^{ikz} - \frac{e^{ikr}}{r}\frac{m}{2\pi\hbar^2}\int d^3r'\, V(\vec{r}\,')\, e^{ik(\vec{e}_z - \vec{e}_r)\cdot\vec{r}\,'}\,.$$

Mit dem Impulsübertrag

$$\vec{K} = k(\vec{e}_r - \vec{e}_z) \equiv \vec{k} - \vec{k}_0$$

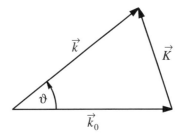

ergibt sich daraus die

### bornsche Näherung für $f(\vartheta, \varphi)$

$$f^{(1)}(\vartheta, \varphi) = -\frac{m}{2\pi\hbar^2}\int d^3r'\, V(\vec{r}\,')\, e^{-i\vec{K}\cdot\vec{r}\,'}\,.$$

In Kurzform können wir auch schreiben

$$f^{(1)}(\vartheta, \varphi) = -\frac{m}{2\pi\hbar^2}\langle\vec{k}|V|\vec{k}_0\rangle\,.$$

Die bornsche Näherung für die Streuamplitude ist also die Fouriertransformierte des Potenzials $V(\vec{r})$.

Im Falle der Kugelsymmetrie, $V(\vec{r}) = V(r)$, benutzen wir

$$K = |\vec{K}| = 2k\sin\frac{\vartheta}{2}$$

und finden

$$\int d^3r'\, V(r')\, e^{-i\vec{K}\cdot\vec{r}\,'} = 2\pi\int_0^\infty dr'\, r'^2\, V(r')\int_{-1}^1 dt\, e^{-iKr't}$$

$$= \frac{4\pi}{K}\int_0^\infty dr'\, r'\, V(r')\sin(Kr')$$

und somit

$$f^{(1)}(\vartheta) = -\frac{2m}{\hbar^2} \frac{1}{2k \sin \frac{\vartheta}{2}} \int_0^\infty dr'\, r'\, V(r')\, \sin(Kr')\,.$$

$f^{(1)}(\vartheta)$ ist reell. Die bornsche Näherung verletzt also das optische Theorem.

Zum Gültigkeitsbereich der bornschen Näherung seien noch folgende Angaben ohne Begründung gemacht:

- a) hohe Energien, $kR \gg 1$:

  die Näherung ist gültig für $\left| \int_0^\infty dr\, V(r) \right| \ll \frac{\hbar^2 k}{m}$,

  d.h. für genügend schwaches Potenzial.

- b) niedrige Energien, $kR \ll 1$:

  die Näherung ist gültig für $\left| \int_0^\infty dr\, r\, V(r) \right| \ll \frac{\hbar^2}{2m}$,

  insbesondere muss $V$ viel kleiner als $E$ sein, was sehr einschränkend ist.

Wir merken uns also: die bornsche Näherung ist eher bei hohen Energien gültig.

**Anwendungsbeispiel: Yukawapotenzial**

$$V(r) = g\frac{e^{-\mu r}}{r}\,, \qquad \text{Reichweite } R = \frac{1}{\mu}\,.$$

Die bornsche Näherung für die Streuamplitude ist

$$\begin{aligned}
f^{(1)}(\vartheta) &= -\frac{m}{\hbar^2} \frac{1}{k \sin \frac{\vartheta}{2}} \int_0^\infty dr'\, r'\, V(r')\, \sin\left(2kr' \sin \frac{\vartheta}{2}\right) \\
&= -\frac{2mg}{\hbar^2} \frac{1}{4k^2 \sin^2 \frac{\vartheta}{2} + \mu^2}\,.
\end{aligned}$$

Im Grenzfall $\mu \to 0$ geht das Yukawapotenzial über in das Coulombpotenzial:

$$V(r) \to \frac{g}{r}\,.$$

Hier setzen wir

$$g = \frac{Z_1 Z_2 e^2}{4\pi\epsilon_0}\,, \qquad E = \frac{\hbar^2 k^2}{2m}$$

und erhalten

$$\frac{d\sigma}{d\Omega} = \left( \frac{Z_1 Z_2 e^2}{(4\pi\epsilon_0)4E} \right)^2 \frac{1}{\sin^4 \frac{\vartheta}{2}} \, .$$

Das ist genau der rutherfordsche Streuquerschnitt. Da haben wir aber Glück gehabt, denn das Coulombpotenzial erfüllt gar nicht die Voraussetzung für die Anwendbarkeit der stationären Streutheorie:

$$\lim_{r \to \infty} r\, V(r) < \infty \, .$$

Die exakte Coulombstreuamplitude lässt sich mit anderen Methoden berechnen. Sie lautet

$$f_c(\vartheta) = -\frac{\gamma}{2k \sin^2 \frac{\vartheta}{2}} e^{\left( 2i\sigma_0 - i\gamma \ln\left( \sin^2 \frac{\vartheta}{2} \right) \right)}$$

mit

$$\gamma = \frac{Z_1 Z_2 e^2 m}{(4\pi\epsilon_0)\hbar^2 k}$$

und unterscheidet sich von der bornschen Näherung nur um einen Phasenfaktor.

**Bornsche Näherung für Streuphasen:**

Aus $f^{(1)}(\vartheta)$ erhalten wir eine Näherung für die Streuphasen $\delta_l$. Dazu verwenden wir

$$e^{i\vec{k}_0 \cdot \vec{r}'} = \sum_{l=0}^{\infty} \sqrt{4\pi(2l+1)}\; i^l\; j_l(kr')\, Y_{l0}(\vartheta', \varphi')$$

$$e^{-i\vec{k} \cdot \vec{r}'} = 4\pi \sum_{l,m} (-i)^l\, j_l(kr')\, Y_{lm}(\vartheta, \varphi)\, Y_{lm}^*(\vartheta', \varphi')$$

$$\Rightarrow \quad \int d\Omega'\, e^{-i(\vec{k} - \vec{k}_0) \cdot \vec{r}'} = 4\pi \sum_{l=0}^{\infty} (2l+1) \left( j_l(kr') \right)^2 P_l(\cos \vartheta)$$

$$\Rightarrow \quad f^{(1)}(\vartheta) = -\frac{2m}{\hbar^2} \sum_{l=0}^{\infty} (2l+1)\, P_l(\cos \vartheta) \int_0^{\infty} dr'\, r'^2\, V(r') \left( j_l(kr') \right)^2 \, .$$

Durch Vergleich mit

$$f^{(1)}(\vartheta) = \frac{1}{k} \sum_{l=0}^{\infty} (2l+1)\, e^{i\delta_l}\, \sin \delta_l\, P_l(\cos \vartheta)$$

können wir die Streuphasen ablesen. Die bornsche Näherung setzt eine kleine Streuamplitude voraus, d.h. $e^{i\delta_l} \sin \delta_l \approx \delta_l$. Damit erhalten wir

$$\delta_l \approx -\frac{2m}{\hbar^2} \; \frac{1}{k} \int_0^\infty dr \; V(r) \left[kr \, j_l(kr)\right]^2 \,.$$

# 23 Pfadintegrale in der Quantenmechanik

## 23.1 Grundkurs Pfadintegrale

### 23.1.1 Einführung

Bisher haben wir die Quantenmechanik in der üblichen Formulierung kennen gelernt,die mit Wellenfunktionen, Vektoren im Hilbertraum, und Operatoren arbeitet. In diesem Kapitel werden wir eine Formulierung der Quantenmechanik betrachten, die von Feynman 1948 gefunden wurde und völlig andersartig ist. In ihrem Zentrum stehen die sogenannten Pfadintegrale. Operatoren und Hilberträume können in diesem Formalismus völlig vermieden werden, so dass nur noch kommutierende Größen auftreten, also gewöhnliche Zahlen und Funktionen wie in der klassischen Physik. Das hat natürlich seinen Preis. Die unendlich vielen Dimensionen des Hilbertraumes kommen durch die Hintertür wieder herein, denn die Pfadintegrale, die auch als Funktionalintegrale bezeichnet werden, sind unendlichdimensional.

Warum sollen wir die Pfadintegrale kennen lernen. Zunächst einmal ist es sicherlich ein intellektuelles Erlebnis, zu sehen, dass ein und dieselbe Quantenmechanik auf so unterschiedliche Weise dargestellt werden kann. Darüber hinaus gibt es aber auch Situationen, in denen die Verwendung von Pfadintegralen vorteilhaft sein kann:

- einige Rechnungen der Quantenmechanik, insbesondere zu Tunnelprozessen, lassen sich mit Hilfe von Pfadintegralen durchsichtiger und systematischer gestalten.

- Pfadintegrale sind sehr vorteilhaft bzw. unerlässlich bei der Quantisierung komplizierterer Feldtheorien, z. B. Eichtheorien, insbesondere im Zusammenhang mit

  - der manifest lorentzkovarianten Quantisierung,
  - der übersichtlichen Herleitung der Feynmanregeln,
  - der halbklassischen Approximation,
  - nichtstörungstheoretischen Methoden.

Die Grundidee der Pfadintegrale ist Folgende. Erinnern Sie sich an die Diskussion des Doppelspaltexperimentes. Zur Entstehung des Interferenzmusters tragen für jedes einzelne Elektron beide Möglichkeiten des Durchganges durch den Schirm bei. Diese können wir mit den beiden Arten von

Pfaden assoziieren, bei denen ein klassisches Teilchen entweder durch den einen oder durch den anderen Spalt hindurch tritt.

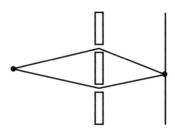

Fügen wir einen weiteren Doppelspalt zwischen Quelle und Schirm so gibt es entsprechend vier Arten von Wegen. Auch die Zahl der Spalte können wir erhöhen. Wir denken uns nun Blenden mit sehr vielen Spalten, die durch sehr dünne Stege getrennt sind, und weiterhin eine sehr große Zahl von Blenden, die sehr dicht hintereinander gestapelt sind. Auf diese Weise approximieren wir alle denkbaren Pfade von der Quelle zum Schirm. Im Grenzfall unendlich vieler Blenden und Spalte gelangen wir zu einer Verallgemeinerung, die das Prinzip des Pfadintegrals wiedergibt:

Die quantenmechanische Amplitude für das Elektron, vom Ort $y$ zur Zeit $t_0$ zum Ort $x$ zur Zeit $t_1$ zu gelangen, entsteht durch Aufsummation aller Beiträge von allen möglichen Pfaden zwischen $y$ und $x$.

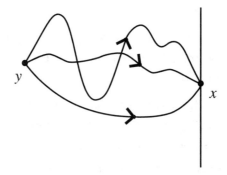

Symbolisch schreiben wir dafür

$$\langle x, t_1 | y, t_0 \rangle = \int \mathcal{D}[x(t)] \, A[x(t)] \, .$$

Hierbei ist $A[x(t)]$ ein noch unbekannter Integrand, der vom jeweiligen Pfad $x(t)$ abhängt, d.h. ein Funktional des Pfades $x(t)$ ist.

Die obigen Überlegungen stellen natürlich keine Herleitung des Pfadintegrals dar, sondern dienen lediglich dazu, seine Konstruktion zu motivieren. Auch wurde die Rolle der Zeit $t$ als Parameter nicht richtig berücksichtigt. Im nächsten Abschnitt werden wir es besser machen und eine ordentliche Begründung des Pfadintegrals betrachten.

### 23.1.2 Übergangsamplitude

Ein Teilchen befinde sich zur Zeit $t_0 = 0$ am Ort $y$ und werde zur späteren Zeit $t_1 = t$ am Ort $x$ gemessen.

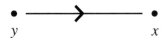

Die quantenmechanische Übergangsamplitude für diese Situation ist gegeben durch

$$\langle x|U(t)|y\rangle = \langle x|e^{-iHt}|y\rangle = {}_H\langle x,t|y,0\rangle_H \,,$$

wobei die ersten beiden Ausdrücke im Schrödingerbild geschrieben sind und der letzte Ausdruck im Heisenbergbild, wie die Indizes „$H$" anzeigen.

Zur Vereinfachung der Formeln ist hier und im Folgenden

$$\boxed{\hbar = 1}$$

gesetzt.

Die Übergangsamplitude lässt sich in geschlossener Form ausrechnen für ein freies Teilchen. Sein Hamiltonoperator lautet

$$H \equiv H_0 = \frac{p^2}{2m}$$

und es ist

$$\langle x|e^{-i\frac{p^2}{2m}t}|y\rangle = \int dp \,\langle x|p\rangle \, e^{-i\frac{p^2}{2m}t}\, \langle p|y\rangle = \int \frac{dp}{2\pi}\, e^{ip(x-y)}\, e^{-i\frac{p^2}{2m}t}\,.$$

Dies ist ein gaußsches Integral, allerdings mit imaginärem Exponenten. Das klassische gaußsche Integral

$$\int_{-\infty}^{\infty} dx \ \mathrm{e}^{-\frac{x^2}{2}} = \sqrt{2\pi}$$

wissen Sie ja auswendig. Durch einfache Variablentransformation erhalten wir

$$\int_{-\infty}^{\infty} dx \ \mathrm{e}^{-\frac{a}{2}x^2} = \sqrt{\frac{2\pi}{a}}, \qquad a > 0$$

für positives $a$. Dies kann analytisch fortgesetzt werden in das Gebiet $a \in \mathbf{C}$, $\mathrm{Re}\,a > 0$. Der Randwert mit $a = \mathrm{i}A$ ist

$$\int_{-\infty}^{\infty} dx \ \mathrm{e}^{-\mathrm{i}\frac{A}{2}x^2} = \sqrt{\frac{2\pi}{\mathrm{i}A}}, \qquad A \in \mathbf{R}.$$

Ein zusätzlicher linearer Term im Exponenten wird mittels quadratischer Ergänzung behandelt.

$$\int_{-\infty}^{\infty} dx \ \mathrm{e}^{-\frac{a}{2}x^2+bx} = \int_{-\infty}^{\infty} dx \ \mathrm{e}^{-\frac{a}{2}\left(x-\frac{b}{a}\right)^2+\frac{b^2}{2a}} = \int_{-\infty}^{\infty} dy \ \mathrm{e}^{-\frac{a}{2}y^2} \ \mathrm{e}^{\frac{b^2}{2a}} = \sqrt{\frac{2\pi}{a}} \ \mathrm{e}^{\frac{b^2}{2a}}.$$

Dies ist genau, was wir für die Übergangsamplitude des freien Teilchens benötigen. Einsetzen liefert

$$\langle x|\mathrm{e}^{-\mathrm{i}H_0 t}|y\rangle = \sqrt{\frac{m}{2\pi\mathrm{i}\,t}} \ \mathrm{e}^{\mathrm{i}\frac{m}{2t}(x-y)^2}.$$

Nun werden wir mutiger und betrachten das Teilchen in einem Potenzial $V$:

$$H = H_0 + V(x).$$

Die Amplitude $\langle x|\mathrm{e}^{-\mathrm{i}Ht}|y\rangle$ kann nun leider im Allgemeinen nicht geschlossen berechnet werden. Jedoch für kleine Zeiten $t = \varepsilon$ gilt die Approximation

$$U_\varepsilon \doteq \mathrm{e}^{-\mathrm{i}H\varepsilon} = \mathrm{e}^{-\mathrm{i}(H_0+V)\varepsilon} = \mathrm{e}^{-\mathrm{i}V\frac{\varepsilon}{2}} \ \mathrm{e}^{-\mathrm{i}H_0\varepsilon} \ \mathrm{e}^{-\mathrm{i}V\frac{\varepsilon}{2}} + \mathcal{O}(\varepsilon^3) \doteq W_\varepsilon + \mathcal{O}(\varepsilon^3).$$

Der Vorteil von $W_\varepsilon$ ist, dass $\langle x|W_\varepsilon|y\rangle$ berechnet werden kann, nämlich

$$\langle x|W_\varepsilon|y\rangle = \mathrm{e}^{-\mathrm{i}V(x)\frac{\varepsilon}{2}} \ \langle x|\mathrm{e}^{-\mathrm{i}H_0\varepsilon}|y\rangle \ \mathrm{e}^{-\mathrm{i}V(y)\frac{\varepsilon}{2}}$$

$$= \sqrt{\frac{m}{2\pi\mathrm{i}\varepsilon}} \exp\left\{\mathrm{i}\frac{m}{2\varepsilon}(x-y)^2 - \mathrm{i}\frac{\varepsilon}{2}[V(x)+V(y)]\right\}.$$

Dieses Ergebnis machen wir uns im Sinne der Salamitaktik zunutze, indem wir das $t$-Intervall in kleine Stücke $\varepsilon = \frac{t}{N}$ teilen: $\overset{\varepsilon}{\underset{0 \qquad\qquad t}{+\!+\!+\!+\!+\!+\!+\!+\!+\!+}}$. Dann gilt

$$e^{-iHt} = \left(e^{-iH\varepsilon}\right)^N = W_\varepsilon{}^N + \mathcal{O}(\varepsilon^2)$$

und insbesondere

$$e^{-iHt} = \lim_{N\to\infty} W_\varepsilon{}^N .$$

Für den Fall, dass Sie vor mathematischen Kommilitonen glänzen wollen, sei erwähnt, dass dies die Lie-Kato-Trotter-Produktformel ist. (Der Beweis ist kurz, aber ich lasse ihn dennoch aus.)

Durch Einfügen von $\int dx\,|x\rangle\langle x| = 1$ erhalten wir

$$\langle x|e^{-iHt}|y\rangle = \langle x|(e^{-iH\varepsilon})^N|y\rangle$$

$$= \int dx_1 \dots dx_{N-1}\langle x|e^{-iH\varepsilon}|x_1\rangle\langle x_1|e^{-iH\varepsilon}|x_2\rangle \dots \langle x_{N-1}|e^{-iH\varepsilon}|y\rangle$$

$$= \lim_{N\to\infty} \int dx_1 \dots dx_{N-1}\langle x|W_\varepsilon|x_1\rangle\langle x_1|W_\varepsilon|x_2\rangle \dots \langle x_{N-1}|W_\varepsilon|y\rangle$$

$$= \lim_{N\to\infty} \left(\frac{m}{2\pi i\varepsilon}\right)^{\frac{N}{2}} \int dx_1 \dots dx_{N-1}\ \exp\left\{i\frac{m}{2\varepsilon}\left[(x-x_1)^2 + (x_1-x_2)^2\right.\right.$$

$$+ \dots + (x_{N-1}-y)^2\bigg] - i\varepsilon\left[\frac{1}{2}V(x) + V(x_1) + \dots + V(x_{N-1}) + \frac{1}{2}V(y)\right]\bigg\}.$$

Im Exponenten finden wir den Ausdruck

$$S_\varepsilon \doteq \sum_{k=1}^{N} \varepsilon\left\{\frac{m}{2}\left(\frac{x_k - x_{k-1}}{\varepsilon}\right)^2 - \frac{V(x_k) + V(x_{k-1})}{2}\right\}$$

mit $x_0 = x$, $x_N = y$. Im Limes $N \to \infty$, $\varepsilon = t/N \to 0$ geht er über in

$$S = \int_0^t dt' \left\{\frac{m}{2}\dot{x}^2 - V(x(t'))\right\}.$$

Dies ist eine alte Bekannte, nämlich die klassische Wirkung für einen Weg $x(t')$, wobei wir $x_k = x(t'_k)$ identifizieren.

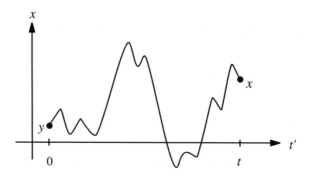

Da die Wirkung ein Funktional des Weges $x$ ist, schreiben wir $S \equiv S[x]$. Das obige Ergebnis fassen wir in der Formel

$$\langle x|e^{-iHt}|y\rangle = \int \mathcal{D}x \; e^{iS[x]}$$

zusammen. Dabei gelten die Randbedingung $x(0) = y$, $x(t) = x$, und $\mathcal{D}x$ steht symbolisch für

$$\mathcal{D}x \equiv \mathcal{D}[x(t)] = \lim_{N \to \infty} \left(\frac{m}{2\pi i\varepsilon}\right)^{\frac{N}{2}} dx(t_1) \cdot \ldots \cdot dx(t_{N-1}) \,.$$

Es ist zu beachten, dass der Limes $N \to \infty$ so gemeint ist, dass er immer erst nach Ausführung der Integrationen zu bilden ist.

Das obige Integral geht über alle Wege von $y$ nach $x$ und ist das gesuchte *Pfadintegral*. Es ist offensichtlich unendlichdimensional. Man spricht auch von einem Funktionalintegral, da über eine Menge von Funktionen integriert wird. Das besondere an dieser Darstellung der quantenmechanischen Amplitude ist, dass in ihr keine Operatoren vorkommen. Der Integrand enthält die klassische Wirkung für den jeweiligen Pfad.

Zur Erinnerung sei ein Exkurs zur klassischen Mechanik eingeschoben. Generell ist die Wirkung als Integral über die Lagrangefunktion gegeben:

$$S[x] = \int dt' \; L((x(t'), \dot{x}(t')) \,.$$

In unserem Fall ist

$$L = \frac{m}{2}\,\dot{x}^2 - V(x)\,.$$

Die tatsächlich durchlaufene klassische Bahn genügt dem hamiltonschen Prinzip: $S$ ist stationär bei vorgegebenem $x(0)$ und $x(t)$:

$$\delta S[x] = 0\,.$$

Zur Auswertung des Prinzips betrachten wir eine Variation

$$x(s) \to x(s) + \delta x(s) \quad \text{mit} \quad \delta x(0) = \delta x(t) = 0\,.$$

Die daraus resultierende Variation der Wirkung ist

$$\begin{aligned}
\delta S[x] &= \int_0^t ds\left\{\frac{\partial L}{\partial x}\,\delta x(s) + \frac{\partial L}{\partial \dot{x}}\,\delta\dot{x}(s)\right\} \\
&= \int_0^t ds\left\{\frac{\partial L}{\partial x}\,\delta x(s) - \left(\frac{d}{dt}\frac{\partial L}{\partial \dot{x}}\right)\delta x(s)\right\} \\
&= \int_0^t ds\left\{-\frac{d}{dt}\left(\frac{\partial L}{\partial \dot{x}}\right) + \frac{\partial L}{\partial x}\right\}\delta x(s)\,.
\end{aligned}$$

Der letzte Ausdruck verschwindet für alle Variationen $\delta x(s)$, wenn der Faktor davor verschwindet. Also gilt

$$\frac{d}{dt}\frac{\partial L}{\partial \dot{x}} - \frac{\partial L}{\partial x} = 0\,,$$

was wir als Euler-Lagrange-Gleichung wiedererkennen. Für das Teilchen im Potenzial lautet sie

$$m\ddot{x} + \frac{\partial V}{\partial x} = 0\,.$$

Den Unterschied zwischen klassischer Mechanik und Quantenmechanik können wir in folgender Weise charakterisieren:

- In der klassischen Mechanik gilt: der Weg, der tatsächlich durchlaufen wird, erfüllt $\delta S = 0$.

- Quantenmechanisch hingegen spielen alle Wege eine Rolle, indem sie zur Übergangsamplitude beitragen.

In diesem Zusammenhang ist es nützlich, den Begriff der Funktionalableitung $\delta F/\delta x(s)$ einzuführen, die das Gegenstück zur Funktionalintegration ist. Gegeben sei ein Funktional $F[x]$, welches von Funktionen $x(s)$ abhängt. Dann ist die Funktionalableitung definiert durch die Beziehung

$$\delta F[x] = \int ds \, \frac{\delta F}{\delta x(s)} \, \delta x(s) \, .$$

Dies ist analog zum Differenzial

$$df = \sum_i \frac{\partial f}{\partial x_i} \, dx_i$$

in der endlichdimensionalen Analysis. Alternativ kann man die Definition

$$\lim_{\varepsilon \to 0} \frac{1}{\varepsilon} \left\{ F[x + \varepsilon h] - F[x] \right\} = \int ds \, h(s) \frac{\delta F}{\delta x(s)}$$

wählen. Mit der Definition der Funktionalableitung gilt für die Wirkung

$$\frac{\delta S}{\delta x(s)} = -\frac{d}{dt} \left( \frac{\partial L(x(s), \, \dot{x}(s))}{\partial \dot{x}} \right) + \frac{\partial L(x(s), \, \dot{x}(s))}{\partial x} = -m\ddot{x}(s) + V'(x(s))$$

und das hamiltonsche Prinzip kann als

$$\frac{\delta S}{\delta x(s)} = 0$$

geschrieben werden.

Zum Üben der funktionalen Differenziation noch ein paar typische Beispiele:

$$F[x] = \int ds \, f(s) \, x(s) \Rightarrow \frac{\delta F}{\delta x(s)} = f(s)$$

$$F[x] = \int ds \, du \, f(s, u) \, x(s) \, x(u) \Rightarrow \frac{\delta F}{\delta x(s)} = \int du \, x(u) \left\{ f(s, u) + f(u, s) \right\}$$

$$F[x] = x(a) \Rightarrow \frac{\delta F}{\delta x(s)} = \delta(s - a) \, .$$

### 23.1.3 Harmonischer Oszillator

Was bei den Eissorten die „Vanille" ist, ist bei den Modellen der theoretischen Physik der harmonische Oszillator. Man greift immer gerne auf ihn zurück. Der Grund dafür liegt einerseits darin, dass er häufig in Näherungen auftritt, und andererseits in seiner exakten Lösbarkeit. Wir wollen nun die Bildung von Pfadintegralen am harmonischen Oszillator erproben.

Für den harmonischen Oszillator lautet die Lagrangefunktion

$$L = \frac{m}{2}\,\dot{x}^2 - \frac{m\omega^2}{2}\,x^2$$

und ihr Integral liefert die Wirkung

$$S = \int L\,dt\,.$$

Wie wir gerade gelernt haben, folgt die Bewegungsgleichung durch Funktionaldifferenziation der Wirkung:

$$-\frac{\delta S}{\delta x(t)} = m\ddot{x}(t) + m\omega^2 x(t) = 0\,.$$

Sei $x_c(t)$ Lösung der Bewegungsgleichung mit Randbedingungen

$$x_c(t_a) = x_a\,, \qquad x_c(t_b) = x_b\,.$$

Wir zerlegen einen beliebigen Pfad $x(t)$ in der Form

$$x(t) = x_c(t) + y(t)\,,$$

wobei die Funktion $y(t)$ die Randbedingungen

$$y(t_a) = y(t_b) = 0$$

erfüllt. Die Wirkung für den Pfad $x(t)$ lässt sich nun ausdrücken als

$$S[x] = S[x_c] + \int_{t_a}^{t_b} dt\,\frac{\delta S[x_c]}{\delta x(t)}\,y(t) + \frac{1}{2}\int_{t_a}^{t_b}\int_{t_a}^{t_b} dt\,dt'\,\frac{\delta^2 S[x_c]}{\delta x(t)\,\delta x(t')}\,y(t)\,y(t')\,.$$

Da $x_c(t)$ die Bewegungsgleichung erfüllt, verschwindet die erste funktionale Ableitung

$$\frac{\delta S[x_c]}{\delta x(t)} = 0\,.$$

Für die zweite funktionale Ableitung gilt

$$\frac{\delta^2 S}{\delta x(t)\,\delta x(t')} = -m\frac{d^2}{dt^2}\,\delta(t-t') - m\omega^2\,\delta(t-t') = -m\left(\frac{d^2}{dt^2} + \omega^2\right)\delta(t-t')$$

und wir erhalten

$$S[x] = S[x_c] + \frac{m}{2}\int_{t_a}^{t_b} dt\,(\dot{y}^2 - \omega^2 y^2) = S[x_c] + S[y]\,.$$

Dieses schöne Zwischenergebnis nutzen wir für die Berechnung der Übergangsamplitude

$$K(x_b, t_b; x_a, t_a) \doteq \int \mathcal{D}x\,\mathrm{e}^{\mathrm{i}S[x]} = \mathrm{e}^{\mathrm{i}S[x_c]}\int_{\substack{y(t_a)=0\\y(t_b)=0}} \mathcal{D}y\,\mathrm{e}^{\mathrm{i}S[y]}\,.$$

Die Abhängigkeit der Amplitude von den Randpunkten $x_a$ und $x_b$ steckt alleine in der Wirkung $S[x_c]$ der klassischen Lösung $x_c(t)$. Um sie zu berechnen, benötigen wir die Lösung explizit. Die Lösung der Schwingungsgleichung lautet ja allgemein

$$x_c(t) = A\sin\omega t + B\cos\omega t$$

und durch Anpassen der Randbedingungen erhalten wir die Koeffizienten $A$ und $B$ mit dem Resultat

$$x_c(t) = \frac{1}{\sin\omega T}\left[(x_b\cos\omega t_a - x_a\cos\omega t_b)\sin\omega t + (x_a\sin\omega t_b - x_b\sin\omega t_a)\cos\omega t\right]$$

mit $T = t_b - t_a$. Einsetzen in die Lagrangefunktion und Integration liefert

$$S[x_c] = \frac{m\omega}{2\sin\omega T}\left[(x_b{}^2 + x_a{}^2)\cos\omega T - 2x_a x_b\right]\,.$$

Für die vollständige Berechnung der Amplitude ist noch das verbliebende Funktionalintegral

$$F(T) = \int \mathcal{D}y\,\mathrm{e}^{\mathrm{i}S[y]} = K(0, T; 0, 0)$$

zu bestimmen. Durch partielle Integration formen wir die Wirkung um zu

$$S[y] = \frac{m}{2}\int_0^T dt\,y(t)\left(-\frac{d^2}{dt^2} - \omega^2\right)y(t)\,.$$

Dies ist eine quadratische Form in $y$ und das Funktionalintegral ist also ein gaußsches Integral. Wir werden es jetzt mit Hilfe der Fouriertransformation berechnen.

Die Eigenfunktionen des Operators $-\frac{d^2}{dt^2} - \omega^2$ auf Funktionen mit Randbedingungen $y(0) = y(T) = 0$ lauten

$$y_n(t) = \sqrt{\frac{2}{T}} \sin \frac{n\pi t}{T}, \qquad n = 1, 2, 3 \ldots$$

Sie bilden ein vollständiges Orthonormalsystem:

$$\int_0^T dt \; y_n(t) \; y_m(t) = \delta_{n,m}.$$

Die Eigenwerte $\lambda_n$ lesen wir ab aus

$$\left(-\frac{d^2}{dt^2} - \omega^2\right) y_n(t) = \left(\frac{n^2\pi^2}{T^2} - \omega^2\right) y_n(t) \equiv \lambda_n \; y_n(t).$$

Zerlegen wir die Funktion $y(t)$ nach den $y_n(t)$,

$$y(t) = \sum_{n=1}^{\infty} a_n \; y_n(t),$$

so folgt für die Wirkung

$$S[y] = \frac{m}{2} \sum_{n=1}^{\infty} \lambda_n \; a_n^2.$$

Das Integrationsmaß lautet in den Variablen $a_n$ ausgedrückt

$$\mathcal{D}y = J \prod_{n=1}^{\infty} da_n,$$

wobei $J$ eine Konstante ist, die wir hier nicht berechnen. Jetzt nimmt das Funktionalintegral die Gestalt eines Produktes vieler eindimensionaler Gaußintegrale an, die wir ausführen können:

$$\int \mathcal{D}y \; e^{iS[y]} = J \int \prod_{n=1}^{\infty} da_n \; e^{i\frac{m}{2} \sum_n \lambda_n a_n^2} = J \prod_{n=1}^{\infty} \int da_n \; e^{i\frac{m}{2} \lambda_n a_n^2}$$

$$= J \prod_{n=1}^{\infty} \left[\frac{m}{2\pi i} \lambda_n\right]^{-\frac{1}{2}}.$$

Um uns mit der Konstanten $J$ nicht weiter herumschlagen zu müssen, greifen wir zu einem billigen Trick. Für $\omega = 0$ geht der harmonische Oszillator nämlich in das freie Teilchen über. Dessen Amplitude kennen wir aber schon:

$$F_0(T) = \left( \frac{m}{2\pi \mathrm{i} T} \right)^{\frac{1}{2}}.$$

Die zugehörigen Eigenwerte sind

$$\lambda_n^{(0)} = \frac{n^2 \pi^2}{T^2}.$$

Das Verhältnis $F(T)/F_0(T)$ können wir berechnen:

$$\frac{F(T)}{F_0(T)} = \prod_{n=1}^{\infty} \left[ \frac{\lambda_n}{\lambda_n^{(0)}} \right]^{-\frac{1}{2}} = \prod_{n=1}^{\infty} \left( 1 - \frac{\omega^2 T^2}{n^2 \pi^2} \right)^{-\frac{1}{2}} = \left( \frac{\sin \omega T}{\omega T} \right)^{-\frac{1}{2}}.$$

Damit ist

$$F(T) = \left( \frac{m\omega}{2\pi \mathrm{i} \sin \omega T} \right)^{\frac{1}{2}}$$

und wir können das Endergebnis für die Übergangsamplitude hinschreiben:

$$K(x_b, t_b; x_a, t_a) =$$

$$\left( \frac{m\omega}{2\pi \mathrm{i} \sin \omega T} \right)^{\frac{1}{2}} \exp \left\{ \mathrm{i} \frac{m\omega}{2 \sin \omega T} [(x_b^2 + x_a^2) \cos \omega T - 2 x_a x_b] \right\}.$$

Dies ist die sogenannte *Mehlerformel*. Aus ihr kann man u.a. auch das Spektrum des Hamiltonoperators erhalten. Dazu betrachten wir

$$\mathrm{Sp}(\mathrm{e}^{-\mathrm{i} H T}) = \int_{-\infty}^{\infty} dx \ K(x, T; x, 0) = \frac{1}{2\mathrm{i} \sin \frac{\omega}{2} T} = \frac{\mathrm{e}^{-\mathrm{i} \frac{\omega}{2} T}}{1 - \mathrm{e}^{-\mathrm{i} \omega T}}$$

$$= \sum_{n=0}^{\infty} \mathrm{e}^{-\mathrm{i}\omega \left( n + \frac{1}{2} \right) T}.$$

Da nun aber

$$\mathrm{Sp}(\mathrm{e}^{-\mathrm{i} H T}) = \sum_n \mathrm{e}^{-\mathrm{i} E_n T}$$

ist, folgt durch Vergleich

$$E_n = \omega \left( n + \frac{1}{2} \right).$$

Für diejenigen, die sich jetzt wundern, sei daran erinnert, dass wir $\hbar = 1$ gesetzt haben. Mit mehr Aufwand bekommt man auch die Wellenfunktionen aus der Mehlerformel aufgrund von

$$K(x_b, T; x_a, 0) = \sum_n \langle x_b | n \rangle \langle n | x_a \rangle \, \mathrm{e}^{-\mathrm{i} E_n T} \,,$$

das will ich Ihnen jedoch ersparen.

### 23.1.4 Aharonov-Bohm-Effekt

Den Aharonov-Bohm-Effekt sollten Sie unbedingt kennen lernen, denn in ihm manifestiert sich ein recht eigenartiger Unterschied zwischen klassischer Physik und Quantenphysik. Es geht dabei um die Bewegung geladener Teilchen in der Nähe eines äußeren Magnetfeldes. Der Effekt wurde von D. Bohm und Y. Aharonov 1959 vorhergesagt. Die Diskussion des Aharonov-Bohm-Effektes lässt sich vorteilhaft mit Hilfe von Pfadintegralen führen, weshalb sie gut in dieses Kapitel passt.

Warum habe ich oben „in der Nähe eines Magnetfeldes" gesagt und nicht „in einem Magnetfeld"? Die Antwort ergibt sich aus dem Versuchsaufbau, den wir uns jetzt ansehen.

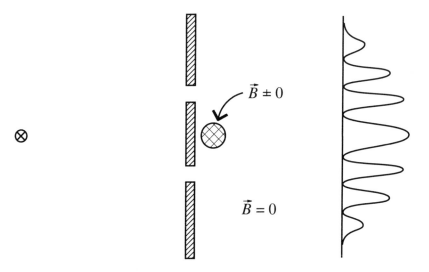

Elektronen werden von einer Quelle ausgesandt und durch einen Doppelspalt auf einen dahinter befindlichen Schirm geschickt, so wie Sie es schon kennen. Auf der Rückseite des Doppelspaltes wird zwischen den beiden Spalten und parallel zu ihnen eine Spule angebracht. Diese soll im Vergleich zum Spaltabstand so dünn sein, dass die Wellenfunktion der Elektronen nicht in das Innere der Spule eindringt. Dies ist natürlich eine Idealisierung, aber einerseits kann sie im tatsächlichen Experiment recht gut angenähert werden, andererseits spielt es für das Verständnis des Effektes keine zentrale Rolle, wenn sie nicht völlig erfüllt ist.

Zunächst fließe kein Strom durch die Spule. Führt man den Doppelspaltversuch aus, so erzeugen die Elektronen auf dem Schirm ein Interferenzmuster.

Nun werde der Spulenstrom eingeschaltet, so dass im Inneren der Spule ein Magnetfeld $\vec{B} \neq 0$ parallel zur Spule herrscht, während der Außenraum feldfrei bleibt. Wiederholt man jetzt den Doppelspaltversuch, so zeigt sich wiederum ein Interferenzmuster, das sich jedoch gegenüber dem vorigen geändert hat. Das ist sehr überraschend, denn die Elektronen bewegen sich nur in Bereichen, in denen das Magnetfeld $\vec{B} = 0$ verschwindet. Dies ist der Aharonov-Bohm-Effekt.

Im Rahmen der klassischen Physik kann das Magnetfeld im Inneren der Spule keinen Einfluss auf Teilchen haben, die sich nur im Außenraum bewegen. Dies folgt aus der klassischen Bewegungsgleichung

$$m \ddot{\vec{r}} = e \dot{\vec{r}} \times \vec{B} \,.$$

Was ist anders in der Quantenphysik? Gibt es hier eine Fernwirkung des Magnetfeldes? Wodurch wird die Wellenfunktion beeinflusst?

Wie Sie wissen, kann die Feldstärke $\vec{B}$ durch ein Vektorpotenzial $\vec{A}$ in der Form

$$\vec{B} = \nabla \times \vec{A}$$

dargestellt werden. Für die Spule ist zwar das Feld $\vec{B}$ im Außenraum Null, jedoch verschwindet das Vektorpotenzial $\vec{A}$ dort nicht, beispielsweise kann man

$$\vec{A}(\vec{r}) = \frac{\Phi}{2\pi} \frac{(-y, x)}{x^2 + y^2}$$

wählen. Könnte vielleicht das Vektorpotenzial $\vec{A}$ einen Einfluss auf die Elektronen im Außenraum ausüben? Dagegen kann man einwenden, dass das Vektorpotenzial ja von der gewählten Eichung abhängt und daher unphysikalisch ist.

Um diese Frage zu klären, betrachten wir die Übergangsamplitude $\langle \vec{x}, t_1 | \vec{y}, t_0 \rangle$ des Elektrons von der Quelle bei $\vec{y}$ zu einem Ort $\vec{x}$ auf dem Schirm. In das entsprechende Pfadintegral geht die Wirkung $S = \int_{t_0}^{t_1} L\, dt$ ein. Die Lagrangefunktion lautet

$$L = \frac{m}{2}\,\dot{\vec{r}}^{\,2} + e\,\dot{\vec{r}} \cdot \vec{A}(\vec{r}) = L_0 + e\,\dot{\vec{r}} \cdot \vec{A}(\vec{r})$$

und für die Wirkung folgt

$$S = S_0 + e \int_{t_0}^{t_1} \vec{A}(\vec{r}(t)) \cdot \dot{\vec{r}}(t)\, dt = S_0 + e \int_{\vec{y}}^{\vec{x}} \vec{A}(\vec{r}) \cdot d\vec{r}.$$

Es seien $C_a$ und $C_b$ zwei Wege von $\vec{y}$ nach $\vec{x}$, die links an der Spule vorbei gehen. Wir wollen sie vom Typ 1 nennen.

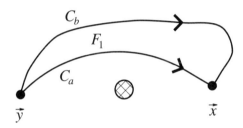

Für sie gilt

$$\int_{C_a} \vec{A} \cdot d\vec{r} - \int_{C_b} \vec{A} \cdot d\vec{r} = \oint_{C_a - C_b} \vec{A} \cdot d\vec{r} = \int_{F_1} (\nabla \times \vec{A}) \cdot d\vec{f} = \int_{F_1} \vec{B} \cdot d\vec{f} = 0\,,$$

wobei $F_1$ eine Fläche zwischen $C_a$ und $C_b$ im feldfreien Raum ist. Daraus folgt, dass für alle Wege $C_1$ vom Typ 1 das Linienintegral $\int_{C_1} \vec{A} \cdot d\vec{r} \doteq \alpha_1$ den gleichen Wert $\alpha_1$ besitzt. Ebenso ist $\int_{C_2} \vec{A} \cdot d\vec{r} \doteq \alpha_2$ konstant für alle Wege vom Typ 2, die rechts an der Spule vorbei gehen.

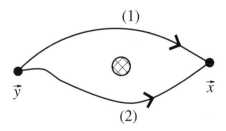

Das Pfadintegral für die Übergangsamplitude zerlegen wir in die Beiträge
der Wege vom Typ 1 und vom Typ 2:

$$\langle \vec{x}, t_1 | \vec{y}, t_0 \rangle = \int \mathcal{D}x \; \mathrm{e}^{\mathrm{i}S} = \int^{(1)} \mathcal{D}x \; \mathrm{e}^{\mathrm{i}S} + \int^{(2)} \mathcal{D}x \; \mathrm{e}^{\mathrm{i}S} \,.$$

Dabei gilt

$$\int^{(1)} \mathcal{D}x \; \mathrm{e}^{\mathrm{i}S} = \int^{(1)} \mathcal{D}x \; \mathrm{e}^{\mathrm{i}S_0} \, \mathrm{e}^{\mathrm{i}e\alpha_1} \doteq K_1 \, \mathrm{e}^{\mathrm{i}e\alpha_1} \,,$$

$$\int^{(2)} \mathcal{D}x \; \mathrm{e}^{\mathrm{i}S} = \int^{(2)} \mathcal{D}x \; \mathrm{e}^{\mathrm{i}S_0} \, \mathrm{e}^{\mathrm{i}e\alpha_2} \doteq K_2 \, \mathrm{e}^{\mathrm{i}e\alpha_2} \,,$$

und demzufolge

$$\langle \vec{x}, t_1 | \vec{y}, t_0 \rangle = K_1 \, \mathrm{e}^{\mathrm{i}e\alpha_1} + K_2 \, \mathrm{e}^{\mathrm{i}e\alpha_2} = \mathrm{e}^{\mathrm{i}e\alpha_1} \left( K_1 + K_2 \, \mathrm{e}^{\mathrm{i}e(\alpha_2 - \alpha_1)} \right) \,.$$

Für das Interferenzmuster ist der Betrag der Amplitude maßgeblich. Dieser
hängt nach der vorigen Formel ab von

$$\alpha_2 - \alpha_1 = \int_{C_2} \vec{A} \cdot d\vec{r} - \int_{C_1} \vec{A} \cdot d\vec{r} = \oint_{C_2 - C_1} \vec{A} \cdot d\vec{r} = \int_F \vec{B} \cdot d\vec{f} = \Phi \,.$$

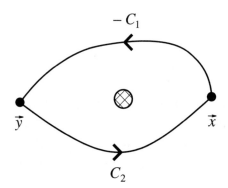

$\Phi$ ist gleich dem magnetischen Fluss durch die Spule. Es gilt also

$$|\langle \vec{x}, t_1 | \vec{y}, t_0 \rangle| = |K_1 + K_2 \, \mathrm{e}^{\mathrm{i}e\Phi}| \,.$$

Wir haben somit gefunden, dass das Interferenzmuster vom magnetischen
Fluss $\Phi = \oint \vec{A} \cdot d\vec{r}$ abhängt. Dieser Ausdruck kann zwar mit dem eich-
abhängigen Vektorpotenzial im feldfreien Raum gebildet werden, ist als

geschlossenes Linienintegral aber eichinvariant und hat eine physikalische Bedeutung.

Wenn Sie aufmerksam waren, werden Sie bemerkt haben, dass es noch andere Typen von Wegen gibt, nämlich solche, die mehrfach um die Spule herum laufen. Ihr Beitrag ist klein, aber wenn man sie mit berücksichtigt, wird der obige Ausdruck für die Übergangsamplitude verallgemeinert zu

$$|\langle \vec{x}, t_1 | \vec{y}, t_0 \rangle| = \left| \sum_{n \in \mathbf{Z}} K_n \, e^{ine\Phi} \right|.$$

Übrigens, wenn der Fluss so eingestellt wird, dass $(e/\hbar)\Phi = 2k\pi$, $k \in \mathbf{Z}$, gilt, ist das Interferenzmuster gleich demjenigen bei ausgeschaltetem Magnetfeld.

Die Vorhersagen der Quantentheorie für den Aharonov-Bohm-Effekt sind experimentell bestätigt worden.

Die Schlussfolgerung dieses Abschnitts können wir so formulieren: Das Elektron wird auch dann beeinflusst, wenn es sich im feldfreien Raum bewegt. Es spürt das Vektorpotenzial $\vec{A}(\vec{r})$, aber nur über die eichinvarianten Linienintegrale $\oint \vec{A} \cdot d\vec{r}$.

## 23.2 Aufbaukurs Pfadintegrale

Im Folgenden werden ein paar weiterführende Themen behandelt, die für Sie interessant sein können, wenn Sie sich vertieft mit Pfadintegralen und deren Berechnung und Anwendung beschäftigen möchten.

### 23.2.1 Euklidisches Pfadintegral

Wir wenden uns nun einem Formalismus zu, mit dem es möglich ist, Erwartungswerte im Grundzustand, d.h. Größen der Art $\langle 0 | A | 0 \rangle$ zu berechnen. Warum ist man daran interessiert?

- Sie liefern Informationen über Eigenschaften des Grundzustandes.

- Für den harmonischen Oszillator kann man alle Erwartungswerte durch Umformulierung in Grundzustands-Erwartungswerte berechnen:

$$\langle n | B | m \rangle \sim \langle 0 | a^n B (a^+)^m | 0 \rangle.$$

- In der Quantenfeldtheorie liefern die Erwartungswerte $\langle 0| \dots |0 \rangle$ im Grundzustand (dem Vakuum) die S-Matrix, das Spektrum und im Prinzip überhaupt alles.

Der Trick, den man benutzt, besteht in einem Übergang zu imaginären Zeiten, der *Wickrotation*:

$$t = e^{-i\alpha}\tau\,, \qquad \tau \in \mathbf{R}\,, \qquad 0 < \alpha \leq \frac{\pi}{2}$$

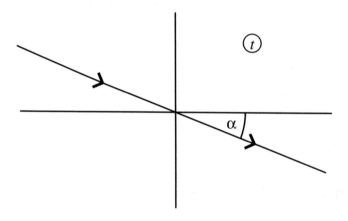

Für $\alpha = \frac{\pi}{2}$, also $t = -i\tau$, wird die Zeit rein imaginär. Ihr Imaginärteil $\tau$ heißt *euklidische Zeit*, da in der speziellen Relativitätstheorie das minkowskische Skalarprodukt $t^2 - \vec{x}^2$ in das negative Skalarprodukt des euklidischen Raumes $-(\tau^2 + \vec{x}^2)$ übergeht.

Für den Zeitentwicklungsoperator erhalten wir bei dieser analytischen Fortsetzung

$$e^{-iHt} = e^{-H\tau}\,.$$

Hierbei betrachten wir den Fall $\tau > 0$, denn dann ist $e^{-H\tau}$ ein wohldefinierter, positiver, beschränkter Operator.

Das Pfadintegral ist entsprechend zu modifizieren. Wenn man unsere frühere Rechnung zur Herleitung des Pfadintegrals wiederholt, aber diesmal mit $e^{-H\tau}$ anstelle von $e^{-iHt}$, erhält man auf ganz ähnliche Weise

$$\langle x|e^{-H\tau}|y\rangle = \lim_{N\to\infty} \left(\frac{m}{2\pi\varepsilon}\right)^{\frac{N}{2}} \int dx_1 \dots dx_{N-1}$$

$$\exp\left\{-\varepsilon\frac{m}{2}\left[\left(\frac{x-x_1}{\varepsilon}\right)^2 + \dots + \left(\frac{x_{N-1}-y}{\varepsilon}\right)^2\right]\right.$$

$$\left. -\varepsilon\left[\frac{1}{2}V(x) + V(x_1) + \dots + V(x_{N-1}) + \frac{1}{2}V(y)\right]\right\}.$$

Dieses euklidische Pfadintegral schreiben wir als

$$\langle x|e^{-H\tau}|y\rangle = \int \mathcal{D}x \, e^{-S_E[x]},$$

wobei

$$S_E = \int_0^\tau d\tau' \left(\frac{m}{2}\dot{x}^2 + V(x(\tau'))\right)$$

die sogenannte euklidische Wirkung ist. Sie hängt mit der ursprünglichen Wirkung durch

$$S_E = -iS\Big|_{t=-i\tau}$$

zusammen.

Das euklidische Pfadintegral erfreut sich folgender Vorzüge:

- Das Pfadintegral ist reell!

- Der Faktor $e^{-S_E}$ unterdrückt stark oszillierende Wege.

- Damit hängt zusammen, dass das euklidische Pfadintegral mathematisch besser unter Kontrolle ist; für $V = 0$ entspricht es dem wohldefinierten „Wienermaß".

Wie man der obigen Formel mit diskretisierter Zeit $\varepsilon$ ansehen kann, ist das Maß konzentriert auf Wegen mit $|x_{k+1} - x_k| \sim \sqrt{\varepsilon}$ für $\varepsilon \to 0$, d. h. die Wege sind stetig, aber nicht notwendig differenzierbar. Sie besitzen die *fraktale Dimension* $\frac{1}{2}$.

Wenden wir uns nun den Erwartungswerten zu. Die Amplitude

$$\langle x, \tfrac{\tau}{2}|A|y, -\tfrac{\tau}{2}\rangle = \langle x|\mathrm{e}^{-H\frac{\tau}{2}}\, A\, \mathrm{e}^{-H\frac{\tau}{2}}|y\rangle$$

$$= \sum_{n,m} \langle x|n\rangle\langle n|A|m\rangle\langle m|y\rangle\; \mathrm{e}^{-E_n\frac{\tau}{2}}\, \mathrm{e}^{-E_m\frac{\tau}{2}}$$

geht im Limes $\tau \to \infty$ über in

$$\langle x|0\rangle\langle 0|y\rangle\; \mathrm{e}^{-E_0\tau}\langle 0|A|0\rangle\{1 + \mathcal{O}(\mathrm{e}^{-c\tau})\}$$

und in analoger Weise für $A = \mathbf{1}$

$$\langle x, \tfrac{\tau}{2}|y, -\tfrac{\tau}{2}\rangle \underset{\tau\to\infty}{\sim} \langle x|0\rangle\langle 0|y\rangle\; \mathrm{e}^{-E_0\tau}\{1 + \mathcal{O}(\mathrm{e}^{-c\tau})\}.$$

Dividieren wir diese Ausdrücke durcheinander, so erhalten wir

$$\langle 0|A|0\rangle = \lim_{\tau\to\infty} \frac{\langle x, \tfrac{\tau}{2}|A|y, -\tfrac{\tau}{2}\rangle}{\langle x, \tfrac{\tau}{2}|y, -\tfrac{\tau}{2}\rangle}\,.$$

Bemerkung: Alternativ kann man auch $y = x$ setzen und dann über $x$ integrieren mit dem Ergebnis

$$\mathrm{Sp}(\mathrm{e}^{-H\tau}A) = \mathrm{e}^{-E_0\tau}\langle 0|A|0\rangle\{1 + \mathcal{O}(\mathrm{e}^{-c\tau})\},$$

so dass man

$$\langle 0|A|0\rangle = \lim_{\tau\to\infty} \frac{\mathrm{Sp}(\mathrm{e}^{-H\tau}A)}{\mathrm{Sp}(\mathrm{e}^{-H\tau})})$$

erhält. Dies zeigt, dass die Randbedingungen unwesentlich sind; ihr Einfluss kürzt sich heraus.

Die Formel für den Grundzustands-Erwartungswert schreiben wir nun in Form eines euklidischen Pfadintegrals. Dabei beginnen wir mit einem konkreten Fall für die Observable, nämlich dem Produkt zweier Ortsoperatoren.

### 23.2.2 Greensche Funktionen

Die Funktion

$$\langle 0|Q(t_1)\, Q(t_2)|0\rangle, \quad \text{mit}\quad t_1 > t_2,$$

wird als greensche Funktion bezeichnet. Mit

$$Q(t) = e^{iHt} \, Q \, e^{-iHt}$$

können wir sie als

$$\langle 0|e^{iE_0 t_1} \, Q \, e^{-iH(t_1-t_2)} \, Q \, e^{-iE_0 t_2}|0\rangle$$

umschreiben.

Die Fortsetzung ins Euklidische, $t = -i\tau$, $\tau \in \mathbf{R}$, $\tau_1 > \tau_2$, macht daraus

$$\langle 0|e^{E_0 \tau_1} \, Q \, e^{-H(\tau_1-\tau_2)} \, Q \, e^{-E_0 \tau_2}|0\rangle$$

$$= \lim_{\tau \to \infty} \frac{1}{Z(\tau)} \, \langle x|e^{-H\left(\frac{\tau}{2}-\tau_1\right)} \, Q \, e^{-H(\tau_1-\tau_2)} \, Q \, e^{-H\left(\tau_2+\frac{\tau}{2}\right)}|y\rangle$$

mit

$$Z(\tau) = \langle x|e^{-H\tau}|y\rangle.$$

Für das Matrixelement leiten wir wie früher eine Pfadintegraldarstellung her, wobei wir beachten müssen, dass bei den Zeiten $\tau_1$ und $\tau_2$ jeweils ein Faktor $Q$ steht, der im Pfadintegral zu einem zugehörigen Faktor $x(\tau)$ Anlass gibt.

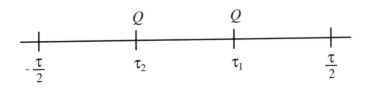

Auf diese Weise resultiert

$$\langle x|e^{-H\left(\frac{\tau}{2}-\tau_1\right)} \, Q \, e^{-H(\tau_1-\tau_2)} \, Q \, e^{-H\left(\tau_2+\frac{\tau}{2}\right)}|y\rangle = \int \mathcal{D}x \; x(\tau_1) \, x(\tau_2) \, e^{-S_E[x]},$$

wobei über Pfade $x(\tau')$ mit $\tau' \in \left[-\frac{\tau}{2}, \frac{\tau}{2}\right]$ integriert wird.

Bis hier hin lautet das Ergebnis:

$$\langle 0|Q(\tau_1) \, Q(\tau_2)|0\rangle = \lim_{\tau \to \infty} \frac{1}{Z(\tau)} \int \mathcal{D}x \; x(\tau_1) \, x(\tau_2) \, e^{-S_E[x]} \quad \text{für} \quad \tau_1 \geq \tau_2 \,.$$

Die rechte Seite ist offensichtlich symmetrisch unter der Vertauschung $\tau_1 \leftrightarrow \tau_2$, die linke Seite aber nicht, denn dort muss $\tau_1 \geq \tau_2$ sein. Wir beheben diesen Schönheitsfehler durch Einführung der Zeitordnung

$$T\,Q(\tau_1)\,Q(\tau_2) \doteq \left\{ \begin{array}{ll} Q(\tau_1)\,Q(\tau_2)\,, & \tau_1 \geq \tau_2 \\ Q(\tau_2)\,Q(\tau_1)\,, & \tau_2 \geq \tau_1\,. \end{array} \right.$$

Damit können wir unser Ergebnis schreiben als

$$\langle 0|T\,Q(\tau_1)\,Q(\tau_2)|0\rangle = \lim_{\tau \to \infty} \frac{1}{Z(\tau)} \int \!\mathcal{D}x\ x(\tau_1)\,x(\tau_2)\ \mathrm{e}^{-S_E[x]}\,,$$

wobei

$$Z(\tau) = \int \!\mathcal{D}x\ \mathrm{e}^{-S_E[x]}\,.$$

Wie oben schon bemerkt, ist die Wahl der Randbedingungen $x, y$ für die Pfade im Limes $\tau \to \infty$ irrelevant.

Durch analytische Fortsetzung zurück zur reellen Zeiten, $t = \mathrm{e}^{-\mathrm{i}\alpha}\tau\,, \alpha \to 0$,

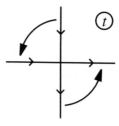

kann man die greensche Funktion $\langle 0|T\,Q(t_1)\,Q(t_2)|0\rangle$ und entsprechend die höheren Funktionen $\langle 0|T\,Q(t_1)\ldots Q(t_n)|0\rangle$ gewinnen.

### 23.2.3 Erzeugende Funktionale

Die Handhabung der greenschen Funktionen und ihre Berechnung wird durch Benutzung von erzeugenden Funktionalen erleichtert. Dieses nützliche Instrument wird auch in der Feldtheorie äußerst Gewinn bringend eingesetzt.

Wir definieren das erzeugende Funktional der euklidischen greenschen Funktionen durch

$$Z_E[j] = \sum_{n=0}^{\infty} \frac{1}{n!} \int d\tau_1 \dots d\tau_n \, \langle 0|T \, Q(\tau_1) \dots Q(\tau_n)|0\rangle \, j(\tau_1) \dots j(\tau_n)$$

$$= 1 + \int d\tau \, \langle 0|Q(\tau)|0\rangle \, j(\tau)$$

$$+ \frac{1}{2} \int d\tau_1 \, d\tau_2 \, \langle 0|T \, Q(\tau_1) \, Q(\tau_2)|0\rangle \, j(\tau_1) \, j(\tau_2) + \dots$$

$$= \langle 0|T \exp\left( \int d\tau \, Q(\tau) \, j(\tau) \right) |0\rangle \, .$$

In ihm sind die greenschen Funktionen als Koeffizienten der Quellen $j(\tau_i)$ enthalten. Sie können durch funktionale Ableitung wieder zurückgewonnen werden:

$$\langle 0|T \, Q(\tau_1) \dots Q(\tau_n)|0\rangle = \left. \frac{\delta^n Z_E[j]}{\delta j(\tau_1) \dots \delta j(\tau_n)} \right|_{j=0} .$$

Dies erklärt den Namen „erzeugendes Funktional". Ausgedrückt durch Pfadintegrale schreibt es sich

$$Z_E[j] = \frac{\int \mathcal{D}x \, e^{-S_E + \int d\tau \, j(\tau) \, x(\tau)}}{\int \mathcal{D}x \, e^{-S_E}} \, .$$

Ergänzend seien noch die entsprechenden Formeln für reelle Zeiten angegeben:

$$Z[j] = \langle 0|T \, e^{i \int dt \, Q(t) \, j(t)}|0\rangle = \frac{\int \mathcal{D}x \, e^{iS + i \int dt \, j(t) \, x(t)}}{\int \mathcal{D}x \, e^{iS}}$$

$$\langle 0|T \, Q(t_1) \dots Q(t_2)|0\rangle = \frac{1}{i^n} \left. \frac{\delta^n Z[j]}{\delta j(t_1) \dots \delta j(t_n)} \right|_{j=0} .$$

### 23.2.4 Harmonischer Oszillator II

Am konkreten Beispiel des harmonischen Oszillators soll nun die Berechnung der erzeugenden Funktionale $Z_E[j]$ bzw. $Z[j]$ durch Pfadintegrale vorgeführt werden. Zur euklidischen Wirkung

$$S_E = \int d\tau \left\{ \frac{m}{2} \dot{x}^2 + \frac{m\omega^2}{2} x^2 \right\} = \frac{m}{2} \int d\tau \, x(\tau) \left( -\frac{d^2}{d\tau^2} + \omega^2 \right) x(\tau)$$

addieren wir den Quellenterm und erhalten

$$S_E[x,j] = \frac{m}{2} \int d\tau\, x(\tau) \left( -\frac{d^2}{d\tau^2} + \omega^2 \right) x(\tau) - \int d\tau\, j(\tau)\, x(\tau)\,.$$

Das zu berechnende Pfadintegral

$$\int \mathcal{D}x\, \mathrm{e}^{-S_E[x,j]}$$

ist ein gaußsches Integral. Wir berechnen es durch eine Entwicklung der Pfade um die klassische Lösung. Als erstes bestimmen wir die klassische Lösung mit äußerer Quelle. Die zu lösende Bewegungsgleichung lautet

$$0 = \frac{\delta S_E}{\delta x(\tau)} = m \left( -\frac{d^2}{d\tau^2} + \omega^2 \right) x(\tau) - j(\tau)\,.$$

Gesucht ist die Lösung mit der Randbedingung $x(\tau) \to 0$ für $\tau \to \pm\infty$. Mit der Definition des Operators

$$A \doteq -\frac{d^2}{d\tau^2} + \omega^2$$

lautet die Bewegungsgleichung

$$A \cdot x = \frac{1}{m} j$$

mit der offensichtlichen Lösung

$$x = \frac{1}{m} A^{-1} \cdot j\,.$$

Wir wollen es aber schon etwas mehr explizit. Dazu muss $D_E \doteq -A^{-1}$ berechnet werden. Hier hilft uns wiederum die Fouriertransformation aus. Mit

$$x(\tau) = \int_{-\infty}^{\infty} \frac{d\nu}{2\pi}\, \tilde{x}(\nu)\, \mathrm{e}^{-\mathrm{i}\nu\tau} \qquad \text{und} \qquad j(\tau) = \int_{-\infty}^{\infty} \frac{d\nu}{2\pi}\, \tilde{j}(\nu)\, \mathrm{e}^{-\mathrm{i}\nu\tau}$$

geht die Bewegungsgleichung über in

$$(\nu^2 + \omega^2)\, \tilde{x}(\nu) = \frac{1}{m} \tilde{j}(\nu)$$

und folglich ist

$$\tilde{x}(\nu) = \frac{1}{m} \frac{1}{\nu^2 + \omega^2} \tilde{j}(\nu)\,.$$

Jetzt ist es Zeit zur Rücktransformation:

$$x(\tau) = \frac{1}{m} \int \frac{d\nu}{2\pi} \frac{e^{-i\nu\tau}}{\nu^2 + \omega^2} \tilde{j}(\nu) = \frac{1}{m} \int \frac{d\nu}{2\pi} \, d\tau' \, \frac{e^{-i\nu(\tau-\tau')}}{\nu^2 + \omega^2} \, j(\tau')$$

$$\doteq -\frac{1}{m} \int d\tau' \, D_E(\tau - \tau') \, j(\tau')$$

mit

$$D_E(\tau) = - \int \frac{d\nu}{2\pi} \frac{e^{-i\nu\tau}}{\nu^2 + \omega^2} \, .$$

$D_E$ ist die greensche Funktion zum Operator $A$ und erfüllt

$$\left( -\frac{d^2}{d\tau^2} + \omega^2 \right) D_E(\tau) = -\delta(\tau)$$

bzw. in Operatorschreibweise

$$A \cdot D_E = -\mathbf{1} \, .$$

Die Lösung $x(\tau)$ ist eindeutig, da die homogene Gleichung nur die Lösung $x(\tau) = 0$ hat, wenn die obigen Randbedingungen gefordert werden.

Durch Ausführen des Fourierintegrals erhalten wir einen expliziten Ausdruck für $D_E$. Hierzu greifen wir tief in unseren komplexen Werkzeugkasten und bringen den Residuensatz zum Einsatz. Der Integrand des zu berechnenden Integrals

$$\int_{-\infty}^{\infty} \frac{d\nu}{2\pi} \frac{e^{-i\nu\tau}}{(\nu + i\omega)(\nu - i\omega)}$$

besitzt zwei komplexe Pole. Je nach dem Vorzeichen von $\tau$ kann das Integral in ein Kurvenintegral in der komplexen Ebene deformiert werden, das einen der beiden Pole einschließt, wie in der Zeichnung gezeigt.

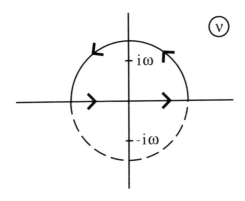

Dies liefert

$$\int_{-\infty}^{\infty} \frac{d\nu}{2\pi} \, \frac{e^{-i\nu\tau}}{(\nu + i\omega)(\nu - i\omega)} = \theta(\tau) \frac{e^{-\omega\tau}}{2\omega} + \theta(-\tau) \frac{e^{\omega\tau}}{2\omega}$$

und somit

$$D_E(\tau) = -\frac{1}{2\omega} \, e^{-\omega|\tau|} \,.$$

Wenden wir uns wieder dem Pfadintegral

$$\int \mathcal{D}x \; e^{-S_E[x] + \int d\tau \, j(\tau) \, x(\tau)}$$

zu. Die Pfade werden zerlegt gemäß

$$x(\tau) = x_c(\tau) + y(\tau) \qquad \text{mit} \qquad x_c(\tau) = -\frac{1}{m} \, D_E \cdot j(\tau) \,.$$

Für die Wirkung zieht das die Zerlegung

$$S_E[x, j] = S_E[x_c, j] + \frac{m}{2} \int d\tau \, y(\tau) \left( -\frac{d^2}{d\tau^2} + \omega^2 \right) y(\tau)$$

nach sich, mit

$$S_E[x_c, j] = \frac{1}{2m} \int d\tau \, d\sigma \; j(\tau) \, D_E(\tau - \sigma) \, j(\sigma) \,.$$

Eingesetzt in das Pfadintegral liefert dies

$$\int \mathcal{D}x \; e^{-\frac{m}{2} \int d\tau \, x \cdot Ax + \int d\tau \, j(\tau) \, x(\tau)} =$$

$$\int \mathcal{D}y \; e^{-\frac{m}{2} \int d\tau \, y \cdot Ay} \; e^{-\frac{1}{2m} \int d\tau \, d\sigma \, j(\tau) \, D_E(\tau - \sigma) \, j(\sigma)}$$

und damit das Endergebnis für das erzeugende Funktional

$$Z_E[j] = \exp \left\{ -\frac{1}{2m} \int d\tau \, d\sigma \; j(\tau) \, D_E(\tau - \sigma) \, j(\sigma) \right\} \,.$$

Aus dem erzeugenden Funktional, das wir nun explizit kennen, folgen die greenschen Funktionen durch Differenziation. Insbesondere finden wir

$$\langle 0 | T \, Q(\tau_1) \, Q(\tau_2) | 0 \rangle = -\frac{1}{m} \, D_E(\tau_1 - \tau_2) \,,$$

was die Bezeichnung greensche Funktion rechtfertigt.

Zu guter Letzt gehen wir wieder zurück zu reellen Zeiten $t = -i\tau$, und zwar durch Rotation in der komplexen $t$-Ebene im Gegenuhrzeigersinn.

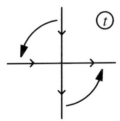

Die entsprechende greensche Funktion besitzt die Fourierdarstellung

$$D(t) \doteq -\mathrm{i}\, D_E(\mathrm{i}t) = -\int_{-\infty}^{\infty} \frac{d\nu}{2\pi}\, \frac{e^{-\mathrm{i}\nu t}}{\nu^2 - \omega^2}\,,$$

wobei die Frequenz durch $\nu = \mathrm{i}\nu_E \in \mathbf{R}$ entsprechend fortgesetzt wurde. Das Integral ist allerdings nicht eindeutig, denn es muss über die Pole bei $\pm\omega$ auf der reellen Achse integriert werden, und dies kann auf verschiedene Weisen geschehen. Anders ausgedrückt besitzt die definierende Differenzialgleichung für $D(t)$

$$\left(-\frac{d^2}{dt^2} - \omega^2\right) D(t) = -\delta(t)$$

mehrere Lösungen. Genau eine von diesen wird jedoch durch den Vorgang der analytischen Fortsetzung ausgewählt. Diese kann so durchgeführt werden, dass bei der Rotation von $t$ im Gegenuhrzeigersinn gleichzeitig $\nu$ im Uhrzeigersinn rotiert wird, so dass $\nu t$ immer reell bleibt. Dadurch ist festgelegt, dass an den Polen so vorbei integriert werden muss, wie in der Abbildung gezeigt ist.

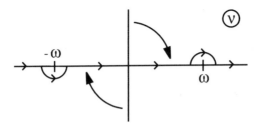

Diese Vorschrift ist äquivalent zur Hinzufügung eines kleinen Imaginärteils zum Integranden gemäß

$$-\int \frac{d\nu}{2\pi}\, \frac{e^{-\mathrm{i}\nu t}}{\nu^2 - \omega^2 + \mathrm{i}\varepsilon}$$

und anschließender Bildung des Limes $\varepsilon \to 0$. Für $t > 0$ z. B. sieht der Integrationsweg so aus:

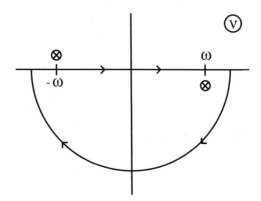

Erneute Benutzung des Residuensatzes mit sorgfältiger Beachtung der soeben gefundenen i$\varepsilon$-Vorschrift führt zu

$$D(t) = \frac{i}{2\omega} \left[\theta(t)\,e^{-i\omega t} + \theta(-t)\,e^{i\omega t}\right] = \frac{i}{2\omega}\,e^{-i\omega|t|}.$$

Das erzeugende Funktional der greenschen Funktionen bei reellen Zeiten ist

$$Z[j] = \exp\left\{\frac{i}{2m}\int dt\,ds\,j(t)\,D(t-s)\,j(s)\right\}$$

und speziell gilt

$$\langle 0|T\,Q(t_1)\,Q(t_2)|0\rangle = -\frac{i}{m}\,D(t_1 - t_2).$$

Damit genug vom einfachen harmonischen Oszillator.

### 23.2.5 Systeme mit quadratischer Wirkung

Die Ergebnisse des vorigen Abschnittes werden wir jetzt verallgemeinern auf beliebige Systeme, deren Wirkung $S$ quadratisch in den Koordinaten $q$ ist. Dazu gehören u.a. der harmonischer Oszillator, Systeme harmonischer Oszillatoren, also gekoppelte Schwingungen, Gitterschwingungen und das freie elektromagnetische Feld. Insbesondere gehören dazu auch die harmonischen Näherungen komplizierter Systeme, bei denen die Wirkung in der

Umgebung bestimmter Konfigurationen bis zu quadratischen Termen entwickelt wird.

Die Systeme mit quadratischer Wirkung sind von besonderem Interesse. Einerseits sind sie geschlossen und exakt lösbar. Andererseits sind sie relevant in zahlreichen physikalischen Zusammenhängen.

Systeme mit quadratischer Wirkung sind auch bei der Approximation von Pfadintegralen von zentraler Bedeutung, denn sie treten bei der semiklassischen Approximation und in der Störungstheorie auf.

Eine euklidische Wirkung, die quadratisch in ihren Koordinaten ist, schreiben wir in der Form

$$S_E = \frac{1}{2}\,(x, Ax)\,.$$

Speziell gilt

$$S_E = \frac{1}{2} \int d\tau\, d\sigma\; x(\tau)\, A(\tau, \sigma)\, x(\sigma)$$

für quantenmechanische Systeme in einer Dimension.

In dem schon behandelten Beispiel des harmonischen Oszillators ist

$$A = m \left(-\frac{d^2}{d\tau^2} + \omega^2\right), \qquad A(\tau, \sigma) = m \left(-\frac{d^2}{d\tau^2} + \omega^2\right) \delta(\tau - \sigma)\,.$$

Für die betrachteten Systeme ist das erzeugende Funktional der greenschen Funktionen

$$Z_E[j] = \frac{1}{Z} \int \mathcal{D}x\; e^{-\frac{1}{2}\,(x, Ax) + (j, x)}$$

mit

$$(j, x) \doteq \int d\tau\, j(\tau)\, x(\tau)$$

und

$$Z = \int \mathcal{D}x\; e^{-\frac{1}{2}\,(x, Ax)}\,.$$

Dies sind gaußsche Integrale, die wir berechnen können. Dazu rekapitulieren wir einmal die endlichdimensionalen gaußschen Integrale.

Zur Erinnerung: über $\mathbf{R}$ haben wir

$$\int_{-\infty}^{\infty} dx\; e^{-\frac{a}{2} x^2 + bx} = \sqrt{\frac{2\pi}{a}}\; e^{\frac{b^2}{2a}} \qquad \text{für } a > 0\,.$$

Gehen wir zum $\mathbf{R}^n$ über. Es sei $x \in \mathbf{R}^n$, $A = (A_{ij})$, $i, j = 1, \ldots, n$, und es sei $A$ reell, symmetrisch und positiv. Die quadratische Form im Exponenten der Gaußfunktion sei

$$(x, Ax) = \sum_{i,j} x_i \, A_{ij} \, x_j \,.$$

Dann gilt

$$Z \doteq \int d^n x \; \mathrm{e}^{-\frac{1}{2}(x, A, x)} = (2\pi)^{\frac{n}{2}} \, (\det A)^{-\frac{1}{2}} \,.$$

Beweis: diagonalisiere $A$ durch eine orthogonale Transformation

$$SAS^t = D = \begin{pmatrix} \lambda_1 & & 0 \\ & \ddots & \\ 0 & & \lambda_n \end{pmatrix} \,.$$

Die Eigenwerte $\lambda_i > 0$ sind sämtlich positiv. Mit der Variablentransformation

$$y \doteq S \cdot x \,, \qquad d^n x = |\det S|^{-1} \, d^n y = d^n y$$

folgt

$$Z = \int d^n y \; \mathrm{e}^{-\frac{1}{2}\sum_i \lambda_i y_i^2} = \prod_{i=1}^n \left(\frac{2\pi}{\lambda_i}\right)^{\frac{1}{2}} = (2\pi)^{\frac{n}{2}} (\det A)^{-\frac{1}{2}} \,. \quad \blacksquare$$

Für das endlichdimensionale Pendant zum erzeugenden Funktional gilt

$$Z(j) \doteq \frac{1}{Z} \int d^n x \; \mathrm{e}^{-\frac{1}{2}(x, Ax) + (j, x)} = \mathrm{e}^{\frac{1}{2}(j, A^{-1}j)} \,.$$

Beweis: definiere

$$x_c = A^{-1} j \,, \qquad x = x_c + y$$

wie beim harmonischen Oszillator und finde

$$-\frac{1}{2}(x, Ax) + (j, x) = -\frac{1}{2}(y, A, y) + \frac{1}{2}(j, A^{-1}j)$$

$$\int d^n x \; \mathrm{e}^{-\frac{1}{2}(x, Ax) + (j, x)} = \int d^n y \; \mathrm{e}^{-\frac{1}{2}(y, Ay)} \; \mathrm{e}^{\frac{1}{2}(j, A^{-1}j)} = Z \, \mathrm{e}^{\frac{1}{2}(j, A^{-1}j)} \,. \quad \blacksquare$$

Nun betrachten wir das Pfadintegral. Angesichts der Tatsache, dass es sich um ein unendlichdimensionales Integral handelt, überkommt uns ein wenig Furcht hinsichtlich der Determinanten des Operators $A$. Gehen wir daher noch einmal zurück zur Herleitung des Pfadintegrals mittels Diskretisierung der Zeit. In der diskretisierten Form haben wir endlichdimensionale Integrale vom soeben betrachteten Typ und können die Formel für $Z(j)$ anwenden. Hierin hat sich die Determinante $\det A$ glücklicherweise herausgekürzt. Wir können daher für diese Größe den Limes $\varepsilon \to 0$ ohne Schwierigkeiten bilden und erhalten

$$Z_E[j] = \exp\left\{\frac{1}{2}\left(j, A^{-1}j\right)\right\}.$$

Führen wir wieder $D_E = -A^{-1}$ und die greensche Funktion $D_E(\tau, \sigma)$ ein, so liest sich das Ergebnis im Fall eines Freiheitsgrades

$$Z_E[j] = \exp\left\{-\frac{1}{2}\int d\tau\, d\sigma\; j(\tau)\, D_E(\tau, \sigma)\, j(\sigma)\right\}.$$

### 23.2.6 Beispiel: Energieaufspaltung

Bevor wir uns im Formelverhau verirren, wollen wir ein physikalisches Anwendungsbeispiel für die euklidischen Pfadintegrale betrachten. Das System besitze einen Freiheitsgrad und bewege sich in einem Doppelmuldenpotenzial. Als Beispiel wählen wir

$$V(x) = \lambda(x^2 - a^2)^2.$$

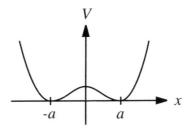

Wir wollen annehmen, dass die Barriere hoch, d.h. $\lambda$ groß ist. Dann entspricht das System approximativ zwei nichtgekoppelten Mulden.

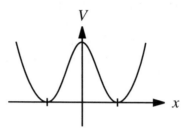

Der Grundzustand $|0\rangle$ besitzt eine symmetrische Wellenfunktion, die folgende Gestalt hat:

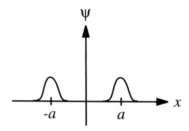

Der erste angeregte Zustand $|1\rangle$ ist antisymmetrisch und seine Wellenfunktion sieht ungefähr so aus:

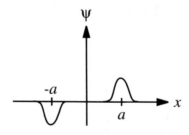

Die Energien dieser Zustände sind fast entartet, $E_0 \approx E_1$, und sind ungefähr so groß, wie die Grundzustandsenergie der Einzelmulde.

Wir definieren den Zustand

$$|+\rangle = \frac{1}{\sqrt{2}} \left( |0\rangle + |1\rangle \right),$$

dessen Wellenfunktion die Gestalt

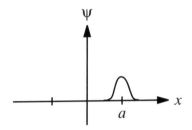

besitzt, und entsprechend

$$|-\rangle = \frac{1}{\sqrt{2}}(|0\rangle - |1\rangle)\,.$$

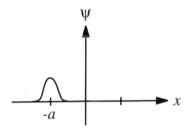

Die Energien $E_0$ und $E_1$ sind nicht exakt gleich. Der Tunneleffekt führt bei einer endlichen Barriere zu einer Energieaufspaltung

$$\Delta E = E_1 - E_0 > 0\,.$$

Sie ist gleich dem Übergangsmatrixelement

$$\Delta E = -2\langle +|H|-\rangle.$$

Diese Energieaufspaltung ist eine physikalisch interessante Größe. Zum Beispiel existiert eine solche kleine Energiedifferenz zwischen den niedrigsten Eigenzuständen des Ammoniakmoleküls, welches zwischen zwei verschiedenen Formen hin- und hertunneln kann. Diese Energieaufspaltung bildet die Grundlage für den Ammoniakmaser.

Die Energieaufspaltung lässt sich elegant mit Hilfe von euklidischen Pfadintegralen berechnen. Den Ausgangspunkt dafür bildet die Formel

$$\Delta E \approx 2 \int \mathcal{D}x \; e^{-S_E[x]} \, ,$$

wobei die euklidische Wirkung die übliche

$$S_E = \int d\tau \left\{ \frac{m}{2} \, \dot{x}^2 + V(x(\tau)) \right\}$$

ist, und über alle Pfade integriert wird, welche die Randbedingungen

$$x\left(-\frac{T}{2}\right) = -a \, , \qquad x\left(\frac{T}{2}\right) = a$$

erfüllen und einen Nulldurchgang besitzen.

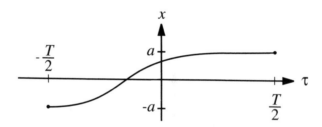

Am Schluss ist der Limes $T \to \infty$ zu bilden. Den Beweis der Formel gebe ich hier nicht an, erwähne aber, dass die Randbedingungen von den Zuständen $|+\rangle$ und $|-\rangle$ im Übergangsmatrixelement stammen. Außerdem unterschlage ich eine genaue Diskussion der Details, z. B. der Gültigkeit der Approximation. Stattdessen wollen wir uns der Berechnung des Pfadintegrals zuwenden.

**Semiklassische Näherung:**

Das Pfadintegral ist nicht von gaußscher Natur und wir können es nicht exakt berechnen. Wir werden daher eine semiklassische Näherung durchführen, die uns auf ein gaußsches Integral führt.

Die semiklassische Näherung besteht darin, dass ein Minimum von $S_E$ in Form einer klassischen Lösung gesucht wird und für die Abweichungen davon die quadratische Näherung gemacht wird. Minima von $S_E$ erfüllen

$$\frac{\delta S_E}{\delta x(\tau)} = 0 \, ,$$

was nichts anderes ist als die klassische Bewegungsgleichung. Allerdings handelt es sich jetzt um die euklidische Bewegungsgleichung

$$m\ddot{x} = V'(x) .$$

Man beachte, dass sie sich von der üblichen Bewegungsgleichung durch das Vorzeichen auf der rechten Seite unterscheidet. Sie entspricht daher der Bewegung eines Massenpunktes in dem umgekehrten Potenzial $-V(x)$. Die gesuchte Lösung muss die Randbedingungen $x(-\infty) = -a$, $x(\infty) = a$ erfüllen. Der Massenpunkt soll also vom Maximum bei $-a$ zu dem anderen Maximum bei $+a$ gelangen und dabei genau einmal durch das Minimum bei $x = 0$ laufen. Die Lösung kann z. B. durch Trennung der Variablen gefunden werden. Sie hat die in der Abbildung gezeigte Gestalt und trägt wegen ihres Aussehens die Bezeichnung *Kink*, auf Deutsch: *Knick*.

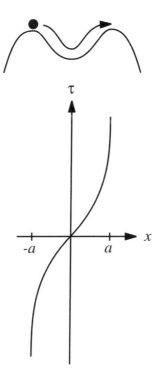

Für das Potenzial in unserem obigen Beispiel lautet die Kinklösung

$$x_c(\tau) = a \tanh\left[\frac{\omega}{2}(\tau - \tau_0)\right] .$$

Hierin ist $\omega$ die Kreisfrequenz kleiner Schwingungen um eine der beiden Potenzialmulden und ist durch

$$m\omega^2 = V''(a) = 8\lambda a^2$$

gegeben. Der freie Parameter $\tau_0$ gibt den Nulldurchgang an. Für den Kink ist

$$\frac{m}{2}\dot{x}^2 - V(x) = 0.$$

Das ist die euklidische Version des Energiesatzes. Die euklidische Wirkung des Kinks können wir unter Benutzung dieser Beziehung in der Form

$$S_E[x_c] = \int d\tau \left\{ \frac{m}{2}\dot{x}^2 + V \right\} = \int d\tau \, m\dot{x}^2 = \int_{-a}^{a} dx \, m\dot{x} = \int_{-a}^{a} dx \, \sqrt{2m\,V(x)}$$

ausdrücken. Für das Beispielpotenzial gibt das Integral

$$S_E[x_c] = \frac{m^2\omega^3}{12\lambda} = \frac{4}{3}\sqrt{2m\lambda}\,a^3.$$

Für einen beliebigen Pfad

$$x(\tau) = x_c(\tau) + y(\tau)$$

ist die Wirkung von der Form

$$S_E[x] = S_E[x_c] + \frac{1}{2}\int d\tau \, y(\tau)A\,y(\tau) + \mathcal{O}(y^3)$$

mit einem Operator $A$. In der quadratischen Näherung werden die höheren Potenzen von $y(\tau)$ vernachlässigt und das Pfadintegral durch das entsprechende Gaußintegral

$$\int \mathcal{D}x \, \mathrm{e}^{-S_E} = \mathrm{e}^{-S_E[x_c]} \, (\det A)^{-\frac{1}{2}} \cdot N$$

approximiert, wobei $N$ ein Normierungsfaktor ist, den ich hier nicht weiter diskutieren will. Für die Energieaufspaltung folgt daraus die schöne Formel

$$\Delta E = 2K\,\mathrm{e}^{-\int_{-a}^{a} dx \, \sqrt{2m\,V(x)}}$$

mit einem Vorfaktor $K = 2N(\det A)^{-\frac{1}{2}}$. Der Ausdruck für $\Delta E$ kommt uns bekannt vor. In der Tat, auf der rechten Seite steht der Gamowfaktor für den Tunneleffekt durch die Potenzialbarriere zwischen $-a$ und $a$, was unsere Intuition über den Zusammenhang zwischen der Energieaufspaltung und dem Tunneleffekt bestätigt.

Man kann den Faktor auch durch eine quantenmechanische Rechnung in der WKB-Approximation erhalten, aber die Rechnung ist nach meinem Geschmack komplizierter und längst nicht so elegant.

Eine genauere Rechnung, welche die Bestimmung der Determinanten von $A$ einschließt, liefert den Vorfaktor

$$K = \sqrt{\frac{m^2 \omega^5}{2\pi\lambda}} \, .$$

Auch lässt sich der Gültigkeitsbereich der Approximation untersuchen. Sie ist anwendbar, wenn $\Delta E$ hinreichend klein, bzw. $S_E[x_c]$ hinreichend groß ist. Details beschaffe sich der Neugierige selbst.

Mit dem Tunneleffekt verknüpfte Phänomene sind ein beliebtes Anwendungsfeld der euklidischen Pfadintegrale. Mit ihrer Hilfe lassen sich in übersichtlicher Weise systematische Rechnungen durchführen. Für weiter gehende Interessen verweise ich auf die einschlägige Literatur.

# A Diracsche $\delta$-Funktion

Das Kronecker-$\delta$-Symbol ist definiert durch

$$\delta_{ik} = \begin{cases} 1, & i = k \\ 0, & i \neq k \end{cases} \qquad i, k \in \mathbf{Z}.$$

Für beliebige Folgen $(f_i)$ ist

$$\sum_{i \in \mathbf{Z}} f_i \, \delta_{ik} = f_k \,.$$

Das Kroneckersymbol hängt nur von der Differenz $i - k$ ab: $\delta_{ik} = \delta_{i-k,0}$.

Gehen wir nun von den Folgen zu Funktionen $f(x)$ mit $x \in \mathbf{R}$ über. $f(x)$ sei stetig. In Analogie zum Kroneckersymbol suchen wir ein Objekt $\delta(x)$ mit der Eigenschaft, dass

$$\int_{-\infty}^{\infty} f(x) \, \delta(x - y) dx = f(y)$$

für alle $f$ gelten soll. Gibt es eine solche Funktion $\delta(x)$? Wegen

$$\int_{-\infty}^{\infty} f(x) \, \delta(x) dx = f(0)$$

ist

$$i) \qquad \delta(x) = 0 \quad \text{für} \quad x \neq 0,$$

$$ii) \qquad \int \delta(x) dx = 1.$$

Eine solche Funktion gibt es nicht. Für sie wäre $\delta(0) = \infty$. Dennoch hat Dirac diese „Funktion" $\delta(x)$ eingeführt. In der Physik und auch in der Mathematik wird vielfältig nützlicher Gebrauch von ihr gemacht. Die Rechtfertigung ihrer Existenz lieferte die Theorie der Distributionen.

**Distributionen:**

Distributionen sind lineare Funktionale auf Funktionen, d.h. eine Distribution $G$ ist eine

$$\text{Abbildung:} \qquad \underset{\text{Funktion}}{f} \longmapsto G[f] \in \mathbf{C},$$

die linear ist:

$$G[\alpha f_1 + \beta f_2] = \alpha\, G[f_1] + \beta\, G[f_2], \qquad \alpha, \beta \in \mathbf{C}.$$

Beispiel:     $G[f] = \int g(x) f(x) dx$     heißt reguläre Distribution.

Jetzt definieren wir die δ-Distribution durch

$$\delta_y[f] = f(y).$$

Dies ist keine reguläre Distribution. Wir führen dennoch die Schreibweise

$$\delta_y[f] \equiv \int \delta(x - y)\, f(x) dx$$

ein und beachten dabei, dass das Symbol $\delta(x)$ keine Funktion bezeichnet, sondern nur unter dem Integral in obigem Sinne definiert ist. Anders gesagt ist durch

$$\int \delta(x - y) \cdots dx$$

ein lineares Funktional eingeführt worden. Das Symbol $\delta(x)$ wird dessenungeachtet als δ-Funktion bezeichnet.

Bemerkung: als zulässige Funktionen für $f(x)$ nimmt man häufig

$$\mathcal{S} \doteq \{f \,|\, \infty\text{-oft differenzierbar, schnell abfallend}\}$$

oder

$$\mathcal{D}^l \doteq \{f \,|\, l\text{-mal differenzierbar, mit kompaktem Träger}\}.$$

## δ-Funktion als Limes von Funktionsfolgen:

Die Funktionsschar

$$\delta_\epsilon(x) \doteq \frac{1}{\sqrt{2\pi\epsilon^2}} \exp\left(-\frac{x^2}{2\epsilon^2}\right)$$

besteht aus Gaußfunktionen der Breite $\epsilon$. Sie erfüllen

$$\delta_\epsilon(x) \xrightarrow[\epsilon \to 0]{} 0 \qquad \text{für } x \neq 0,$$

$$\int \delta_\epsilon(x) dx = 1.$$

Es gilt

$$\lim_{\epsilon \to 0} \int f(x)\, \delta_\epsilon(x)\, dx = f(0).$$

Die linke Seite liefert also die $\delta$-Distribution. Wir schreiben

$$\lim_{\epsilon \to 0} \delta_\epsilon(x) = \delta(x)$$

und beachten dabei, dass der Limes immer außerhalb eines Integrals zu nehmen ist.

Es gibt viele andere Folgen, die in analoger Weise die $\delta$-Funktion liefern, z.B.

$$\frac{1}{\epsilon \pi} \left( \frac{\sin \frac{x}{\epsilon}}{\frac{x}{\epsilon}} \right)^2 \qquad \text{oder die Lorentzkurven} \qquad \frac{1}{\epsilon \pi} \frac{1}{1 + \frac{x^2}{\epsilon^2}}.$$

**Rechenregeln:**

1. $$x\delta(x) = 0$$

2. $$\delta(ax) = \frac{1}{|a|}\, \delta(x), \qquad a \in \mathbf{R},$$

insbesondere ist $\delta$ eine gerade Funktion.

3. $$\delta(g(x)) = \sum_i \frac{1}{|g'(x_i)|}\, \delta(x - x_i),$$

wobei die Summe über die Nullstellen $x_i$ von $g(x)$ geht, und wir voraussetzen, dass es nur einfache Nullstellen gibt.

Beweis: Für hinreichend kleines $\epsilon > 0$ ist $g(x)$ in allen Intervallen $[x_i - \epsilon, x_i + \epsilon]$ um die Nullstellen herum invertierbar. Es ist

$$\int \delta(g(x))\, f(x)\, dx = \sum_i \int_{x_i - \epsilon}^{x_i + \epsilon} \delta(g(x))\, f(x)\, dx.$$

Mit der Substitution

$$y = g(x), \qquad x = g^{-1}(y), \qquad \frac{dy}{dx} = g'(x)$$

folgt

$$\int_{x_i - \epsilon}^{x_i + \epsilon} \delta(g(x))\, f(x)\, dx = \int_{g(x_i - \epsilon)}^{g(x_i + \epsilon)} \delta(y)\, f(x) \frac{dy}{g'(x)} = f(x_i) \frac{1}{|g'(x_i)|}. \qquad \blacksquare$$

Beispiel:
$$\delta(x^2 - x_0^2) = \frac{1}{2|x_0|}\{\delta(x - x_0) + \delta(x + x_0)\}$$

4.
$$\delta(x) = \frac{d}{dx}\Theta(x)$$

mit der Stufenfunktion

$$\Theta(x) = \begin{cases} 0, & x < 0 \\ 1, & x > 0. \end{cases}$$

Der Wert $\Theta(0)$ ist unbestimmt. Eine verbreitete Konvention ist $\Theta(0) = \frac{1}{2}$.

Beweis:

i) für $a > 0$ ist
$$\int_{-a}^{a} f(x)\,\Theta'(x)dx = [f(x)\,\Theta(x)]_{-a}^{a} - \int_{-a}^{a} f'(x)\,\Theta(x)dx$$

$$= f(a) - \int_{0}^{a} f'(x)dx = f(a) - \{f(a) - f(0)\} = f(0). \quad \blacksquare$$

oder

ii) es gilt $\quad \Theta'(x) = 0 \quad$ für $\quad x \neq 0, \quad \int_{-\infty}^{\infty} \Theta'(x)dx = 1. \quad \blacksquare$

5.
$$\delta(x) = \frac{1}{2\pi}\int dk\ e^{ikx},$$

siehe den Anhang über Fouriertransformation.

**Ableitungen:**

Die Ableitung der δ-Funktion kann dadurch definiert werden, dass man die Gültigkeit der partiellen Integration verlangt, d.h.

$$\int \delta'(x)f(x)dx = -\int \delta(x)f'(x)dx = -f'(0),$$

wobei die Randterme der partiellen Integration verschwinden.

Entsprechend gilt für die $n$-te Ableitung $\delta^{(n)}(x) \doteq \dfrac{d^n}{dx^n}\delta(x)$

$$\int \delta^{(n)}(x)f(x)dx = (-1)^n f^{(n)}(0).$$

$\delta(x)$ ist beliebig oft differenzierbar. $\delta'(x)$ ist ungerade, $\delta''(x)$ ist gerade, etc.

**Dreidimensionale $\delta$-Funktion:**

Mit der Definition (die hochgestellte (3) kennzeichnet hier die drei räumlichen Dimensionen und nicht die dritte Ableitung)

$$\delta^{(3)}(\vec{r}) = \delta(x)\delta(y)\delta(z)$$

gilt

$$\int \delta^{(3)}(\vec{r} - \vec{r_0})f(\vec{r})d^3r = f(\vec{r_0}).$$

In der Physik wird die dreidimensionale $\delta$-Funktion zur Beschreibung einer punktförmigen Verteilung einer Masse oder Ladung verwendet:

$$\rho(\vec{r}) = Q\,\delta^{(3)}(\vec{r} - \vec{r_0}),$$
$$\rho(\vec{r}) = 0 \qquad \text{für } \vec{r} \neq \vec{r_0},$$
$$\int \rho(\vec{r})d^3r = Q.$$

In der Elektrostatik wird gezeigt, dass das Potenzial einer Punktladung

$$\varphi(\vec{r}) = \frac{Q}{4\pi\varepsilon_0}\frac{1}{r}$$

lautet. Es erfüllt die Poissongleichung

$$\Delta\varphi(\vec{r}) = -\frac{1}{\varepsilon_0}\rho(\vec{r}).$$

Also muss gelten

$$\Delta\frac{1}{r} = -4\pi\delta^{(3)}(\vec{r}).$$

Beweis:

i)  für $\vec{r} \neq \vec{0}$: $\qquad \Delta\frac{1}{r} = \nabla \cdot \nabla\frac{1}{r} = -\nabla\left(\frac{\vec{r}}{r^3}\right) = 0$

ii) $\displaystyle \int_V \Delta\frac{1}{r}\,d^3r = \int_V \nabla \cdot \nabla\frac{1}{r}\,d^3r = \oint_{\partial V}\left(\nabla\frac{1}{r}\right) \cdot d\vec{f} = -\oint_{\partial V}\frac{\vec{r}}{r^3} \cdot d\vec{f}$

$$= -\oint_{\partial V}\frac{1}{r^2}r^2 d\Omega = -4\pi. \quad\blacksquare$$

**Distributionsformel:**

Es gilt

$$\frac{1}{x \pm i\epsilon} = P\frac{1}{x} \mp i\pi\delta(x) \qquad \text{für} \quad \epsilon \to 0,$$

wobei P die Hauptwertvorschrift für Integrale bezeichnet:

$$P\int_a^b \frac{f(x)}{x}dx \doteq \lim_{\epsilon \to 0}\left\{\int_a^{-\epsilon} \frac{f(x)}{x}dx + \int_\epsilon^b \frac{f(x)}{x}dx\right\}.$$

Beweis:       $$\frac{1}{x+i\epsilon} = \frac{1}{2}\left(\frac{1}{x+i\epsilon} - \frac{1}{x-i\epsilon}\right) + \frac{1}{2}\left(\frac{1}{x+i\epsilon} + \frac{1}{x-i\epsilon}\right).$$

Erste Klammer:       $$\frac{1}{x+i\epsilon} - \frac{1}{x-i\epsilon} = -2i\,\frac{\epsilon}{x^2 + \epsilon^2} \xrightarrow[\epsilon \to 0]{} -2\pi i\,\delta(x).$$

Für die zweite Klammer erhalten wir im Integral

$$\int_{-\infty}^{\infty} \frac{f(x)}{x+i\epsilon}dx + \int_{-\infty}^{\infty} \frac{f(x)}{x-i\epsilon}dx = \int_{C_1} \frac{f(z)}{z}dz + \int_{C_2} \frac{f(z)}{z}dz$$

mit folgenden Integrationswegen in der komplexen Ebene:

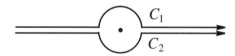

Die Integrale über die Kreisbögen heben sich gegenseitig auf, denn mit

$$z = r\,e^{i\phi}, \qquad dz = i r\,e^{i\phi}d\phi = iz\,d\phi$$

ist der Beitrag der Kreisbögen

$$-i\int_0^{\pi} f(re^{i\phi})d\phi + i\int_{\pi}^{2\pi} f(re^{i\phi})d\phi \xrightarrow[r \to 0]{} if(0)(-\pi + \pi) = 0.$$

Die restlichen Wegintegrale geben gerade den Hauptwert. ∎

# B Fouriertransformation

## B.1 Fourierreihen

Zunächst beginnen wir zur Erinnerung mit Fourierreihen.

Es sei eine periodische Funktion $f(x)$ mit Periode $L$ gegeben: $f(x) = f(x + L)$.

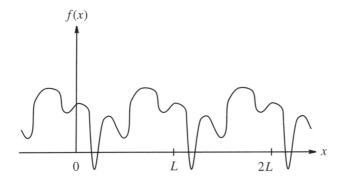

Dann sagt die Theorie der Fourierreihen, dass (unter gewissen Voraussetzungen an die Funktion $f$) eine Entwicklung nach harmonischen Funktionen existiert:

$$f(x) = \sum_{n \in \mathbf{Z}} c_n \, e^{2\pi i n \frac{x}{L}} = \sum_n c_n \, e^{ik_n x}$$

mit

$$k_n = \frac{2\pi n}{L} \, .$$

Die Fourierreihe ist im Sinne einer Konvergenz im Mittel zu verstehen. Für die Koeffizienten gilt

$$c_n = \frac{1}{L} \int_{-\frac{L}{2}}^{\frac{L}{2}} dx \, f(x) \, e^{-ik_n x} \, .$$

Wir können die Beziehung zwischen der Funktion $f(x)$ und der Folge $c_n$ als Hin- und Rückweg einer Fouriertransformation auffassen:

Fouriertransformation

$$f(x) \quad \longrightarrow \quad \{c_n\} \quad \longrightarrow \quad f(x).$$

Das System der Funktionen

$$\mathrm{e}^{\mathrm{i}k_n x} \equiv u_n(x)$$

bildet somit eine Basis im Raum der $L$-periodischen Funktionen (die gewisse mathematische Einschränkungen erfüllen). Äquivalenterweise können wir sie als Funktionen auf dem Intervall $\left[-\frac{L}{2}, \frac{L}{2}\right]$ betrachten.

**Orthonormiertheit:**

Setzen wir die Formel für die Hintransformation in diejenige für die Rücktransformation ein, erhalten wir

$$c_n = \frac{1}{L} \int_{-\frac{L}{2}}^{\frac{L}{2}} dx \; \mathrm{e}^{-\mathrm{i}k_n x} \sum_m c_m \, \mathrm{e}^{\mathrm{i}k_m x} = \sum_m c_m \left\{ \frac{1}{L} \int_{-\frac{L}{2}}^{\frac{L}{2}} dx \; \mathrm{e}^{-\mathrm{i}(k_n - k_m)x} \right\}$$

$$\Rightarrow \quad \frac{1}{L} \int_{-\frac{L}{2}}^{\frac{L}{2}} dx \; \mathrm{e}^{-\mathrm{i}k_n x} \mathrm{e}^{\mathrm{i}k_m x} = \delta_{n,m}$$

oder

$$\boxed{\frac{1}{L} \int_{-\frac{L}{2}}^{\frac{L}{2}} dx \; u_n^*(x) \, u_m(x) = \delta_{n,m} \, .}$$

Dies ist die Orthonormalität der Funktionen $u_n(x)$.

**Vollständigkeit:**

Wenn wir die Formel für die Rücktransformation in diejenige für die Hintransformation einsetzen, folgt in entsprechender Weise

$$f(x) = \sum_n \mathrm{e}^{\mathrm{i}k_n x} \frac{1}{L} \int_{-\frac{L}{2}}^{\frac{L}{2}} dy \; f(y) \, \mathrm{e}^{-\mathrm{i}k_n y} = \int_{-\frac{L}{2}}^{\frac{L}{2}} dy \; f(y) \left\{ \frac{1}{L} \sum_n \mathrm{e}^{\mathrm{i}k_n x} \, \mathrm{e}^{-\mathrm{i}k_n y} \right\}$$

$$\Rightarrow \quad \boxed{\frac{1}{L} \sum_n u_n(x) \, u_n^*(y) = \delta(x - y) \qquad \text{für} \quad -\frac{L}{2} < x, y < \frac{L}{2} \, .}$$

Dies ist die Vollständigkeitsrelation. Sie sagt nach der gerade vollzogenen Rechnung aus, dass jedes $f(x)$ nach den Funktionen $u_n(x)$ entwickelt werden kann.

## B.2 Fourierintegrale

Statt des Intervalles $\left[-\frac{L}{2}, \frac{L}{2}\right]$ soll nun die gesamte reelle Achse betrachtet werden. Wir werden dazu den Limes $L \to \infty$ in heuristischer Weise vollziehen.

Mit der Schreibweise

$$\tilde{f}_n = L\, c_n\,, \qquad \Delta k = \frac{2\pi}{L}$$

lauten die obigen Transformationen

$$f(x) = \sum_n \frac{\Delta k}{2\pi}\, \tilde{f}_n\, e^{ik_n x}$$

$$\tilde{f}_n = \int_{-\frac{L}{2}}^{\frac{L}{2}} dx\, f(x)\, e^{-ik_n x}\,.$$

Der Limes $L \to \infty$ führt auf die

Fouriertransformation

$$f(x) = \int_{-\infty}^{\infty} \frac{dk}{2\pi}\, \tilde{f}(k)\, e^{ikx}\,,$$

$$\tilde{f}(k) = \int_{-\infty}^{\infty} dx\, f(x)\, e^{-ikx}\,.$$

Die Funktionen

$$u_k(x) = e^{ikx}$$

bilden also eine „Basis". Allerdings sind für $f(x)$ nicht alle Funktionen zugelassen. Die präzisen Bedingungen sollen hier nicht erörtert werden. Es sei aber soviel gesagt, dass $f(x)$ höchstens endlich wie Unstetigkeitsstellen besitzen darf, und dass

$$\int_{-\infty}^{\infty} |f(x)|dx < \infty$$

sein muss. Folglich muss insbesondere gelten

$$f(x) \xrightarrow[x \to \pm\infty]{} 0\,.$$

Genauso wie zuvor erhält man die Orthonormalitäts- und Vollständigkeits-Relationen.

Orthonormalität:

$$\int_{-\infty}^{\infty} dx\, u_k^*(x)u_l(x) = 2\pi\delta(k-l)$$

Vollständigkeit:

$$\int_{-\infty}^{\infty} \frac{dk}{2\pi}\, u_k(x)u_k^*(y) = \delta(x-y)$$

Die beiden Relationen sind sogar äquivalent, wie man durch Vertauschen von $x, y$ mit $k, l$ sieht.

**Parsevalsche Gleichung:**

Sei

$$f(x) = \int \frac{dk}{2\pi}\, \tilde{f}(k)\, e^{ikx}\,, \quad g(x) = \int \frac{dk}{2\pi}\, \tilde{g}(k)\, e^{ikx}\,.$$

Dann finden wir

$$\int dx\, f^*(x)\, g(x) = \int dx \int \frac{dk}{2\pi}\, \tilde{f}^*(k)\, e^{-ikx}\, g(x) = \int \frac{dk}{2\pi}\, \tilde{f}^*(k) \int dx\, g(x)\, e^{-ikx}$$

$$\Rightarrow \quad \int dx\, f^*(x)\, g(x) = \int \frac{dk}{2\pi}\, \tilde{f}^*(k)\, \tilde{g}(k)\,.$$

Diese Beziehung heißt parsevalsche Gleichung.

**3 Dimensionen:**

In drei Dimensionen lauten die Formeln für die Fouriertransformation und die Orthonormalitäts- und Vollständigkeits-Relationen

$$f(\vec{r}) \;=\; \int \frac{d^3k}{(2\pi)^3}\, \tilde{f}(\vec{k})\, e^{i\vec{k}\cdot\vec{r}}$$

$$\tilde{f}(\vec{k}) \;=\; \int d^3r\, f(\vec{r})\, e^{-i\vec{k}\cdot\vec{r}}$$

$$\int d^3r\, e^{-i\vec{k}\cdot\vec{r}}\, e^{i\vec{k}'\cdot\vec{r}} \;=\; (2\pi)^3\delta^{(3)}(\vec{k}-\vec{k}')$$

$$\int \frac{d^3k}{(2\pi)^3}\, e^{i\vec{k}\cdot\vec{r}}\, e^{-i\vec{k}\cdot\vec{r}'} \;=\; \delta^{(3)}(\vec{r}-\vec{r}')\,.$$

# C Formelsammlung

Die Formelsammlung ist dazu gedacht, das rasche Nachschlagen von einigen der wichtigsten Formeln und Sachverhalte zu erleichtern. Sie kann auch als Ausgangspunkt für Prüfungsvorbereitungen dienen, soll aber keineswegs dem verbreiteten Irrtum Vorschub leisten, Lernen sei mit dem Pauken von Formeln identisch.

## Grundlagen

Freie Materiewellen, de Broglie-Beziehungen: $\vec{p} = \hbar \vec{k}$, $E = \hbar \omega$, $p = h/\lambda$

ebene Wellen: $\psi(\vec{r}, t) = A\, e^{i(\vec{k} \cdot \vec{r} - \omega t)}$ mit $\omega = \dfrac{\hbar}{2m} k^2$

Wellenpakete: $\psi(\vec{r}, t) = \displaystyle\int \dfrac{d^3 k}{(2\pi)^3}\, \varphi(\vec{k})\, e^{i(\vec{k} \cdot \vec{r} - \omega t)}$, zerfließen mit der Zeit

Wahrscheinlichkeitsinterpretation: $|\psi(\vec{r}, t)|^2$ ist die Wahrscheinlichkeitsdichte dafür, das Teilchen bei einer Ortsbestimmung am Punkt $\vec{r}$ zu finden.

Normierung: $\int d^3 r\, |\psi(\vec{r}, t)|^2 = 1$

Erwartungswerte: $\langle A \rangle = \int d^3 r\, \psi^*(\vec{r}, t)\, A\, \psi(\vec{r}, t)$

Impulsraum: $\psi(\vec{r}, t) = \displaystyle\int \dfrac{d^3 k}{(2\pi)^3}\, \tilde{\psi}(\vec{k}, t)\, e^{i \vec{k} \cdot \vec{r}}$

Impulsoperator: $\vec{P} = \dfrac{\hbar}{i} \nabla$, Ortsoperator: $\vec{Q}\, \psi(\vec{r}) = \vec{r}\, \psi(\vec{r})$

Breiten: $(\Delta x)^2 = \langle x^2 \rangle - \langle x \rangle^2$, $(\Delta p)^2 = \langle p^2 \rangle - \langle p \rangle^2$

Heisenbergsche Unschärferelation: $\Delta p \cdot \Delta x \geq \dfrac{\hbar}{2}$

Schrödingergleichung

allgemein: $\boxed{i\hbar \dfrac{\partial}{\partial t} \psi(\vec{r}, t) = H \psi(\vec{r}, t)}$

Teilchen im Potenzial: $i\hbar \dfrac{\partial}{\partial t} \psi(\vec{r}, t) = \left( \dfrac{\vec{P}^2}{2m} + V(\vec{r}) \right) \psi(\vec{r}, t)$

Hamiltonoperator $H = \dfrac{\vec{P}^2}{2m} + V(\vec{Q})$

Kontinuitätsgleichung: $\dfrac{\partial}{\partial t} \rho(\vec{r}, t) + \nabla \cdot \vec{j}(\vec{r}, t) = 0$

mit   $\rho = \psi^* \psi$,   $\vec{j} = \dfrac{\hbar}{2m\,\mathrm{i}}(\psi^* \nabla \psi - \psi \nabla \psi^*)$

Superpositionsprinzip:   für Zustände $\psi_1, \psi_2$ ist $\alpha\psi_1 + \beta\psi_2$ wieder ein physikalischer Zustand.

Stationäre Zustände:   $\psi(\vec{r}, t) = \mathrm{e}^{-\mathrm{i}\frac{Et}{\hbar}}\psi(\vec{r})$     $31$

S.32   Zeitunabhängige (stationäre) Schrödingergleichung:   $\boxed{H\psi(\vec{r}) = E\psi(\vec{r})}$

## Wellenmechanik in einer Dimension

Rand-/Anschluss-Bedingungen:   $\psi(x)$ ist stetig.   $\psi'(x)$ ist stetig, wenn $|V(x)| < \infty$

Teilchen im Kasten, unendlich hoher Potenzialtopf:
$$E_n = \frac{\hbar^2 \pi^2}{2mL^2}\cdot n^2,\quad \psi_n(x) = \sqrt{\frac{2}{L}}\,\sin\left(\frac{n\pi}{L}x\right),\quad n = 1, 2, 3, \ldots$$

Endlicher Potenzialtopf:
diskretes Spektrum: endlich viele gebundene Zustände
kontinuierliches Spektrum: Streuzustände
Transmissionskoeffizient:   $T = \left|\dfrac{j_T}{j_{\mathrm{ein}}}\right|$,   Reflexionskoeffizient:   $R = \left|\dfrac{j_R}{j_{\mathrm{ein}}}\right|$,
$T + R = 1$

Resonanzen:   Breit-Wigner-Funktion $T \approx \dfrac{\left(\frac{\Gamma}{2}\right)^2}{(E - E_R)^2 + \left(\frac{\Gamma}{2}\right)^2}$

Potenzialbarriere, Tunneleffekt:

Gamowfaktor   $T \approx \exp\left\{ -\dfrac{2}{\hbar}\displaystyle\int_a^b \sqrt{2m(V(x) - E)}\,dx \right\}$

Allgemeine eindimensionale Potenziale:
a) klassisch erlaubt: $E > V(x)$,   $\psi$ ist oszillatorisch
b) klassisch verboten: $E < V(x)$,   $\psi$ ist von der Achse weggekrümmt,
   speziell: exponenzielles Abklingen
c) klassische Umkehrpunkte: $E = V(x)$,   $\psi''(x) = 0$

S.87   Harmonischer Oszillator:

$$H = \frac{1}{2m}P^2 + \frac{m\omega^2}{2}Q^2 = \hbar\omega\left(a^\dagger a + \frac{1}{2}\right),\qquad [a, a^\dagger] = 1$$
$$E_n = \hbar\omega\left(n + \frac{1}{2}\right),\quad a|n\rangle = \sqrt{n}|n-1\rangle,\quad a^\dagger|n\rangle = \sqrt{n+1}\,|n+1\rangle$$

$$\varphi_n(y) = \frac{1}{\sqrt{2^n n! \sqrt{\pi}}} H_n(y) \, e^{-\frac{1}{2}y^2}$$

## Mathematischer Formalismus

Hilbertraum $\mathcal{H} = L_2(\mathbf{R})$ bzw. $L_2(\mathbf{R}^3)$

$$\langle \psi_1 | \psi_2 \rangle = \int d^3 r \, \psi_1^*(\vec{r}) \psi_2(\vec{r}), \quad \|\psi\|^2 = \langle \psi | \psi \rangle < \infty$$

Orthonormalbasis: $\langle m | n \rangle = \delta_{mn}$, Vollständigkeit: $|\psi\rangle = \sum_n c_n |n\rangle$

mit $c_n = \langle n | \psi \rangle$

Vollständigkeitsrelation: $\sum_n |n\rangle\langle n| = 1$

Observable $\leftrightarrow$ selbstadjungierte Operatoren $A^\dagger = A$

Messwerte = Eigenwerte sind reell
Eigenvektoren zu verschiedenen Eigenwerten sind orthogonal

Vollständigkeit: die eigentlichen und uneigentlichen Eigenvektoren spannen den ganzen Hilbertraum auf.

Erwartungswerte: $\langle \psi | A | \psi \rangle$

$A$ und $B$ sind verträglich (kommensurabel) $\Leftrightarrow$ $AB - BA = 0$

Kommutator $[A, B] = AB - BA$, Born-Jordan: $[P_j, Q_k] = \frac{\hbar}{i} \delta_{jk} \mathbf{1}$

Allgemeine Unschärferelation: $\Delta A \cdot \Delta B \geq \frac{1}{2} |\langle [A, B] \rangle|$

Uneigentliche Impulseigenvektoren: $|k\rangle \leftrightarrow e^{ikx}$
Uneigentliche Ortseigenvektoren: $|q\rangle \leftrightarrow \delta(x - q)$, $\psi(x) = \langle x | \psi \rangle$

## Zeitliche Entwicklung

Zeitentwicklungsoperator $U(t) = \exp(-\frac{i}{\hbar} H t)$

Schrödingerbild: $|\psi(t)\rangle = U(t)|\psi(0)\rangle$, $i\hbar \frac{\partial}{\partial t} |\psi(t)\rangle = H|\psi(t)\rangle$

Heisenbergbild: $|\psi_H\rangle = U^\dagger(t)|\psi(t)\rangle = |\psi(0)\rangle$, $A_H(t) = U^\dagger(t) A U(t)$

$$i\hbar \frac{d}{dt} A_H(t) = [A_H(t), H] + i\hbar \frac{\partial}{\partial t} A_H(t)$$

$A$ ist Erhaltungsgröße $\Longleftrightarrow$ $[A, H] = 0$.

## Drehimpuls

Drehimpulsoperator: $\vec{L} = \vec{Q} \times \vec{P}$, $[L_i, L_j] = i\hbar \varepsilon_{ijk} L_k$

$$\vec{L}^2|l,m\rangle = \hbar^2\, l(l+1)|l,m\rangle\,, \quad L_3|l,m\rangle = \hbar m|l,m\rangle$$

mit $l \in \{0, \frac{1}{2}, 1, \dots\}\,, \quad m \in \{l, l-1, \dots, -l\}$

Bahndrehimpuls: $\quad l \in \{0, 1, 2, 3, \dots\}$

Teilchen im Zentralpotenzial: $\quad \psi(\vec{r}) = f(r)\, Y_{l,m}(\vartheta, \varphi)$

Radiale Schrödingergleichung:

$$\left(-\frac{\hbar^2}{2m}\frac{\partial^2}{\partial r^2} + \frac{\hbar^2 l(l+1)}{2mr^2} + V(r)\right)u(r) = Eu(r)$$

wobei $u(r) = rf(r)\,, \quad u \sim r^{l+1}$ für $r \to 0$

Zweiatomige Moleküle: $\quad E \approx V(r_l) + \dfrac{\hbar^2 l(l+1)}{2mr_l^2} + \hbar\omega_l(n + \frac{1}{2})$

**Wasserstoffatom**

$$V(r) = -\frac{e_0^2}{4\pi\varepsilon_0}\frac{1}{r}\,, \quad H|n\,l\,m\rangle = E_n|n\,l\,m\rangle\,, \quad E_n = -\frac{me_0^4}{2(4\pi\varepsilon_0)^2\hbar^2}\frac{1}{n^2}$$

$l \le n - 1\,, \quad |m| \le l$

**Teilchen im elektromagnetischen Feld**

$$H = \frac{1}{2m}\left(\vec{P} - e\vec{A}\right)^2 + e\Phi$$

Normaler Zeemaneffekt: $\quad E = E_n + \hbar\omega_L \cdot m_l\,, \quad \omega_L = \dfrac{e_0 B}{2m}$

**Spin**

$$\vec{S} = \frac{\hbar}{2}\,\vec{\sigma}\,, \quad \sigma_1 = \begin{pmatrix} 0 & 1 \\ 1 & 0 \end{pmatrix}\,, \quad \sigma_2 = \begin{pmatrix} 0 & -i \\ i & 0 \end{pmatrix}\,, \quad \sigma_3 = \begin{pmatrix} 1 & 0 \\ 0 & -1 \end{pmatrix}$$

Pauligleichung:

$$i\hbar\frac{\partial}{\partial t}\begin{pmatrix} \psi_+(\vec{r}, t) \\ \psi_-(\vec{r}, t) \end{pmatrix}$$

$$= \left\{\frac{1}{2m}\left(\vec{P} - e\vec{A}(\vec{r}, t)\right)^2 + e\Phi(\vec{r}, t) - \frac{e\hbar}{2m}\,\vec{\sigma} \cdot \vec{B}(\vec{r}, t)\right\}\begin{pmatrix} \psi_+(\vec{r}, t) \\ \psi_-(\vec{r}, t) \end{pmatrix}$$

Addition von Drehimpulsen: $\quad |j_1 - j_2| \le j \le j_1 + j_2$

**Zeitunabhängige nichtentartete Störungstheorie**

$$H = H_0 + \lambda H_1\,, \quad E_n = E_n^0 + \lambda E_n^1 + \lambda^2 E_n^2 + \dots$$

$$E_n^1 = \langle n^0 | H_1 | n^0 \rangle \,, \quad E_n^2 = \sum_{m \neq n} \frac{|\langle m^0 | H_1 | n^0 \rangle|^2}{E_n^0 - E_m^0}$$

Feinstruktur des Wasserstoffspektrums:

$$H_1 = -\frac{1}{8m^3c^2} \left( \vec{P}^2 \right)^2 + \frac{1}{2m^2c^2} \vec{S} \cdot \vec{L} \, \frac{\gamma}{R^3} + \frac{\pi \hbar^2 \gamma}{2m^2c^2} \, \delta^{(3)}(\vec{Q}) \,, \qquad \left( \gamma = \frac{e_0^2}{4\pi\varepsilon_0} \right)$$

$$E_{nj} = -mc^2 \frac{\alpha^2}{2n^2} \left\{ 1 - \frac{\alpha^2}{n^2} \left( \frac{3}{4} - \frac{n}{j + \frac{1}{2}} \right) \right\} \quad \text{mit} \quad \alpha = \frac{e_0^2}{\hbar c (4\pi\varepsilon_0)}$$

## Mehrere Teilchen

Ausschließungsprinzip (Pauliverbot): Jeder Ein-Teilchen-Zustand kann höchstens von einem Elektron besetzt werden.

Pauliprinzip: Die Wellenfunktion eines Systems von Elektronen ist total antisymmetrisch.

Orthohelium: Gesamtspin 1, Ortsfunktion antisymmetrisch
Parahelium: Gesamtspin 0, Ortsfunktion symmetrisch, Grundzustand

Ritzsches Variationsverfahren: $\quad E_0 = \inf_\psi \dfrac{\langle \psi | H | \psi \rangle}{\langle \psi | \psi \rangle}$

## Zeitabhängige Störungstheorie

$$H(t) = H_0 + H_1(t) \,, \quad |\psi(t)\rangle = \sum_k c_k(t) |k\rangle \mathrm{e}^{-\mathrm{i}\omega_k t}$$

$$c_k(t) = \delta_{kn} - \frac{\mathrm{i}}{\hbar} \int_0^t dt' \langle k | H_1(t') | n \rangle \mathrm{e}^{-\mathrm{i}(\omega_n - \omega_k)t'}$$

Fermi's goldene Regel: $\quad W_{n \to \alpha} = \dfrac{2\pi}{\hbar} \rho(E_n) |\langle \alpha | H_1 | n \rangle|^2$

Absorption und induzierte Emission:

$$W_{n \to m} = \frac{4\pi^2}{\hbar^2 (4\pi\varepsilon_0)} \, u(\omega_{mn}) \, |\langle m | \vec{e} \cdot \vec{d} | n \rangle|^2$$

## Statistischer Operator

$$\langle A \rangle = \mathrm{Sp}(\rho A) \,, \ \mathrm{Sp}(\rho) = 1 \,, \ \mathrm{Sp}(\rho^2) \leq 1 \,,$$

$$\mathrm{Sp}(\rho^2) = 1 \ \Leftrightarrow \ \rho \text{ ist reiner Zustand.}$$

## Stationäre Streutheorie

$$\varphi(\vec{r}) \longrightarrow \mathrm{e}^{\mathrm{i}kz} + f(\vartheta)\frac{\mathrm{e}^{\mathrm{i}kr}}{r}, \quad E = \frac{\hbar^2 k^2}{2m}, \quad \frac{d\sigma}{d\Omega} = |f(\vartheta)|^2$$

$$f(\vartheta) = \frac{1}{k}\sum_{l=0}^{\infty}(2l+1)\,\mathrm{e}^{\mathrm{i}\delta_l}\,\sin\delta_l\,P_l(\cos\vartheta)\,, \quad \sigma = \frac{4\pi}{k^2}\sum_{l=0}^{\infty}(2l+1)\,\sin^2\delta_l\,,$$

$$\sigma = \frac{4\pi}{k}\,\mathrm{Im}\,f(0)$$

Bornsche Näherung: $\quad f^{(1)}(\vartheta,\varphi) = -\frac{m}{2\pi\hbar^2}\int d^3r'\,V(\vec{r}')\,\mathrm{e}^{-\mathrm{i}(\vec{k}-\vec{k}_0)\cdot\vec{r}'}$

## Pfadintegrale

$$\langle x|\mathrm{e}^{-\mathrm{i}Ht}|y\rangle = \int\mathcal{D}x\,\mathrm{e}^{\mathrm{i}S[x]}$$

$$Z_E[j] = \frac{1}{Z}\int\mathcal{D}x\,\mathrm{e}^{-\frac{1}{2}(x,Ax)+(j,x)} = \exp\left\{\frac{1}{2}(j,A^{-1}j)\right\}$$

# Literaturhinweise

**Lehrbücher:**

- F. Schwabl, *Quantenmechanik*, Springer, Berlin, 2004

- S. Gasiorowicz, *Quantenphysik*, Oldenbourg, München, 2005

- W. Nolting, *Grundkurs Theoretische Physik*, Bände 5/1 und 5/2: *Quantenmechanik*, Springer, Berlin, 2003

- D.J. Griffiths, *Introduction to Quantum Mechanics*, Prentice Hall, New Jersey, 2004

- G. Grawert, *Quantenmechanik*, Studientext, Akademische Verlagsgesellschaft, Wiesbaden, 1977

- W.R. Theis, *Grundzüge der Quantentheorie*, Teubner, Stuttgart, 1997

- A. Messiah, *Quantenmechanik I*, de Gruyter, Berlin, 1991

- P.C.W. Davies, D.S. Betts, *Quantum Mechanics*, Chapman & Hall, London, 1994

- A.I.M. Rae, *Quantum Mechanics*, IOP Publishing, Bristol, 1992

**Allgemeinverständliche Bücher zur Interpretation der Quantenmechanik:**

- A.I.M. Rae, *Quantenphysik: Illusion oder Realität?*, Reclam, Ditzingen, 1996

- F.A. Wolf, *Der Quantensprung ist keine Hexerei*, Fischer-Taschenbuch, Frankfurt, 1990

- F. Selleri, *Die Debatte um die Quantentheorie*, Vieweg, Wiesbaden, 1990

**Anwendung von Pfadintegralen:**

- L.S. Schulman, *Techniques and Applications of Path Intergals*, John Wiley & Sons, New York, 1981

- A. Das, *Field Theory, a Path Integral Approach*, World Scientific, Singapore, 1993, Chaps. 7, 8

- V.G. Kiselev, Ya.M. Shnir, A.Ya. Tregubovich, *Introduction to Quantum Field Theory*, Gordon and Breach, Amsterdam, 2000

# Index

131

Strampp    Te 9344